新文科·新传媒·新形态 精品系列

U0685971

新媒体技术
理论、案例与应用
全彩微课版

张收鹏 ◎ 主编

马江伟 张玉梅 黄鋆 ◎ 副主编

人民邮电出版社

北 京

图书在版编目（CIP）数据

新媒体技术 : 理论、案例与应用 : 全彩微课版 /
张收鹏主编. -- 北京 : 人民邮电出版社，2025.
(新文科·新传媒·新形态精品系列教材). -- ISBN 978-
7-115-65471-7

Ⅰ. TP37

中国国家版本馆 CIP 数据核字第 20247HC546 号

内 容 提 要

本书从新媒体技术的基础理论出发，系统、全面地介绍了新媒体行业中常用的技术、软件和工具。
全书共 8 章，主要内容包括新媒体与新媒体技术、图像处理、视频编辑与制作、音频编辑与处理、动画
制作、H5 设计与制作、AI 工具应用，以及综合案例。全书提供较为丰富的课堂案例，旨在强化读者对
新媒体技术的应用能力，使读者能够独立完成各项新媒体设计工作。

本书可作为高等院校新媒体类专业相关课程的教材，也可作为新媒体行业相关从业人员的参考书。

◆ 主　　编　张收鹏
　　副 主 编　马江伟　张玉梅　黄　鋆
　　责任编辑　赵广宇
　　责任印制　陈　犇
◆ 人民邮电出版社出版发行　　北京市丰台区成寿寺路 11 号
　　邮编　100164　　电子邮件　315@ptpress.com.cn
　　网址　https://www.ptpress.com.cn
　　临西县阅读时光印刷有限公司印刷
◆ 开本：787×1092　1/16
　　印张：13　　　　　　　　　　2025 年 6 月第 1 版
　　字数：373 千字　　　　　　　2025 年 6 月河北第 1 次印刷
　　　　　　　　　定价：69.80 元

读者服务热线：(010)81055256　印装质量热线：(010)81055316
反盗版热线：(010)81055315

前　言

中国互联网络信息中心第 55 次发布的《中国互联网络发展状况统计报告》显示，截至 2024 年 12 月，我国网民规模达 11.08 亿人，较 2023 年 12 月新增 1608 万人，互联网普及率达 78.6%。这些数字不仅体现了我国互联网用户基数的庞大和互联网普及率的持续提升，也预示着基于互联网的新媒体行业将迎来更为广阔的发展空间和更多的机遇。

随着互联网的高速发展和智能终端的迅速普及，新媒体与人们日常生活的联系越来越紧密，成为人们日常生活中不可分割的一部分。与此同时，市场对新媒体行业相关人才的需求也在逐步加大。为了更好地帮助高等院校新媒体类相关专业培养人才，满足行业需求，编者特意编写了本书。

本书从新媒体技术的角度出发，通过丰富的案例和实用的技巧，旨在为读者提供一份全面、系统的新媒体案例制作与应用指南，帮助读者提高对新媒体技术的实际应用能力，进而为新媒体行业的发展贡献力量。

本书特色

在对众多高等院校新媒体类相关课程的教学目标、教学方法、教学内容等进行多方面调研的基础上，编者有针对性地设计并编写了本书，本书的特色如下。

（1）**精心编排，浅显易懂**。本书在内容编排上充分考虑初学者的学习背景，不求多、不求全，着重选择新媒体技术应用过程中必备、实用的知识进行讲解。读者不需要具备太多的理论知识，跟随本书学习即可轻松上手。

（2）**案例丰富，强化应用**。本书以能力培养为目标，立足于实际需求，结合新媒体技术在日常生活中的应用，提供了大量与图像处理、视频编辑与制作、音频编辑与处理、动画制作、H5 设计与制作等相关的案例素材供读者下载学习，能够帮助读者更好地将所学技能运用到实际工作中。

（3）**专业讲解，互动教学**。本书通过专业的体系结构划分和深入浅出的讲解，将复杂难懂的新媒体技术知识转化为能够让读者轻松阅读和上手操作的内容，具有较强的指导性与实用性。本书精心设计了大量的"课堂讨论"，旨在引导读者发挥主观能动性，提高读者的独立思考能力。

（4）**注重技能，学以致用**。本书不仅使用了大量案例来阐释新媒体技术的基本理论和使用方法，还通过设置"综合实训""思考与练习"等模块，提高读者的实操能力，以培养既懂理论，又善于实践的专业人才。

（5）**贴近前沿，AI 赋能。**本书选取当前较为热门的 AI 工具进行讲解，涉及 AI 图像处理、AI 音频制作、AI 视频编辑等领域，力求培养具有 AI 意识、掌握 AI 技能的复合型人才，为推动新质生产力的发展注入人才动能。

（6）**立德树人，素养教学。**党的二十大报告指出："育人的根本在于立德。全面贯彻党的教育方针，落实立德树人根本任务，培养德智体美劳全面发展的社会主义建设者和接班人。"本书从教学内容设计入手，坚持把立德树人作为中心环节，实现理论知识讲解与职业素养培育的深度结合，以提高读者的综合素质。

本书使用指南

为了方便教学，编者为使用本书的教师提供了丰富的教学资源，精心制作了教学大纲、电子教案、PPT 课件、案例素材、思考与练习答案、题库及试卷系统等教学资源，其名称及数量如表 1 所示，用书教师如有需要，可登录人邮教育社区（www.ryjiaoyu.com）免费下载。

表1　教学资源名称及数量

编号	教学资源名称	数量
1	教学大纲	1 份
2	电子教案	1 份
3	PPT 课件	8 份
4	案例素材	多份
5	思考与练习答案	7 份
6	题库及试卷系统	1 个

本书作为教材使用时，课堂教学建议安排 26 学时，实验教学建议安排 22 学时。各章的主要内容及学时安排如表 2 所示，用书教师可根据实际情况进行调整。

表2　各章的主要内容及学时安排

章序	主要内容	课堂教学学时	实验教学学时
第 1 章	新媒体与新媒体技术	2	2
第 2 章	图像处理	4	3
第 3 章	视频编辑与制作	4	3
第 4 章	音频编辑与处理	4	3
第 5 章	动画制作	4	3
第 6 章	H5 设计与制作	4	2
第 7 章	AI 工具应用	2	2
第 8 章	综合案例	2	4
学时总计		26	22

为了帮助读者更好地学习本书内容，编者精心录制了配套的微课视频。书中的实操部分都添加了二维码，读者扫描书中二维码即可观看微课视频，微课视频名称及页码如表 3 所示。

表3　微课视频名称及页码

序　号	微课视频名称	页　码	序　号	微课视频名称	页　码
微课 1.1	新媒体概述	2	微课 4.2	Audition 的基础知识	79
微课 1.2	新媒体技术的概念和类型	6	微课 4.3	录制软件安装视频配音	84
微课 1.3	新媒体技术的发展趋势	9	微课 4.4	剪辑音乐类有声书音频	87
微课 2.1	图像基础	15	微课 4.5	处理吉他伴奏音频	90
微课 2.2	Photoshop 的基础知识	18	微课 4.6	编辑荔枝 FM 悬疑类音频节目中的背景音乐	95
微课 2.3	制作小家电品牌直播封面图	22	微课 4.7	编辑荔枝 FM 悬疑类音频节目中的人声	95
微课 2.4	制作轻食店宣传视频封面图	26	微课 4.8	制作玉米卖点解说音频	98
微课 2.5	调整微信公众号文章配图色调	30	微课 4.9	制作茶叶促销广告配乐和配音	100
微课 2.6	调整小红书笔记配图色彩	31	微课 5.1	动画基础	104
微课 2.7	制作生鲜品牌今日头条广告	33	微课 5.2	Animate 的基础知识	107
微课 2.8	制作母亲节微信公众号推文封面首图	38	微课 5.3	制作动态表情包	113
微课 2.9	制作汽车品牌营销海报	39	微课 5.4	制作毕业旅行动态推文封面	115
微课 3.1	视频编辑基础	43	微课 5.5	制作旅游动态 Banner	120
微课 3.2	Premiere 的基础知识	45	微课 5.6	制作主播招聘动态海报	122
微课 3.3	剪辑粽子制作短视频	52	微课 5.7	制作产品问卷调查交互动画	127
微课 3.4	制作学习日常记录 Vlog	55	微课 5.8	制作生鲜广告动画	133
微课 3.5	制作萌宠搞笑视频	58	微课 6.1	H5 基础知识	137
微课 3.6	制作"旅游指南"视频片头特效	61	微课 6.2	设计与制作 H5	141
微课 3.7	春游 Vlog 后期调色处理	65	微课 6.3	制作展示型活动宣传 H5	145
微课 3.8	制作镂空文字短视频片头	67	微课 6.4	制作测试型 H5 与用户互动	149
微课 3.9	制作"保护野生动物"短视频	69	微课 6.5	设计与制作公司招聘 H5 页面	156
微课 3.10	制作手机品牌微博视频广告	72	微课 7.1	使用喜马拉雅云剪辑处理带货音频	176
微课 4.1	音频编辑基础	75	微课 7.2	使用讯飞智作生成人物对话音频	177

续表

序号	微课视频名称	页码	序号	微课视频名称	页码
微课 7.3	使用剪映智能生成视频字幕	180	微课 8.2	制作周年庆活动预热短视频	191
微课 7.4	使用腾讯智影生成解说类短视频	182	微课 8.3	制作周年庆活动弹窗广告动画	194
微课 7.5	使用 AI 工具制作直播预告片	183			
微课 8.1	制作企业周年庆活动宣传图	189	微课 8.4	制作周年庆活动邀请函 H5	197

编者团队

本书由西安交通大学张收鹏担任主编，由马江伟、张玉梅、黄銮担任副主编。

尽管编者在编写本书的过程中精益求精，但由于编者水平有限，书中难免存在疏漏之处，敬请广大读者批评指正。

编者

2025 年 5 月

目 录

第1章
新媒体与新媒体技术

引导案例 ·· 2
1.1 新媒体概述 ······································ 2
  1.1.1 新媒体的概念和特点 ············· 2
  1.1.2 新媒体的类型 ······················· 3
  1.1.3 新媒体的发展 ······················· 5
  1.1.4 新媒体的产业链 ··················· 6
1.2 新媒体技术的概念和类型 ············· 6
  1.2.1 新媒体技术的概念 ················· 7
  1.2.2 新媒体技术的类型 ················· 7
1.3 新媒体技术的发展趋势 ················· 9
  1.3.1 AIGC ···································· 9
  1.3.2 AR 和 VR 深入应用 ·············· 12
  1.3.3 内容生产非专业化 ··············· 12
思考与练习 ··· 13

第2章
图像处理

引导案例 ·· 15
2.1 图像基础 ··· 15
  2.1.1 图像分辨率 ·························· 15
  2.1.2 图像颜色模式 ······················ 15
  2.1.3 图像文件格式 ······················ 17
2.2 Photoshop 的基础知识 ··············· 18
  2.2.1 Photoshop 在新媒体中的应用 ··· 18
  2.2.2 Photoshop 的工作界面 ········· 19
  2.2.3 Photoshop 的辅助工具 ········· 20

2.3 抠图 ··· 21
  2.3.1 快速抠图 ····························· 21
  2.3.2 使用钢笔工具抠图 ··············· 22
  2.3.3 课堂案例 —— 制作小家电品牌
      直播封面图 ························· 22
2.4 修图 ··· 25
  2.4.1 修复图像中的瑕疵 ··············· 25
  2.4.2 去除图像中的多余部分 ········· 25
  2.4.3 课堂案例 —— 制作轻食店宣传
      视频封面图 ························· 26
2.5 调色 ··· 28
  2.5.1 调整偏暗或偏亮的图像 ········· 28
  2.5.2 调整偏色的图像 ··················· 29
  2.5.3 课堂案例 1—— 调整微信公众号
      文章配图色调 ····················· 30
  2.5.4 课堂案例 2 —— 调整小红书笔记
      配图色彩 ···························· 31
2.6 图像合成 ·· 32
  2.6.1 使用蒙版 ····························· 32
  2.6.2 设置图层混合模式和图层样式··· 33
  2.6.3 课堂案例 —— 制作生鲜品牌
      今日头条广告 ····················· 33
2.7 添加特效 ·· 37
  2.7.1 滤镜库和独立滤镜 ··············· 37
  2.7.2 其他滤镜组 ························· 37
  2.7.3 课堂案例 —— 制作母亲节微信公众号
      推文封面首图 ····················· 38
2.8 综合实训 —— 制作汽车品牌营销海报··· 39
思考与练习 ··· 41

第3章
视频编辑与制作

引导案例 ································ **43**

3.1 视频编辑基础 ······················ **43**

    3.1.1 视频分辨率和帧速率 ········· 43

    3.1.2 视频编辑的基本流程 ········· 44

    3.1.3 视频文件格式 ·············· 44

3.2 Premiere 的基础知识 ········· **45**

    3.2.1 Premiere 在新媒体中的应用 ··· 46

    3.2.2 Premiere 的工作界面 ······· 46

    3.2.3 Premiere 的操作面板 ······· 47

    3.2.4 Premiere 文件新建与设置 ····· 48

3.3 剪辑视频 ······················ **49**

    3.3.1 常用剪辑手法 ·············· 49

    3.3.2 剪辑的基本操作 ············· 50

    3.3.3 课堂案例 —— 剪辑粽子制作

        短视频 ·················· 51

3.4 添加转场 ······················ **54**

    3.4.1 常见转场效果 ·············· 54

    3.4.2 课堂案例 —— 制作学习日常

        记录 Vlog ··············· 55

3.5 应用特效 ······················ **57**

    3.5.1 常用视频特效 ·············· 57

    3.5.2 课堂案例 1 —— 制作萌宠搞笑

        视频 ·················· 58

    3.5.3 课堂案例 2 —— 制作"旅游指南"

        视频片头特效 ············· 61

3.6 调色 ························· **64**

    3.6.1 应用"Lumetri 颜色"面板调色···· 64

    3.6.2 应用调色效果调色 ·········· 64

    3.6.3 课堂案例 —— 春游 Vlog 后期

        调色处理 ················ 65

3.7 抠像 ························· **66**

    3.7.1 常用抠像特效 ·············· 66

    3.7.2 课堂案例 —— 制作镂空文字

        片头 ·················· 67

3.8 添加字幕 ······················ **68**

    3.8.1 根据语音生成字幕 ·········· 68

    3.8.2 直接输入字幕和文字 ········· 69

    3.8.3 课堂案例 —— 制作"保护野生动物"

        短视频 ·················· 69

3.9 综合实训 —— 制作手机品牌微博

    视频广告 ······················ **71**

思考与练习 ························ **73**

第4章
音频编辑与处理

引导案例 ································ **76**

4.1 音频编辑基础 ····················· **76**

    4.1.1 音频三要素 ··············· 76

    4.1.2 音频压缩编码方式 ·········· 76

    4.1.3 音频文件常见格式 ·········· 77

4.2 Audition 的基础知识 ··········· **79**

    4.2.1 Audition 在新媒体中的应用 ······· 79

    4.2.2 Audition 的工作界面 ········ 80

    4.2.3 新建音频文件 ·············· 81

    4.2.4 打开和导入音频文件 ········· 81

    4.2.5 导出音频文件 ·············· 82

    4.2.6 保存和关闭音频文件 ········· 82

4.3 采集音频 ······················ **82**

    4.3.1 录制音频 ················· 82

    4.3.2 课堂案例——录制软件安装视频

        配音 ·················· 83

4.4 编辑音频 ······················ **85**

    4.4.1 查看和选择音频 ············· 85

    4.4.2 剪切、复制和粘贴音频 ········ 86

4.4.3 裁剪与删除音频 ············ 86
4.4.4 创建标记 ················ 86
4.4.5 课堂案例——剪辑音乐类有声卡
音频 ··················· 87

4.5 处理音频 ···················· 88
4.5.1 调整音频音量 ············ 88
4.5.2 降噪 ···················· 89
4.5.3 音频淡化处理 ············ 89
4.5.4 课堂案例——处理吉他伴奏音频 90

4.6 添加效果 ···················· 91
4.6.1 延迟与回声 ·············· 91
4.6.2 时间与变调 ·············· 92
4.6.3 混响 ···················· 93
4.6.4 课堂案例1——编辑荔枝FM悬疑类
音频节目中的背景音乐 ····· 94
4.6.5 课堂案例2——编辑荔枝FM悬疑类
音频节目中的人声 ········· 95

4.7 混音和输出 ·················· 96
4.7.1 创建多轨会话 ············ 96
4.7.2 管理轨道 ················ 96
4.7.3 为多轨道插入内容 ········ 97
4.7.4 编辑多轨音频 ············ 97
4.7.5 输出多轨音频 ············ 97
4.7.6 课堂案例——制作玉米卖点解说
音频 ··················· 98

4.8 综合实训——制作茶叶促销广告配乐
和配音 ····················· 100

思考与练习 ····················· 101

5.1.1 动画的概念和原理 ········ 104
5.1.2 动画常见类型 ············ 105
5.1.3 动画制作流程 ············ 106

5.2 Animate 的基础知识 ········· 107
5.2.1 Animate 在新媒体中的应用 ··· 107
5.2.2 Animate 的工作界面 ······· 108
5.2.3 帧 ······················ 110
5.2.4 元件 ···················· 110
5.2.5 实例 ···················· 111

5.3 制作基本动画 ················ 111
5.3.1 逐帧动画 ················ 111
5.3.2 补间动画 ················ 112
5.3.3 课堂案例1——制作动态表情包 ··· 113
5.3.4 课堂案例2——制作毕业旅行动态
推文封面 ·············· 115

5.4 制作高级动画 ················ 117
5.4.1 引导动画 ················ 117
5.4.2 遮罩动画 ················ 118
5.4.3 课堂案例1——制作旅游动态
Banner ················ 119
5.4.4 课堂案例2——制作主播招聘
动态海报 ·············· 122

5.5 制作交互动画 ················ 124
5.5.1 ActionScript 与 JavaScript ····· 124
5.5.2 "动作"面板 ·············· 124
5.5.3 "代码片断"面板 ·········· 125
5.5.4 组件 ···················· 126
5.5.5 课堂案例——制作产品问卷调查
交互动画 ·············· 127

5.6 综合实训——制作生鲜广告动画 ······· 132
思考与练习 ····················· 135

第5章 动画制作

引导案例 ······················· 104
5.1 动画基础 ···················· 104

第6章
H5设计与制作

引导案例 ························· 137

6.1　H5 基础知识 ················· 137
　6.1.1　H5 的类型 ············· 137
　6.1.2　H5 的设计原则 ········· 139
　6.1.3　H5 的设计风格 ········· 140

6.2　设计与制作 H5 ············· 141
　6.2.1　设计与制作 H5 的流程 ····· 141
　6.2.2　常用的 H5 设计工具 ····· 143
　6.2.3　课堂案例 1——制作展示型活动
　　　　宣传 H5 ··············· 144
　6.2.4　课堂案例 2——制作测试型 H5
　　　　与用户互动 ··········· 149

6.3　综合实训——设计与制作公司招聘 H5
　　　页面 ······················ 156

思考与练习 ····················· 161

第7章
AI工具应用

引导案例 ························· 163

7.1　AI 图像处理 ················· 163
　7.1.1　AI 绘画 ··············· 163
　7.1.2　AI 抠图和修图 ········· 165
　7.1.3　课堂案例 1——使用文心一格生成
　　　　品牌微博头像 ········· 170
　7.1.4　课堂案例 2——使用美图设计室处理
　　　　微信朋友圈中的九宫格图片 ··· 171

7.2　AI 音频制作 ················· 173
　7.2.1　AI 音频剪辑 ··········· 173
　7.2.2　AI 配音 ···············175
　7.2.3　课堂案例 1—— 使用喜马拉雅云剪辑
　　　　处理带货音频 ········· 176

7.2.4　课堂案例 2——使用讯飞智作生成
　　　　人物对话音频 ········· 177

7.3　AI 视频编辑 ················· 178
　7.3.1　智能生成字幕 ········· 178
　7.3.2　生成数字人播报视频 ····· 179
　7.3.3　课堂案例 1——使用剪映智能生成
　　　　视频字幕 ············· 180
　7.3.4　课堂案例 2——使用腾讯智影生成
　　　　解说类短视频 ········· 182

7.4　综合实训 —— 使用 AI 工具制作直播
　　　预告片 ···················· 183

思考与练习 ····················· 185

第8章
综合案例

引导案例 ························· 187

8.1　制作企业周年庆活动宣传图 ········· 188
　8.1.1　案例背景 ············· 188
　8.1.2　案例要求 ············· 188
　8.1.3　制作思路 ············· 189

8.2　制作周年庆活动预热短视频 ········· 190
　8.2.1　案例背景 ············· 190
　8.2.2　案例要求 ·············191
　8.2.3　制作思路 ·············191

8.3　制作周年庆活动弹窗广告动画 ········· 194
　8.3.1　案例背景 ············· 194
　8.3.2　案例要求 ············· 194
　8.3.3　制作思路 ············· 194

8.4　制作周年庆活动邀请函 H5 ········· 196
　8.4.1　案例背景 ············· 196
　8.4.2　案例要求 ············· 196
　8.4.3　制作思路 ············· 197

第 **1** 章

新媒体与新媒体技术

学习目标

1. 熟悉新媒体的概念、特点、类型、发展和产业链。
2. 熟悉新媒体技术的概念和类型。
3. 把握新媒体技术的发展趋势。

技能目标

1. 能够厘清新媒体与新媒体技术之间的关系。
2. 能够区分不同新媒体技术的作用。
3. 能够使用新兴新媒体技术辅助生成内容、创作作品等。

素养目标

1. 培养前瞻意识和发展思维,以更好地推动新媒体技术健康发展。
2. 立足当下、着眼未来,培养新媒体从业者的职业素养,提升其职业技能。

本章导读

　　随着各种新兴技术的涌现和发展,新媒体领域发生了巨大的变革。身处这一变革浪潮中的新媒体从业者,应当深刻认识和理解新媒体和新媒体技术的相关知识,以获得更广阔的发展空间,抓住宝贵的发展机遇。

引导案例

在AI（Artificial Intelligence，人工智能）、AR（Augmented Reality，增强现实）等技术的加持下，新媒体呈现出新的面貌，可以轻松实现个性化、新颖化营销。2024年春节期间，天猫借助AI技术，联合20多位名人和多个热门IP（Intellectual Property，知识产权），共同发起AI年画共创活动，邀请用户参与个性化年画创作，展现互动新创意。

2023年杭州亚运会期间，伊利发布"AI忆江南"短视频，通过AI再现古诗词、歌赋中的江南美景，并实现场景的快速切换，为视频内容增色，如图1-1所示。

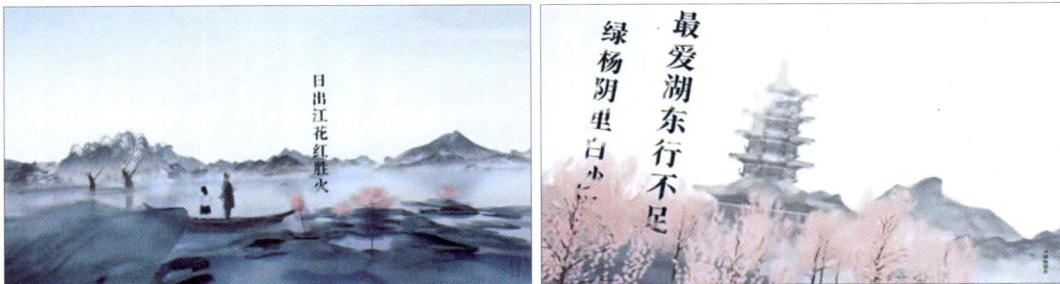

图1-1

点评： AI技术的加持为新媒体插上了快速发展的翅膀。随着技术的深入沉淀，新媒体的内容也变得更加吸引人，其传播形态乃至整个生产链都产生了深刻的变化。

1.1　新媒体概述

新媒体随着数字化技术、多媒体技术、计算机技术等的发展逐渐演变，展现出不断进化、充满活力的形态。作为新兴媒体，新媒体在各方面展现出其独特之处，它不仅积极拥抱技术革新，还在信息传播、互动体验、内容创作等方面开辟了新天地。

微课1.1

1.1.1　新媒体的概念和特点

新媒体是相对传统媒体而言的，是一个相对的概念。从狭义上看，新媒体可被简单理解为继传统媒体之后，随着媒体的发展与变化而形成的一种新兴媒体形态，图1-2所示为部分新媒体的发展由来。就广义而言，新媒体可以看作在各种技术支持下，以网络为渠道，利用各种终端设备，向用户提供信息和服务的媒体形态。例如，借助手机、平板电脑等设备为用户提供各种服务的应用软件，如微博、微信等。

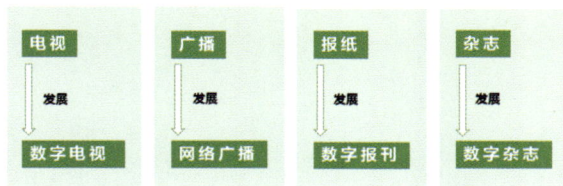

图1-2

新媒体在发展和演变的过程中呈现出以下特点。

● **交互性强**。新媒体构建了一个开放、互动的信息环境，实现了媒体与用户的双向沟通，使得用户既可以参与信息的发布、传播，又可以与媒体进行实时交流、互动。

● **实时传播**。基于手机、平板电脑等多动终端和网络，新媒体打破了时间、空间的限制，可以做到随拍随发，实时分享第一手信息，实现信息的随时传递。

● **内容多元**。新媒体不仅可以呈现文字、图片、视频、音频等内容形式，在技术的推动下还衍生出文字＋音频、图片＋视频、直播等多种内容的结合，为内容的呈现提供了更加多样的形式。

● **媒体融合**。新媒体打破了传统媒体的单一分工模式和界限，催生了媒体之间、新媒体平台功能之间的融合，实现了资源的整合利用。人民日报等传统媒体在抖音等新媒体平台上开设账号，发布新闻资讯，共同发挥出传统媒体在公信力上的优势和新媒体在传播力上的长处。

> **课堂讨论**
>
> 从传统媒体与新媒体的融合来看，媒体融合给新闻的传播带来了哪些改变？

1.1.2　新媒体的类型

新媒体的类型多样，根据不同的分类标准可以分为不同的类型。

1. 根据传播媒介分类

根据传播媒介的不同，新媒体可分为以下4种类型。

● **网络新媒体**。网络新媒体包括门户网站、搜索引擎、网络动画、网络游戏、网络杂志、网络广播等。

● **手机新媒体**。手机新媒体包括手机短信/彩信、手机报纸、手机广播、手机游戏、手机App等。

● **新型电视媒体**。新型电视媒体包括数字电视、网络电视、移动电视、楼宇广告电视等。

● **其他新媒体**。其他新媒体包括户外新媒体、商场广告屏等。

2. 根据传播形态分类

根据传播形态分类是较为主流的分类方式，可将新媒体分为社交媒体、短视频、直播、自媒体和移动新闻客户端等类型。

（1）社交媒体。

主流的社交媒体有微博、微信、QQ等，其中，微博是基于关注机制实现简短实时信息分享的工具，集合了众多政府单位、企业、机构、个人等用户，流量大，非常注重传播和互动的时效性；微信是基于智能移动设备的主流即时通信软件，通过微信公众号、朋友圈、小程序、视频号打造了较为完整的生态圈，常用于粉丝沉淀；QQ同样是一款即时通信软件，支持在线聊天、视频通话、在线文档编辑和QQ邮箱等多种功能，偏向于一对一或小范围的交流，针对性较强。图1-3所示为微信的搜索界面。

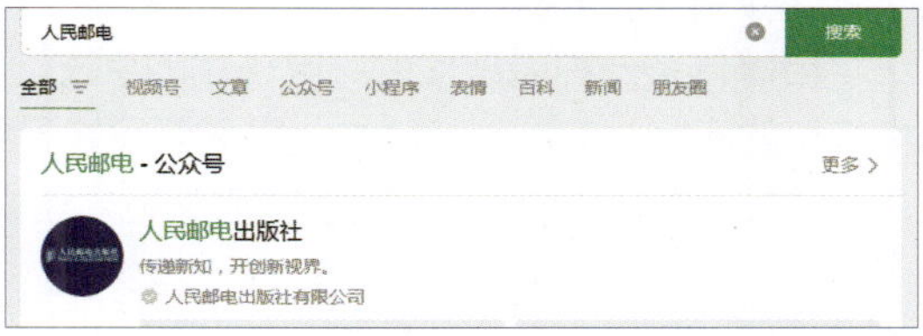

图1-3

（2）短视频。

短视频是一种时长一般仅为数秒到数一秒的视频，依托移动智能终端实现视频的快速拍摄与美化编辑，可在各种新媒体平台上实时分享。短视频是新媒体行业主流的传播形态。目前，用户基数大、流量大的短视频平台主要有抖音、快手等。其中，抖音更注重短视频的趣味性和可传播性，快手中展现烟火气的短视频占比较大。除此之外，一些其他类型的媒体也开始添加短视频功能，如微博、微信、今日头条等。图1-4所示为抖音的相关界面。

图1-4

（3）直播。

直播能借助互联网优势，通过相关直播软件将现场环境实时发布到互联网上，并借由互联网技术快速、清晰地呈现在用户面前，具有传播快捷、时效性强、互动性强的优势。

直播发展至今，已经从一个新兴的概念走向成熟，并逐渐普及，涉及的领域也越来越广泛，如新闻、游戏、教育、音乐、电子商务等。直播的崛起更带动了一大批新媒体平台大力发展直播，开辟直播新赛道，如抖音直播、淘宝直播（相关界面见图1-5）、虎牙直播、微博直播、一直播等。

图1-5

（4）自媒体。

自媒体是一种以现代化、电子化的手段，向不特定的大多数人或特定的个人传递规范性及非规范性信息的新媒体的总称。简书、知乎等问答平台，今日头条、腾讯新闻等新闻资讯平台均属于自媒体，具有发布、传播、分享、评论等方面的相对自由性。图1-6所示为知乎的相关界面。

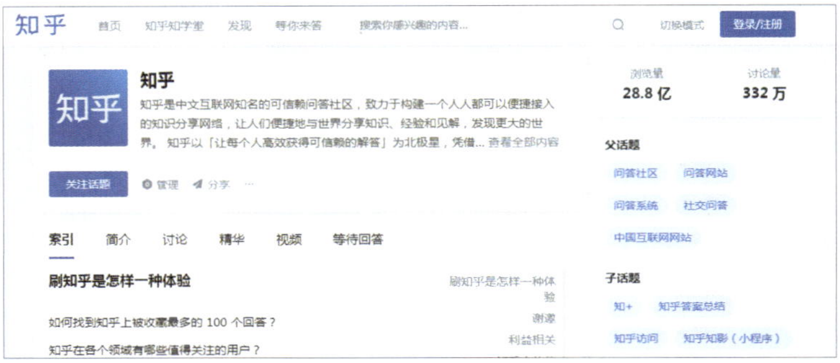

图1-6

（5）移动新闻客户端。

移动新闻客户端是一种传统报业与移动互联网紧密结合的媒体形式。移动新闻客户端通常定义为依靠移动互联网，以文字、图像、视频、音频等作为形式，以智能手机、平板电脑等移动终端作为接收设备的全媒体、数字媒介。图1-7所示为人民日报的移动新闻客户端相关界面。

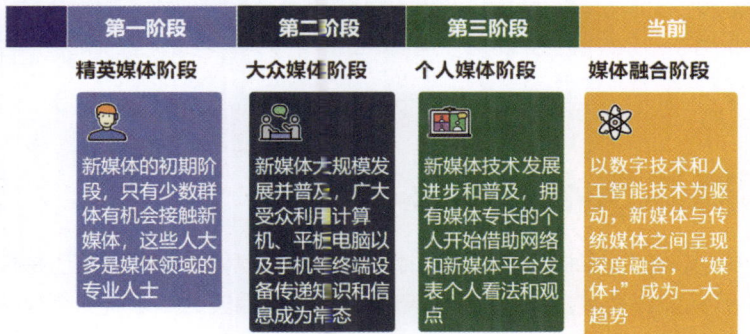

图1-7

课堂讨论

你常用的新媒体平台有哪些？你为什么会使用它们？

1.1.3　新媒体的发展

新媒体最早可以追溯到1967年（概念提出），至今，新媒体已经历了多个发展阶段，从简单到复杂、从单一到多元，再从多元到融合，逐渐演变为如今的形态，如图1-8所示。

新媒体的发展

第一阶段	第二阶段	第三阶段	当前
精英媒体阶段	大众媒体阶段	个人媒体阶段	媒体融合阶段
新媒体的初期阶段，只有少数群体有机会接触新媒体，这些人大多是媒体领域的专业人士	新媒体大规模发展并普及，广大受众利用计算机、平板电脑以及手机等终端设备传递知识和信息成为常态	新媒体技术发展进步和普及，拥有媒体专长的个人开始借助网络和新媒体平台发表个人看法和观点	以数字技术和人工智能技术为驱动，新媒体与传统媒体之间呈现深度融合，"媒体+"成为一大趋势

图1-8

1.1.4 新媒体的产业链

在发展过程中，新媒体的分工日趋明显，逐渐演化为按照工业化标准进行生产、再生产的产业类型，并形成一条完整的新媒体产业链（见图1-9）。该产业链清晰地界定了从内容生产、加工、传播到最终消费的全过程。

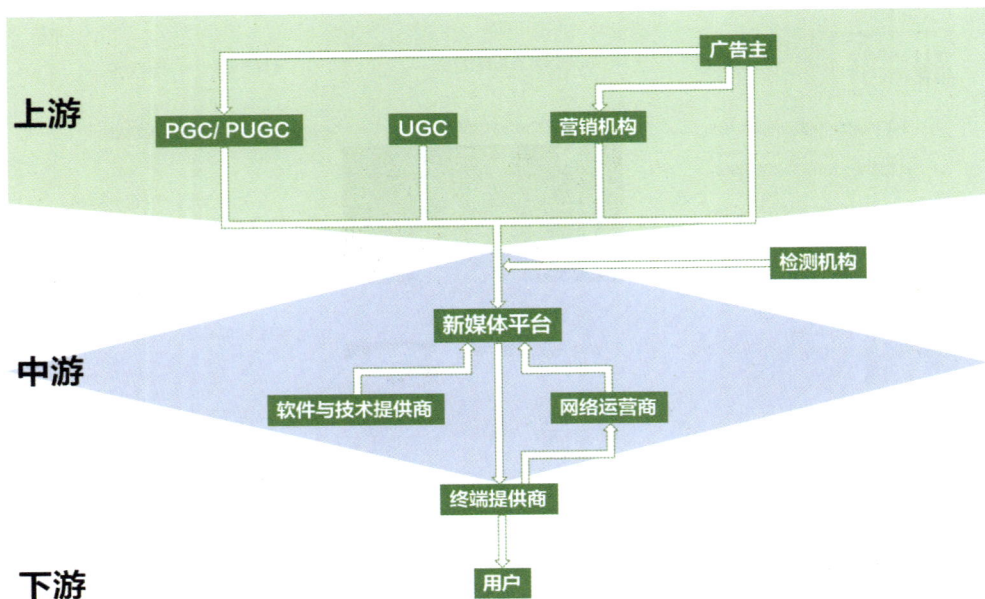

图 1-9

在产业链的上游，不同的内容生产者为新媒体提供源源不断的内容，通过原创、转载、合作生产等方式，确保内容的持续供应。在中游，这些生产的内容在经过检测机构的严格审核后，又被上传到新媒体平台，并通过这些平台分发到不同的终端。在此过程中，软件与技术提供商和网络运营商将持续为新媒体平台提供技术和网络支持，以确保平台的稳定运作。在下游，生产的内容将通过终端触达用户，并引导用户进行浏览、点赞、分享、点击购买等操作。在不断变革的新媒体环境下，产业链各个环节呈现出新的特点与发展态势：上游的内容创意和生成愈发多元化，中游的平台运营和技术服务日趋智能化，下游的用户行为与消费模式则朝个性化方向发展。

> **💡 小提示**
>
> PGC（Professional Generated Content，专业生成内容）、UGC（User Generated Content，用户生成内容）、PUGC（Professional User Generated Content，专业用户生成内容）都是内容的生产方式，只不过生产内容的人身份不同。

1.2 新媒体技术的概念和类型

新媒体技术为新媒体的发展提供了技术支撑，不管是新媒体内容的创作还是传播和互动，都离不开新媒体技术。为此，掌握与新媒体技术相关的知识就变得非常重要。

微课1.2

1.2.1　新媒体技术的概念

从新媒体的发展阶段可以看出，新媒体技术是在新媒体环境下出现的，用于支撑新媒体形态的所有技术的总和，以互联网技术为基础，涵盖信息的采集和生产技术、处理和传播技术、存储和播放技术、显示和管理技术，以及互联网和移动通信的输入、处理、传播和输出全过程的各项技术。

从使用范围来看，新媒体技术广泛应用于信息传播、电子商务、新闻出版、广播影视、广告创作、网络营销和教育等领域，具有传播先进文化和获取经济效益的社会和经济双重属性。因此，它是一种先进性和综合性非常强的技术。

1.2.2　新媒体技术的类型

新媒体技术已经融合到生活、工作的多个方面，从简单的在线浏览、文字编辑，到复杂的图像处理、短视频制作等，都会使用到新媒体技术。新媒体技术的类型有信息采集技术、信息存储技术、数字视听技术等。

1. 信息采集技术

信息采集技术是指利用软件技术，针对特定的目标数据源进行实时、高效的信息采集、抽取、挖掘、处理，从而将信息从网络中抽取出来并保存到数据库中的技术。信息采集技术是新媒体获取信息的重要方式，借助网络爬虫技术获取网络信息就是信息采集技术的一种应用。

2. 信息存储技术

信息存储技术是新媒体技术中基础且重要的技术，要求能够在不同的应用环境中，采取安全、有效、合理的方式，将用户需要的数据保存到特定媒介上，并保证用户能够顺利访问。常用的信息存储技术有磁存储技术、光盘存储技术和网络存储技术。

● **磁存储技术**。磁存储技术是一种利用磁介质存储信息的存储技术，普遍运用于各种计算机系统中，该技术的运用为新媒体平台建立庞大的数据库和信息管理系统提供了技术基础。

● **光盘存储技术**。光盘存储技术是一种用激光束在光记录介质中写入高密度数据的信息存储技术。运用该技术，可将新媒体中所有类型的信息存储在光盘中。受光盘制作材料和本身技术水平的限制，光盘存储技术在存储容量、存储密度、存取时间和更新难易程度等方面都落后于磁存储技术。

● **网络存储技术**。网络存储技术是一种有利于信息整合与数据共享，且易于管理的、安全的新型存储结构和技术，广泛应用于新媒体交互式传播中。

3. 数字视听技术

新媒体中的信息常以文字、图片、音频、视频等形式呈现，而这些形式的创作、编辑和开发就需要用到数字视听技术。数字视听技术主要包括数字图像技术、数字动画技术、数字音频技术和数字视频技术。

● **数字图像技术**。数字图像技术也称为数字图像处理技术，是通过计算机对图像进行画质增强、图像复原、特征提取、编码压缩和画面分割等操作的技术，用以提高图像的质量与用户的视觉体验。

● **数字动画技术**。数字动画技术就是使抽象的信息变成可感知、可管理和可交互的数字动画的一种技术，在制作新媒体动画广告的过程中经常用到。

● **数字音频技术。**数字音频技术是利用数字化手段对声音进行录制、存放、编辑、压缩或播放的技术，具有音质真实、编辑简单、抗干扰性强等优点。在新媒体中应用数字音频技术有利于提升用户的感知体验。

● **数字视频技术。**数字视频技术是指以数字信号的方式，捕捉、记录、处理、存储和播放动态影像的一系列技术，影视剧、短视频、商业视频和视频直播等都运用了数字视频技术。

4. 信息安全技术

新媒体中的信息基于网络传播，存在一定的安全隐患。为避免受到恶意攻击、篡改等，需要采用一些信息安全技术，保障信息所有者自身的权益，提高信息内容的安全性。

● **防火墙技术。**防火墙技术主要用于加强网络中的访问控制，防止网络上的非注册用户访问内部网络的信息资源，保护内部网络的操作环境。

● **病毒防护技术。**病毒防护技术可以防止病毒入侵，保护计算机网络安全和个人信息安全，对一些涉及商业机密、知识产权和安全信息等的内容特别适用。常见的病毒防护技术主要有阻止病毒传播的技术（如网络防火墙）、检查和清除病毒技术（如杀毒软件）、病毒数据库升级技术（升级杀毒软件病毒库内的数据，可让杀毒软件更好地查找和清除病毒）。

● **安全扫描技术。**安全扫描技术是一种主动性很强的信息安全技术，能够与防火墙技术、病毒防护技术互相配合，向用户提供安全性较高的网络信息。利用基于安全扫描技术研制的安全防护和管理软件可以主动发现、分析网络中的各种安全漏洞，如敏感服务和系统漏洞等，并给出相应的解决办法和建议。

● **数字密码技术。**数字密码技术可以对新媒体中的信息进行电子加密或密码伪装，提升信息传递的安全性。

● **数字认证技术。**数字认证技术是用数字电子手段证明信息发送者和接收者的身份，以及信息文件完整性的技术。在新媒体领域，数字认证技术常用于用户登录、身份确认和货币交易等操作，常见的账号密码登录、二维码扫描、指纹识别、人脸识别等功能都是数字认证技术的应用。

5. 移动终端技术

移动终端技术是指在智能手机、平板电脑等终端设备上使用的一系列技术，除网络技术外，常见的主要有以下两种。

● **触摸屏技术。**触摸屏技术是移动终端设备常用的技术，能够让用户快速、方便地与移动终端进行交互。例如，用户可以通过点击智能手机屏幕中的App图标，打开App进行应用。

● **智能语音技术。**智能语音技术包括语音识别技术和语音合成技术等，前者可以将人类语音中的词汇内容转换为计算机可读的输入，如语音控制功能；后者可以通过机械的、电子的方法产生人造语音，如文本转语音功能。

6. 移动通信技术

移动通信是指移动体之间的通信，通信双方至少有一方在运动中需要进行信息的交换，达成或实现这种信息交换的技术就是移动通信技术。目前新一代的移动通信技术是第五代移动通信技术（5th Generation Mobile Communication Technology，5G），具有数据传输速率快、网络延迟非常低等优势。5G的运用，不仅改变了新媒体内容的生产方式，推动新媒体朝更优、更快的方向发展，还优化了用户的网络体验。

7. 智媒技术

在新技术的推动下，媒体呈现出智能化趋势，而推动这一趋势的关键技术便是智媒技术，主要包括大数据技术、云计算、人工智能技术等。

● **大数据技术。**大数据技术是在大数据采集、存储、分析和应用过程中所使用的一系列技术，具备从海量杂乱数据中快速挖掘有价值信息的能力。

● **云计算。**云计算是一种网络应用模式，可以通过位于网络中央的一组服务器将其存储、数据等资源以服务的形式提供给请求者，具有按需自主服务、广泛网络接入、快速动态匹配等特点。

● **人工智能技术。**简单来说，人工智能技术就是人类创造的、让机器模仿人类思考和决策所使用的一系列技术，主要包括自然语言处理技术、机器学习技术等。其中，自然语言处理技术就是使计算机拥有像人类一样处理自然语言的能力的技术。所谓机器学习，可以简单理解为机器通过分析大量数据进行学习，并根据学习结果对数据做出决策和预测。

> **课堂讨论**
>
> 智媒技术被广泛应用于新媒体的各个领域中，请举例说明具体有哪些应用。

1.3　新媒体技术的发展趋势

移动通信技术的进步以及人工智能、VR（Virtual Reality，虚拟现实）、AR等新技术的应用，进一步扩展了新媒体技术的应用边界，使其迸发出新的生机与活力，也为新媒体带来更多发展的可能。从当下环境来看，新媒体技术的发展主要呈现出以下3种趋势。

微课1.3

1.3.1　AIGC

AIGC（Artificial Intelligence Generated Content，人工智能生成内容）是生成式AI技术在内容创作领域的延伸。自2022年以来，AIGC便开始在数字艺术领域大放异彩。随后，ChatGPT的出现更是将AIGC推向全民热议的焦点，引发了广泛的参与和评论。AIGC的出现极大地简化了内容创作过程，让人们可以借助AI的力量高效生产新媒体内容，包括文字写作、文生图、文生音频、文生视频等。尽管当前的AIGC发展并不完善，如创作的内容缺乏内涵、差异性较小等，但是，随着技术的不断成熟以及与现实的深度融合，或许在未来，AIGC将更加智能。

1. 文字写作

当前，很多企业都推出了文字写作类AIGC，并不断优化其功能，以实现智能辅助文案生成、报告写作、文字优化等目标。百度的文心一言、阿里巴巴的通义千问就是常见的文字写作类AIGC工具。

● **文心一言。**2023年3月，百度正式推出文心一言。作为AIGC工具，文心一言不仅能够与人对话互动、回答问题，还能够协助新媒体从业者进行文学创作、文案创作等，并能够根据给出的写作要求生成指定内容。图1-10所示为文心一言的工作界面。

● **通义千问。**通义千问是一个超大规模的语言模型，它支持多轮对话、文案创作、逻辑推理，并具备多模态理解、多语言支持等功能，甚至能够根据输入的文字指令生成图像（见图1-11）。当前，钉钉已正式接入通义千问，在"消息"界面即可找到通义千问的入口。

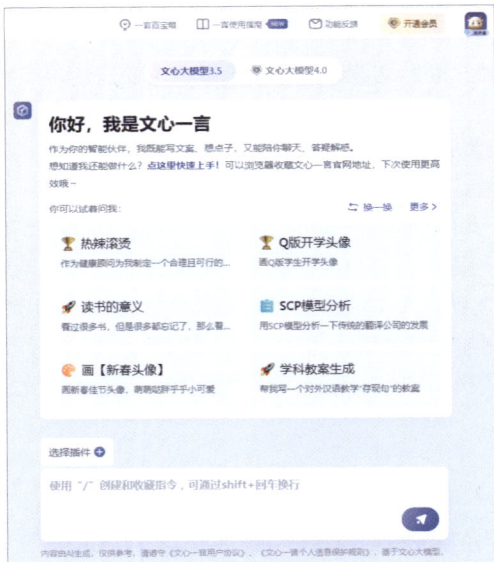

图 1-10   图 1-11

2. 文生图

　　除了文字方面的应用，AIGC在文生图方面也得到了较大的发展，如文心一格、美图设计室、意间AI绘画等。此外，如果有参考图，这些AIGC工具甚至能够根据参考图生成相似风格的图片，实现图生图。

- **文心一格。** 文心一格是百度推出的AI艺术与创意辅助平台，不仅能够根据文字描述生成商品图、海报、封面、艺术字等，还具备一键抠图、根据已有图像进行画面扩展等能力。图1-12所示为文心一格的首页。
- **美图设计室。** 美图设计室支持智能抠图、根据海报类型和文字描述一键生成海报、智能生成Logo、一键生成电商场景图等功能。图1-13所示为美图设计室的AI Logo设计界面。

图 1-12

图 1-13

● **意间AI绘画。**意间AI绘画是基于AI框架Stable Diffusion大模型的AI艺术和创意辅助平台，能够根据文字描述生成不同风格的图片。

3. 文生音频

当前，AIGC利用深度学习和自然语言处理技术来模拟人的声音，将文字转化为生动、逼真的语音，为影视剧、动画配音、音频产品的制作等提供了诸多便利。常见的文生音频类AIGC工具如下。

● **讯飞智作。**讯飞智作是科大讯飞推出的智能配音产品，提供数字人配音合成、短视频配音等服务，支持多人配音、多语种配音等功能。图1-14所示为讯飞智作的工作界面。

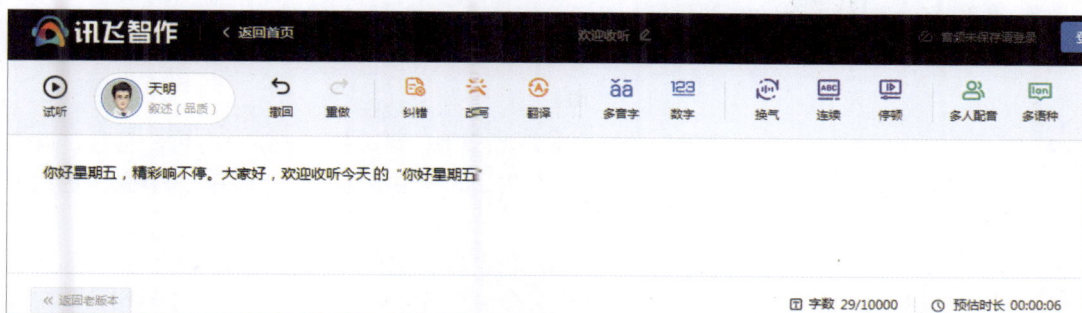

图1-14

● **魔音工坊。**魔音工坊是一款可以将文字转化成语音的在线智能配音产品，能够提供不同性别、口音的真人声音，还可实现多人在线配音。图1-15所示为魔音工坊的首页。

图1-15

● **Adobe Podcast AI。**Adobe Podcast AI是Adobe Podcast新增的AI工具，可一键利用AI增强音频效果，获得专业的声音。

4. 文生视频

文生视频类AIGC为视频创作带来了更大的灵活性，极大地简化了创作流程，也为新媒体从业者提供了新的灵感来源。常见的文生视频类AIGC工具如下。

● **腾讯智影。**腾讯智影是腾讯推出的一款在线智能视频创作平台，支持文本转视频、文字配音、生成数字人播报短视频、自动字幕识别等功能，能够帮助新媒体从业者更好地制作视频。图1-16所示为腾讯智影的数字人播报短视频制作界面。

11

图 1-16

- **Sora**。Sora 是 OpenAI 公司推出的文本转视频模型，可以生成长达一分钟的视频，且具有较好的视觉效果。此外，Sora 还可以在单个生成的视频中创建多个镜头，并保留角色和视觉风格。
- **剪映**。剪映推出了有利于视频创作的 AIGC 功能，如智能文案和智能包装功能。其中，智能文案可以根据输入的文案要求自动生成讲解文案、营销文案，甚至能根据视频素材自动生成字幕；智能包装可以智能分析视频素材，自动添加字幕、效果等，一键完成视频的美化。

课堂讨论

　　AIGC 是否仅限于执行单方面的操作，如只能进行文字写作或文生图等？另外，单一性 AIGC 是否有发展为综合性 AIGC 的趋势，为什么？

1.3.2　AR和VR深入应用

　　AR、VR 等技术在新媒体领域得到广泛应用，如数字虚拟主播、数字藏品、全景式 H5、元宇宙短视频等，不仅带来了高度沉浸式的体验环境，还在某种程度上重塑了人们对空间的认知和想象，搭建起一个全新的、高度交互的数字世界。

　　随着 AR、VR 技术在新媒体领域的深入运用，未来可能持续革新沉浸式体验，带来真实感非常强的交互体验，搭建起真正的元宇宙；持续改进新媒体内容创作和传播模式，利用数字化方式生产和传播内容；拓展社交共享功能，让数字世界中的社交互动变得更为自然和真实，构建起一个更丰富多元、高度个性化和深度沉浸的媒体消费新生态。

1.3.3　内容生产非专业化

　　在新媒体平台的支持以及 AIGC 的辅助下，越来越多的普通用户参与到内容创作中，无须依赖专业技能或设备即可轻松实现内容的创作和传播。同时，借助大数据分析和算法推荐技术，新媒体平台能够精准了解用户需求和兴趣偏好，进而实现内容的个性化推送，这在一定程度上刺激了更多针对细分市场的非专业内容生产，以满足不同用户的个性化需求。

　　内容生产的非专业化也将促使新媒体内容生态系统更加开放、多元、包容和活跃，并反过来持续推动技术革新，以更好地服务于广大用户。然而，这并不意味着专业内容的价值降低，反而可能需要制定更多的策略来平衡专业性与广泛参与之间的关系，确保内容质量和信息的准确性。

思考与练习

1. 名词解释

新媒体　　　　新媒体技术　　　PUGC　　　大数据技术　　　AIGC

2. 选择题

（1）【单选】社交媒体、短视频、直播是按照（　　　）分类的新媒体。

　　A．传播媒介　　　　　　　　B．传播形式

　　C．传播形态　　　　　　　　D．传播平台

（2）【单选】新媒体大规模发展并普及的阶段是（　　　）。

　　A．精英媒体阶段　　　　　　B　大众媒体阶段

　　C．个人媒体阶段　　　　　　D　媒体融合阶段

（3）【多选】常用的新媒体技术有（　　　）。

　　A．信息存储技术　　　　　　B．数字视听技术

　　C．移动终端技术　　　　　　D．信息安全技术

（4）【多选】以下属于同一个公司推出的AIGC工具的是（　　　）。

　　A．文心一言　　　　　　　　B．魔音工坊

　　C．剪映　　　　　　　　　　D．文心一格

3. 思考题

（1）新媒体与新媒体技术的关系是什么？

（2）新媒体的产业链各环节是如何运作的？

（3）人工智能在内容生成、个性化推荐等方面具有哪些优势？又带来了什么挑战？

4. 实操题

（1）选择3个主流的短视频平台，从用户特点、平台特点两方面比较这3个平台的异同，并以表格的形式呈现。

（2）分别使用文心一言、通义千问生成营销活动方案，文字指令均为"为美妆品牌生成一篇主题为'致敬我的滚烫人生'的营销活动方案"，比较二者的不同。

第 **2** 章

图像处理

1. 了解图像的基础知识。
2. 了解Photoshop的基础知识。
3. 掌握抠图、修图、调色、图像合成和添加特效的操作方法。

技能目标

1. 掌握Photoshop的基本操作。
2. 能够使用Photoshop将脑海中的创意落地为图像。
3. 能够使用Photoshop设计不同用途的新媒体图像。

素养目标

1. 培养良好的设计素养,创作出符合规范的新媒体作品。
2. 提升审美能力,创作出富有新意的图像。

本章导读

　　随着新媒体技术的飞速发展,图像成为信息传达和情感表达的重要媒介。Photoshop作为一款功能强大的图像处理软件,不仅为新媒体从业者提供了丰富的图像处理功能,还可以助力他们创造出更具吸引力和创意的新媒体图像作品。

引导案例

2024年2月"春运"返程之际，淘宝挂出了"家乡宝贝请上车"活动，用宣传海报展示塞满家乡好物的后备箱，诉说返程的万千思绪。图2-1所示为"家乡宝贝请上车"的部分活动宣传海报。

图2-1

4张宣传海报的整体色彩鲜明，以塞满家乡好物的后备箱为主体，通过代表各省区市的车牌号来代指地域，同时以体现当地特色的景物为背景。这不仅充分彰显地域特色，还与海报上方的主题"家乡宝贝请上车"相呼应。与此同时，海报以后备箱作为视觉中心，将其化身为展示家乡好物以及家乡风貌的橱窗，与海报左侧的文字（如"对家乡的牵肠挂肚 全在这根'红肠'里了"）共同体现了家人和返程游子之间浓厚的感情。

这满载家人爱的后备箱，无声胜有声，引起了众多网友的情感共鸣，纷纷自发分享自己的家乡好物，表达自己对家人、对家乡的爱。

点评："家乡宝贝请上车"活动通过创意生的图像设计，为各地特色好物"量身定制"海报，将一个个好物浓缩在一张张海报中，既形象又生动，为这些好物的展示、推广发挥了重要作用。

2.1 图像基础

图像在新媒体中很常见，小到账号头像、表情包，大到宣传海报、网页设计，均可见图像的身影。图像因其直观、形象的特点，能够有效辅助新媒体营销和运营工作。

微课2.1

2.1.1 图像分辨率

分辨率是指单位面积内或单位长度上的像素数目，单位通常为"像素/英寸"或"像素/厘米"。图像分辨率决定了图像的质量，同样尺寸的图像，其分辨率越高，图像越清晰，质量越高，文件也越大。例如，两张尺寸同为4英寸×3英寸的图像，第1张图像的分辨率为72像素/英寸，其像素数目有（4×72）×（3×72）=62208个，第2张图像的分辨率为300像素/英寸，其像素数目有（4×300）×（3×300）=1080000个。

2.1.2 图像颜色模式

在新媒体中，一张优秀的图片通常是不同颜色综合运用的结果。为达到理想的效果，新媒体从业者可以使用不同的颜色模式来增强图片的表达效果。目前常用的图像颜色模式主要有以下8种。

1. 灰度模式

灰度模式是指图像中没有颜色信息且色彩饱和度为零的颜色模式。灰度模式图像中的每个像素都有一个0（黑色）～255（白色）的亮度值，能自然地表现黑白之间的过渡状态，并且该图像的颜色深度决定了可以使用的亮度级别数。将彩色图像转换为灰度模式时，图像中的颜色信息都将被去掉，只保留亮度信息，得到纯正的黑白图像。图2-2所示为将彩色图像转换为灰度模式前后的对比效果。

2. 位图模式

在位图模式中，图像仅用黑色或白色来表达像素，既无彩色信息，又无灰度信息，如图2-3所示。因此，位图模式图像包含的颜色信息量少，文件也较小。在转换位图模式时，我们需要先将彩色图像转换为灰度模式才可以将其转换为位图模式。

3. 双色调模式

在双色调模式中，除原有的黑色油墨外，还会添加一种灰色油墨或彩色油墨来渲染灰度图像。该模式可向灰度图像添加1～4种颜色来表现颜色层次，使表现出的图像比灰度图像更加丰富、生动，如图2-4所示。在转换时，我们需要先将彩色图像转换为灰度模式，再转换为双色调模式。

图2-2　　　　　　　　　　　图2-3　　　　　　　　　　　图2-4

4. 索引颜色模式

索引颜色模式是指系统预先定义好一个包含256种典型颜色的颜色对照表，当将彩色图像转换为索引颜色模式时，系统会将该图像中的所有颜色映射到颜色对照表中，如果彩色图像中的颜色在颜色对照表中没有对应颜色来表现，则系统会从颜色对照表中挑选出最相近的颜色来表现。因此，索引颜色模式通常被当作存放彩色图像中的颜色，并为这些颜色创建颜色索引的工具。

5. 多通道模式

多通道模式是指包含多种灰阶通道（通常是指一个仅包含亮度信息、没有颜色信息的通道）的颜色模式。将图像颜色模式转换为多通道模式后，系统将根据原图像产生一定数目的新通道。

6. RGB颜色模式

RGB颜色模式又称真彩色模式，是一种十分常见的颜色模式，主要由红色（用R来表示）、绿色（用G来表示）、蓝色（用B来表示）3种颜色按不同的比例混合而成。

7. Lab颜色模式

Lab颜色模式由RGB颜色模式转换而来，在该模式中，图像的亮度信息和颜色信息分别被存储在不同的位置。修改图像的亮度并不会影响图像的颜色，调整图像的颜色同样不会破坏图像的亮度，这是Lab颜色模式在调色中的优势。在Lab颜色模式中，L表示明度，表示图像的亮度，如果只需调整明暗程度、清晰度，可只调整L通道；a表示由绿色到红色的光谱变化；b表示由蓝色到黄色的光谱变化。

8. CMYK颜色模式

CMYK颜色模式是印刷时使用的一种图像颜色模式，主要由Cyan（青）、Magenta（洋红）、Yellow（黄）和Black（黑）4种颜色组成。为了避免和RGB三原色中的B（表示蓝色）混淆，其中的黑色用K来表示。若在RGB颜色模式下制作的图像需要印刷，则必须将其转换为CMYK颜色模式。

> **课堂讨论**
>
> 谈一谈不同颜色模式之间是如何转换的。

2.1.3　图像文件格式

图像的存储、处理、传播需要采用特定的格式，以形成不同格式的图像文件，从而便于图像文件之间、图像文件与软件/设备之间的传输。不同的图像文件格式适合不同的情况，且各有其优缺点，以下是6种常见的图像文件格式。

1. BMP格式

BMP（*.bmp）格式是一种在Windows操作系统中广泛使用的图像格式，几乎所有的图像处理软件都支持BMP格式，且该格式的图像也便于软件快速读取。BMP格式支持RGB颜色模式、索引颜色模式、灰度模式和位图模式，但不支持Alpha通道。

2. TIFF格式

TIFF（*.tif，*.tiff）格式是一种无损压缩格式，能够保留图像原有的色彩和层次，图像质量好，适用于应用程序之间和计算机平台之间交换图像数据。

TIFF格式的优点是灵活性强，支持带Alpha通道的CMYK颜色模式、RGB颜色模式和灰度模式文件，以及不带Alpha通道的Lab颜色模式、索引颜色模式和位图模式文件，被大多数绘画、图像编辑和页面排版应用程序所支持。并且TIFF格式的包容性大，可以加入作者、版权、备注以及自定义信息，也可以在同一个文件中存放多幅图像，编辑图像文件并存储后不会有压缩损失。TIFF格式的缺点是图像文件大，占用存储空间大。

3. GIF格式

GIF（*.gif）格式是一种基于无损压缩编码的连续色调的无损压缩格式，几乎所有的应用程序都支持该格式。

GIF格式的优点是同一个GIF文件中可存放多幅彩色图像，能够保存图像的动画效果，且文件整体较小、成像相对清晰，便于网络传输。新媒本中的动态表情包、闪图、H5中的动态图标等都采用了GIF格式。GIF格式的缺点是最多只能存储256种颜色，且不支持Alpha通道。

4. JPEG格式

JPEG（*.jpg，*.jpeg）格式是一种有损压缩格式，也是应用非常广泛的静态图像的压缩标准，各种浏览器均支持该图像文件格式，主要用于图像预览和制作HTML（HyperText Markup Language，超文本标记语言）网页。

JPEG格式的优点是压缩比很大且支持多种压缩级别，当对图像的精度要求不高而存储空间又有限时，JPEG格式是一种理想的压缩方式。JPEG格式支持CMYK颜色模式、RGB颜色模式和灰度模式，保留了RGB图像中的所有颜色信息，能够选择性地去掉数据以压缩文件。JPEG格式的缺点是有损压缩会使原始图像质量下降，且不适合所含颜色少、有大块区域颜色相近的图像。

5. PNG格式

PNG（*.png）格式是一种高级别无损压缩格式，既可用于存储灰度图像，又可用于存储彩色图像，且可以移植于网络。

PNG格式的优点是压缩比大，生成的文件小，且能保证图像的清晰度。支持24位图像，产生的透明背景没有锯齿边缘，使图像效果更加自然和清晰。PNG格式的缺点是与JPEG格式的有损压缩相比，PNG格式提供的压缩量较少，这意味着PNG格式的图像文件会比JPEG格式的图像文件大，并且PNG格式不对多图像文件或动画文件提供任何支持。

6. PSD格式

PSD（*.psd）格式是Photoshop的专用文件格式，是唯一支持全部图像颜色模式的格式。以PSD 格式保存的图像可以包含图层、通道、颜色模式等信息，由于包含的图像数据信息较多，因此PSD 格式的图像文件要比其他格式的图像文件大很多。

> **课堂讨论**
>
> 某品牌要制作并打印一张宣传海报，以张贴在线下品牌店内，该海报适合选择哪些图像格式？

2.2 Photoshop的基础知识

Photoshop是Adobe公司开发的一款专业级图像处理软件，具有强大的图像处理功能，在提高图像处理效率、进行创意设计等方面发挥着重要作用，在新媒体行业中有着广泛的用途。

微课2.2

2.2.1 Photoshop在新媒体中的应用

Photoshop在新媒体中的应用主要体现在以下3个方面。

1. Logo/账号头像设计

Logo是企业或品牌的重要标识，而账号头像也同样起着识别新媒体账号的作用，是企业或个人在新媒体平台中的"身份证"。借助Photoshop，企业或个人可以设计出具有辨识度和个性化的Logo或账号头像。在某些情况下，一些企业也会将品牌Logo作为账号头像使用，以增加品牌知名度和辨识度。图2-5所示为部分具有代表性的Logo，以及部分微博头像。

图2-5

2. 新媒体广告/文案配图设计

　　新媒体广告主要是指新媒体平台中用于宣传推广的图像广告，以图像或图形为主要表现形式，如横幅广告、弹窗广告、宣传海报、App开屏广告等。新媒体文案配图主要是指新媒体文案中搭配使用的图像，如微博文案配图（见图2-6）、微信公众号推文配图、小红书笔记配图、今日头条文章配图、知乎答案配图等。

图2-6

　　这些新媒体广告和文案配图的设计离不开Photoshop，凭借Photoshop强大的图像处理功能、丰富的图层和蒙版功能、多样的滤镜，新媒体从业者能够设计出更具美感、风格化的新媒体广告和文案配图。

3. UI设计

　　UI是User Interface（用户界面）的缩写，而UI设计则是指对产品的人机交互、操作逻辑、界面美观等多个方面进行整体设计，其设计内容主要包括界面设计、交互设计和用户体验设计。在新媒体中，UI设计更多地体现为新媒体平台界面的设计，图2-7所示为快手App界面的UI设计。新媒体从业者在进行UI设计时，使用Photoshop不仅可以高效地处理与制作图像、制作静态的UI界面，还能够制作简单的动效，如按钮点击动效、登录交互动效、表情包动效等，以丰富用户体验。

图2-7

2.2.2　Photoshop的工作界面

　　Photoshop在新媒体领域中的应用非常广泛，但是对于没有基础的人来说，用好Photoshop有一定的难度。通常情况下，熟悉一个软件的工作界面是学好该软件的前提。Photoshop的工作界面主要由菜单栏、工具属性栏、工具箱、图像编辑区、控制面板、上下文任务栏和状态栏组成，如图2-8所示。

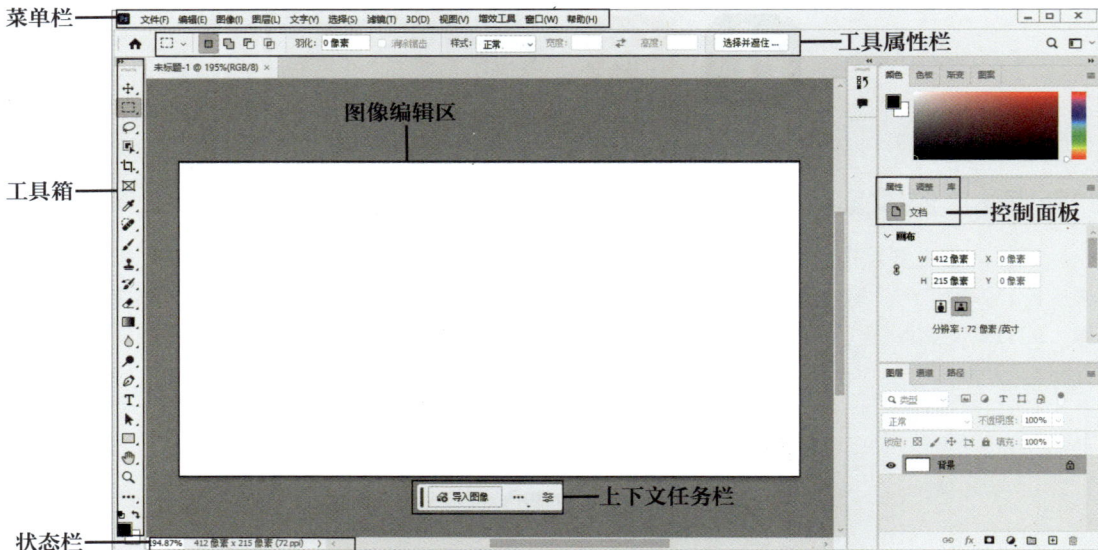

图 2-8

- **菜单栏**。菜单栏共包含12个菜单。利用这些菜单中的命令可以完成对图像的编辑、调色、添加滤镜效果等操作。
- **工具属性栏**。选择工具箱中的某个工具，工具属性栏将显示该工具的属性设置参数，设置这些参数可以完成更为细微的操作。
- **工具箱**。工具箱包含多种工具，如选择工具、绘图工具、填充工具等。利用这些工具，我们可以实现绘制图像、修饰图像、创建选区、调整图像显示比例等操作。将鼠标指针放在某个工具对应的图标上，我们可查看该工具的具体名称和使用方法。
- **图像编辑区**。图像编辑区是浏览当前图像状态的区域，也是编辑和处理图像的主要场所。
- **控制面板**。控制面板是Photoshop的重要组成部分，由不同的功能面板组成，在其中可以进行选择颜色、编辑图层、新建通道、编辑路径和撤销编辑等操作。
- **上下文任务栏**。上下文任务栏是Photoshop 2023新增的功能，默认自动打开，可跟随鼠标指针出现在不同的位置，并且会根据当前操作提供与之相关的工具，执行不同的操作将显示不同的上下文任务栏。
- **状态栏**。状态栏中会显示当前图像文件的显示比例、文档大小等提示信息。

> 💡 **小提示**
>
> Photoshop正逐步向智能化方向发展，2023版本除了新增上下文任务栏外，还新增了一键去除干扰部分的移除工具和更丰富的调整预设功能，并改进了渐变工具，为创作提供更多便利和可能性。

2.2.3 Photoshop的辅助工具

为了更好地提升设计效率和创作质量，熟练运用Photoshop的标尺、参考线和抓手工具等辅助工具也很重要，如图2-9所示。这些辅助工具不仅能够提升图像处理的精准性，还能够在设计过程中提供诸多便利。

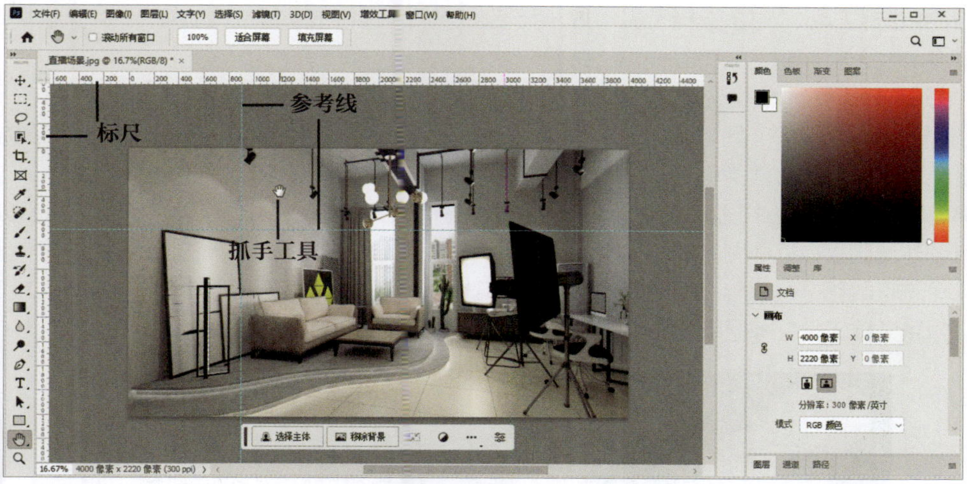

图2-9

1. 标尺

使用标尺有助于确定图像的位置,以及图像的宽度和高度。具体操作方法为:在菜单栏中选择【视图】/【标尺】命令或按【Ctrl+R】组合键可显示标尺。

2. 参考线

参考线是浮动在图像上方的直线,默认显示为青色,可用于定位图像。具体操作方法为:在标尺上按住鼠标左键不放,向下或向右拖曳鼠标至适当位置,释放鼠标可在该位置创建水平参考线或垂直参考线;或在菜单栏中选择【视图】/【新建参考线】命令,打开"新参考线"对话框,在其中设置参考线的取向和位置,单击 确定 按钮即可。

3. 抓手工具

使用抓手工具可便于查看图像的不同部位,特别是当放大图像后导致部分图像不可见时,可使用抓手工具移动图像,查看不可见区域。具体操作方法为:选择工具箱中的"抓手工具" 或按住空格键不放以暂时切换到抓手工具,在图像编辑区中沿任意方向拖曳鼠标以移动图像。

> **课堂讨论**
>
> 思考标尺和参考线在哪些设计任务中比较有用,请举例说明。

2.3 抠图

抠图是新媒体图像处理中的一项重要技术。通过抠图可以将图像中的某个元素精准地提取出来,实现与背景或其他元素的分离,后续可以对分离出的元素进行自由组合、调整和创新设计,从而制作出图像作品。

2.3.1 快速抠图

使用Photoshop的"对象选择工具" 、"快速选择工具" 、"魔棒工具" 可轻松实现抠图。

● **对象选择工具。**"对象选择工具" ⬛ 用于自动选择图像中的对象或区域，适用于抠取背景边界清晰的图像。

● **快速选择工具。**"快速选择工具" ⬛ 常用于创建简单的选区，抠取背景单一的图像。

● **魔棒工具。**"魔棒工具" ⬛ 能够根据颜色选择区域，适用于快速抠取纯色背景中的对象。

这3个工具的使用方法类似，在工具箱中选择"对象选择工具" ⬛、"快速选择工具" ⬛ 或"魔棒工具" ⬛，在工具属性栏中设置相关参数后，在图像编辑区中单击或拖曳鼠标，框选需要抠取的图像，便可为其创建选区。在抠取图像的过程中，我们还可根据需要，单击 ⬛⬛⬛⬛ 按钮组的按钮来添加选区或减去部分选区。图2-10（a）所示为使用"快速选择工具" ⬛ 抠取图像的过程，图2-10（b）所示为使用"对象选择工具" ⬛ 抠取图像的过程。

（a） （b）

图2-10

2.3.2 使用钢笔工具抠图

"钢笔工具" ⬛ 可用于精确抠图。具体操作方法为：选择"钢笔工具" ⬛ 后，先围绕抠取对象的轮廓绘制路径，绘制完成后闭合路径，再将路径转换为选区，最后分离抠取对象和背景。注意在绘制路径时，若锚点偏离轮廓，可按【Ctrl+Z】组合键撤销此操作，也可按住【Ctrl】键切换为"直接选择工具" ⬛，将锚点拖回到轮廓线上，或者拖动锚点上的控制杆来调整路径形状，使路径贴合对象轮廓。

2.3.3 课堂案例——制作小家电品牌直播封面图

【案例背景】某小家电品牌为了促进新产品销售，将于3月3日举办一场主题为"新品礼遇季"的直播活动，现需要制作一张750像素×750像素的直播封面图，以吸引用户观看并提升活动曝光度。

【知识要点】使用魔棒工具、对象选择工具、快速选择工具快速抠取图像，使用钢笔工具精细抠取图像。

【素材位置】配套资源：素材文件\第2章\"小家电品牌直播封面图"文件夹。

【效果位置】配套资源：效果文件\第2章\小家电品牌直播封面图.psd、效果文件\第2章\小家电品牌直播封面图.png。

具体操作如下。

（1）启动Photoshop 2023，在打开的界面中单击 ⬛ 按钮，在打开的"打开"对话框中选择提供的所有产品图片和"背景.jpg"图片，单击 ⬛ 按钮。

（2）选择"吹风机.jpg"文件，选择"魔棒工具" ⬛，在吹风机图片中的白色区域单击，此时白色区域会自动生成选区。在上下文任务栏中单击"反相选区"按钮⬛，将吹风机主体图像作为选区，如图2-11所示。

微课2.3

（3）选择"移动工具" ⬛，将选区中的图像拖动到"背景.jpg"文件的图像编辑区中。按【Ctrl+T】组合键，待图像周围出现变换框，拖动变换框右下角的变换点调整图像大小，将鼠标指针放置在变换框中，拖曳鼠标，以适当调整图像位置，如图2-12所示，按【Enter】键确定操作。

（4）选择"电动牙刷.jpg"文件，选择"对象选择工具" ⬛，拖曳鼠标，以框选图片左侧的电动牙刷，稍等片刻，该电动牙刷将被自动选取，如图2-13所示。

图2-11   图2-12   图2-13

（5）放大图像，发现所选电动牙刷下侧部分未被选中，在工具属性栏中单击"添加到选区"按钮 ，然后继续框选未被选中的部分，稍等片刻可将这部分内容选中，如图2-14所示。

（6）选择"移动工具" ，将抠取的电动牙刷拖动到"背景.jpg"文件的图像编辑区中。选择"扫地机器人.jpg"文件，选择"快速选择工具" ，在工具属性栏中设置画笔大小为"30"，框选大部分的扫地机器人图像，然后缩小画笔，通过不断单击工具属性栏中的"添加到选区"按钮 和"从选区减去"按钮 ，调整选区范围，尽量使扫地机器人图像被全部选中，如图2-15所示。

图2-14   图2-15

（7）选择"移动工具" ，将抠取的扫地机器人拖动到"背景.jpg"图像编辑区中。选择"加湿器.jpg"文件，选择"钢笔工具" ，在工具属性栏中设置工具模式为"路径"，沿着加湿器左侧边缘单击两次以创建两个锚点，此时这两个锚点之间产生了一条直线路径，如图2-16所示。

（8）按住【Alt】键不放，然后往上滑动鼠标滚轮放大图像显示比例至合适，然后沿着加湿器下方边缘拖曳鼠标，创建贴合加湿器的曲线路径，如图2-17所示。

（9）按住【Alt】键不放，将鼠标指针移动到步骤（8）中创建的锚点上，当鼠标指针显示为 形状时单击，删除一侧的控制杆，这样更便于绘制转角处的路径。

（10）继续绘制路径，回到创建的第1个锚点，鼠标指针变为 形状时单击以封闭路径，如图2-18所示。按【Ctrl+Enter】组合键，将路径转换为选区，如图2-19所示。

图2-16

图2-17

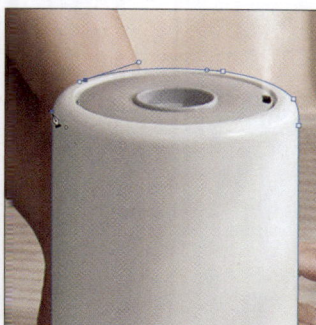
图2-18

图2-19

（11）选择"移动工具" ⊕，将抠取的加湿器拖动到"背景.jpg"文件的图像编辑区中，然后调整各产品的位置、大小和角度，如图2-20所示。

（12）选择"横排文字工具" T，在图像编辑区顶部输入文字"新品礼遇季"，单击上下文任务栏中的色块，打开"拾色器（文本颜色）"对话框，设置文本颜色为"#456aaf"，如图2-21所示，单击 确定 按钮。

（13）在上下文任务栏中设置文字的字体为"汉仪综艺体简"，字号为"100点"，打开"字符"面板，在其中单击"仿斜体"按钮 T，使文字呈现出倾斜的状态，效果如图2-22所示。

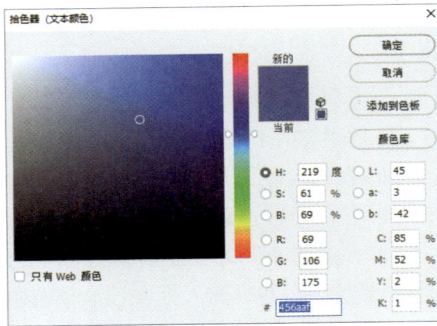
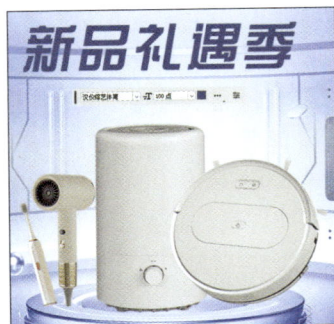

图2-20   图2-21   图2-22

（14）使用"横排文字工具" T 在文字下方输入"3月3日，进直播间享好礼"文字，设置文字字体为"思源黑体"，字号为"30点"，然后在工具属性栏中修改"3月3日，"文字的字体样式为"Regular"，"进直播间享好礼"文字的字体样式为"Bold"。

（15）在菜单栏中选择【文件】/【置入嵌入对象】命令，打开"置入嵌入对象"对话框，选择"文字底纹.png"素材，然后双击置入图像编辑区中，调整其位置和图层顺序，最终效果如图2-23所示。

（16）按【Ctrl+S】组合键打开"存储为"对话框，选择好文件保存路径后，设置文件名为"小家电品牌直播封面图"，保存类型为"Photoshop (*.PSD;*.PDD;*.PSDT)"，如图2-24所示，单击 保存(S) 按钮，在打开的"Photoshop格式"对话框中单击 确定 按钮。选择【文件】/【导出】/【快速导出为PNG】命令，打开"另存为"对话框，选择文件保存路径，单击 保存(S) 按钮。

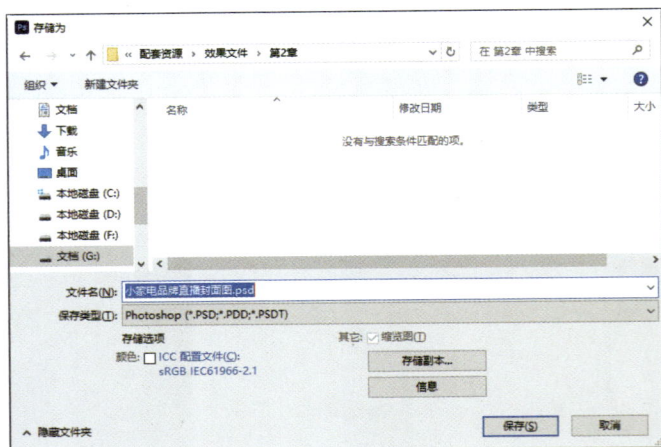

图2-23   图2-24

2.4 修图

为了让图像更具吸引力和传播力，新媒体从业者往往需要通过修图来处理其中的瑕疵，以提升图像的视觉吸引力。

2.4.1 修复图像中的瑕疵

在新媒体配图中，实景拍摄的图像占据了相当大的比例。然而，受各种因素的影响，这些图像可能存在污点或其他瑕疵问题。为了确保图像的质量，新媒体从业者有必要对这些图像进行修复，不同的问题需要使用不同的修复方法，常用的主要有以下3种修复方法。

1. 使用污点修复画笔工具修复

"污点修复画笔工具" 可以快速地去除图像中的标记、污点、划痕等。具体操作方法为：在工具箱中选择"污点修复画笔工具" ，在工具属性栏中分别设置画笔大小、硬度、压力等参数，如果是较小的区域，在图像上单击要修复的区域；如果是较大的区域，在需要修复的区域拖曳鼠标，以消除瑕疵。

2. 使用修复画笔工具修复

"修复画笔工具" 可以运用图像中其他部分的像素来修复瑕疵，修复的图像效果会更加柔和。具体操作方法为：在工具箱中选择"修复画笔二具" ，在工具属性栏中设置画笔大小、模式等参数，按住【Alt】键不放，这时鼠标指针变成 ⊕ 形状，在图像中要复制的取样点处单击，将其移动到要修复的位置任意拖动，即可将取样点周围的像素复制到要修复的区域。

3. 使用修补工具修复

"修补工具" 可以用图像中其他部分的像素来替换选定区域。具体操作方法为：在工具箱中选择"修补工具" ，在工具属性栏中设置修补方式为"正常"，然后选择"源"或"目标"选项，在图像上拖曳鼠标，为需要修复的图像区域建立选区，将鼠标指针移动到选区上，再将选区拖动到取样区域，以覆盖要修复的图像部分，若要修复的图像部分没有被完全覆盖，可重复操作。

2.4.2 去除图像中的多余部分

除了瑕疵外，图像中无关的背景、冗余的元素等也会影响图像的整体观感，它们不仅会分散观看者的注意力，还可能会削弱图像的表现效果，此时就需要去除多余部分。

1. 使用移除工具去除

"移除工具" 可以轻松移除图像中的人物、动物等对象。具体操作方法为：在工具箱中选择"移除工具" ，在工具属性栏中设置画笔大小（应略大于要修复的区域），使用画笔涂抹要移除的区域，或使用画笔在要移除的区域周围画一个圆圈，选定区域后，Photoshop将自动移除该区域中的对象并显示移除进度。

2. 使用仿制图章工具去除

"仿制图章工具" 可将图像的一部分复制到同一图像的另一位置，以遮盖多余的部分，从而达到去除多余部分的目的。具体操作方法为：在工具箱中选择"仿制图章工具" 🔖 ，在工具属性栏中设置合适的画笔大小，按住【Alt】键不放，此时鼠标指针变成 ⊕ 形状，在图像中单击确定要复制的取样点，取样后鼠标指针变成 O 形状，将鼠标指针移动到图像中需要覆盖的区域拖曳鼠标即可。

3. 使用图案图章工具去除

"图案图章工具" 🔖 的作用与仿制图章工具类似，只是该工具不需要建立取样点，而是使用指定的图案填充鼠标指针涂抹的区域。具体操作方法为：在工具箱中选择"图案图章工具" 🔖 ，在工具属性栏中设置画笔大小和画笔图案，然后在需要填充图案的区域拖曳鼠标即可。

2.4.3 课堂案例——制作轻食店宣传视频封面图

【案例背景】为了吸引更多顾客进店消费，某轻食店制作了一个主题为"轻食新生活"的宣传视频，并计划通过社交媒体进行广泛传播。封面图作为视频给观众的第一印象，对于吸引观众点击观看至关重要。因此，封面图的设计需要突出视频主题，并展现宣传内容"买一送一，全场8折"。

【知识要点】使用移除工具移除图像中的多余部分，使用仿制图章工具和修补工具修复较大的瑕疵，使用污点修复画笔和修复画笔工具修复较小的瑕疵。

【素材位置】配套资源：素材文件\第2章\轻食图片.jpg。

【效果位置】配套资源：效果文件\第2章\轻食店宣传视频封面图.psd、效果文件\第2章\轻食店宣传视频封面图.png。

具体操作如下。

（1）按【Ctrl + O】组合键打开"轻食图片.jpg"文件，按【Ctrl+J】组合键复制图层。

（2）选择"移除工具" ✏️ ，在工具属性栏中调整画笔大小为"480"。按住鼠标左键不放并在图像中间的圆盘区域进行涂抹，直至覆盖中间的圆盘，如图2-25所示。涂抹完成后，松开鼠标左键，稍等片刻，圆盘将被去除，效果如图2-26所示。

微课2.4

| 图2-25 | 图2-26 |

（3）此时图片上还有一些细小的瑕疵，需要继续对图像进行修复。放大图像，选择"仿制图章工具" 🔖 ，设置画笔大小为"300像素"，按住【Alt】键不放并在图像上的木板衔接处单击取样，接着在取样区域左侧瑕疵处依次单击进行修复，如图2-27所示。

（4）使用类似的方法继续利用"仿制图章工具" 🔖 修复洋葱左侧的木板，效果如图2-28所示。

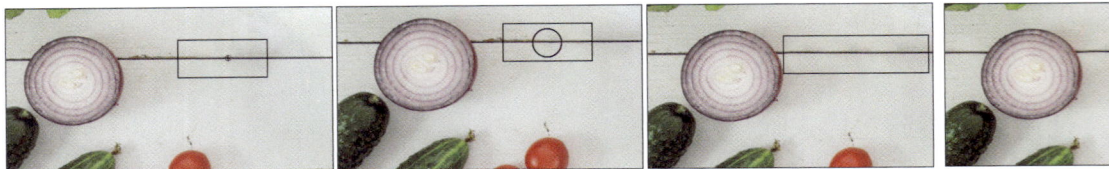

| 图2-27 | 图2-28 |

（5）继续使用"仿制图章工具" 🖉 修复图像上方的木板，在修复过程中可以不断调整画笔大小，使其看起来更加自然，效果如图2-29所示。

（6）选择"修补工具" ⬚，在图像左下角的一大块瑕疵处拖曳鼠标，将瑕疵框选出来，然后将选区向右拖动，直至瑕疵被完整覆盖，此时瑕疵被去除，按【Ctrl+D】组合键取消选区，如图2-30所示。

图2-29　　　　　　　　　　　　　　　　图2-30

（7）继续使用"修补工具" ⬚.修复图像右上部和右下部的瑕疵，效果如图2-31所示。

（8）此时发现图像中的蔬菜上还有一些比较细微的瑕疵，可选择"污点修复画笔工具" 🖌，设置画笔大小为"90像素"，在瑕疵处单击进行修复，使蔬菜看起来更新鲜，效果如图2-32所示。注意在修复时，需根据瑕疵大小选择合适的画笔大小，这样修复的效果看起来会更自然。

（9）放大图像，选择"修复画笔工具" 🖌，设置画笔大小为"59像素"，按住【Alt】键不放，在没有瑕疵的西红柿处单击采样，如图2-33所示，然后在有瑕疵的西红柿区域进行涂抹修复，在修复过程中可以不断变换画笔大小和重新取样，修复完成后的效果如图2-34所示。

图2-31

图2-32　　　　　　　　图2-33　　　　　　　　图2-34

（10）选择"矩形工具" 🖉，在工具属性栏中设置填充颜色为"#ffffff"，描边颜色为"#4d2515"，描边粗细为"25像素"，然后在图像中拖曳鼠标以绘制矩形，效果如图2-35所示。

（11）在"图层"面板中设置矩形图层的填充为"60%"，如图2-36所示。然后复制该矩形，修改复制矩形的填充为"100%"，并缩小复制矩形，修改复制矩形的描边粗细为"10像素"，效果如图2-37所示。

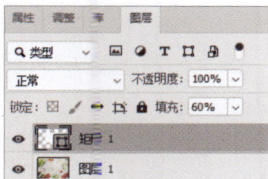

图2-35　　　　　　　　图2-36　　　　　　　　图2-37

（12）选择"横排文字工具" **T**，在矩形中输入文字，设置文本颜色为"#4d2614"，文字字体为"汉仪长宋简"，如图2-38所示。

（13）选择"钢笔工具" ✐，在工具属性栏中设置工具模式为"形状"，设置填充颜色为"#4d2614"，在第3排文字处绘制图形，并修改文本颜色为"#ffffff"，效果如图2-39所示。最后导出图片并保存文件。

图2-38

图2-39

2.5　调色

对于新媒体来说，一张色彩饱满、对比适度的图像，往往能在第一时间吸引受众的注意力。因此，在发布前对原始图像进行处理至关重要，新媒体从业者通过调整图像色调，可以提升图像的整体质感和观赏性。

2.5.1　调整偏暗或偏亮的图像

一些实拍图往往会受天气、时间设置等因素的影响而出现曝光不足或曝光过度的情况，使得图像整体偏暗或偏亮。此时，新媒体从业者可使用以下方法来处理。

1.　通过"亮度/对比度"命令调色

使用"亮度/对比度"命令可对图像的亮度和对比度进行调整，如将灰暗的图像变亮并提升图像的明暗程度。具体操作方法为：选择需要调整的图像，在菜单栏中选择【图像】/【调整】/【亮度/对比度】命令，打开"亮度/对比度"对话框（见图2-40）。向右拖动"亮度"下方的滑块可使图像变亮，向左拖动"亮度"下方的滑块可使图像变暗，拖动"对比度"下方的滑块可调整图像中最亮区域与最暗区域之间的差异程度，差异越大（即对比度越高），图像中明亮的

图2-40

区域将变得越亮、黑暗的区域将变得越暗，从而让图像在视觉上显得更加清晰和鲜明。

2.　通过"曲线"命令调色

使用"曲线"命令可对图像的色彩、亮度和对比度进行调整，使图像颜色更加具有质感。具体操作方法为：选择需要调整的图像，在菜单栏中选择【图像】/【调整】/【曲线】命令或按【Ctrl+M】组合键，打开"曲线"对话框，将鼠标指针移动到曲线顶部的控制点上，拖曳鼠标可调整高光区域，拖动曲线底部的控制点可调整阴影区域。将鼠标指针移动到曲线中心，单击以增加一个控制点，拖动该控制点可调整中间调区域，如图2-41所示。

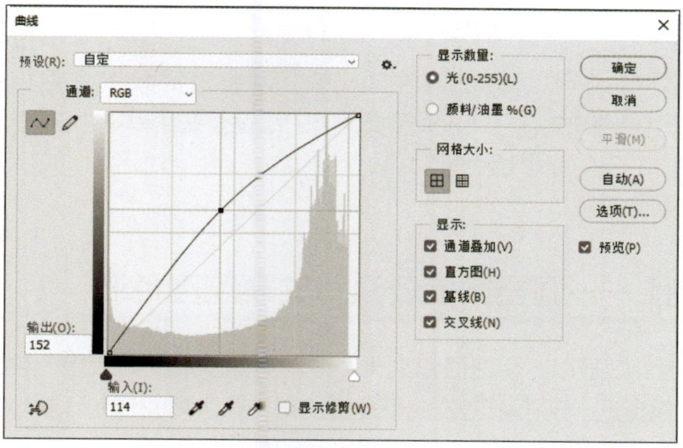

图2-41

3. 通过"曝光度"命令调色

"曝光度"命令常用于处理曝光度存在问题的图像。具体操作方法为：选择需要调整的图像，在菜单栏中选择【图像】/【调整】/【曝光度】命令，打开"曝光度"对话框，设置曝光度、位移和灰度系数校正的参数，可以调整图像的明亮程度，使图像变亮或变暗。

4. 通过减淡工具、加深工具调色

"减淡工具" 主要用于对图像的亮部、中间调和暗部分别进行减淡处理，使用该工具在某区域涂抹的次数越多，该区域的颜色越淡。"加深工具" 主要用于加深图像的亮部、中间调、暗部的颜色，使用该工具在某区域涂抹的次数越多，该区域的颜色越深。

2.5.2 调整偏色的图像

在拍摄时，受环境、光线或相机参数设置不当等因素的影响会导致拍摄出的图像色彩与人眼看到的图像色彩不同，出现色彩偏差。因此，新媒体从业者在后期处理时需要对这些图像进行色彩校正，使其恢复真实色彩。

1. 通过"色彩平衡"命令调色

使用"色彩平衡"命令可以调整图像的阴影、中间调和高光处的色彩，得到鲜亮、明快的效果。具体操作方法为：选择需要调整的图像，在菜单栏中选择【图像】/【调整】/【色彩平衡】命令，或按【Ctrl+B】组合键打开"色彩平衡"对话框，在图像原色彩的基础上根据需要调整不同颜色的占比，通过增加某种颜色的补色以减少该种颜色的数量 或通过增加某种颜色以减少该种颜色的补色来达到改变图像的原色彩的目的。

2. 通过"自然饱和度"命令调色

使用"自然饱和度"命令可增加图像颜色的饱和度，并且可在增加图像颜色饱和度的同时，防止颜色过于饱和而出现溢色现象。具体操作方法为：选择需要调整的图像，在菜单栏中选择【图像】/【调整】/【自然饱和度】命令，打开"自然饱和度"对话框，其中，"自然饱和度"参数用于调整颜色的自然饱和度，避免色调失衡，该值越小，自然饱和度越低；该值越大，自然饱和度越高。"饱和度"参数用于调整所有颜色的饱和度，该值越小，饱和度越低；该值越大，饱和度越高。

3. 通过"色相/饱和度"命令调色

使用"色相/饱和度"命令可以调整图像全部或单个颜色的色相、饱和度和亮度，常用于处理图像中不协调的单个颜色。具体操作方法为：选择需要调整的图像，在菜单栏中选择【图像】/【调整】/【色相/饱和度】命令，或按【Ctrl+U】组合键打开"色相/饱和度"对话框，在其中调整色相、饱和度、亮度的参数，从而改变图像色彩。

2.5.3 课堂案例1——调整微信公众号文章配图色调

【案例背景】某微信公众号以"传递面包文化，分享美味生活"为宗旨，致力于为广大面包爱好者提供最新、最全面的面包资讯。现该微信公众号准备发布一篇牛角面包制作教程推文，但由于拍摄时光线不佳，尤其是逆光拍摄导致面包照片出现了曝光不足、视觉效果不美观、暗部阴影过重、细节不清晰等问题，因此，本案例需要通过调色解决这些问题。

【知识要点】使用"亮度/对比度"命令提高照片的亮度，使用"曝光度"命令提高照片的曝光度，使用"减淡工具"增强画面中的高光。

【素材位置】配套资源：素材文件\第2章\牛角面包.jpg。

【效果位置】配套资源：效果文件\第2章\牛角面包.psd、效果文件\第2章\牛角面包.png。

具体操作如下。

（1）按【Ctrl + O】组合键打开"牛角面包.jpg"文件，如图2-42所示，按【Ctrl+J】组合键复制图层。

（2）在菜单栏中选择【图像】/【调整】/【亮度/对比度】命令，打开"亮度/对比度"对话框，单击 自动(A) 按钮，Photoshop将自动调整到合适的亮度和对比度，并在左侧数值框中显示调整后的参数（若调整后不满意还可拖动滑块再次调整），完成后单击 确定 按钮，效果如图2-43所示。

微课2.5

图2-42

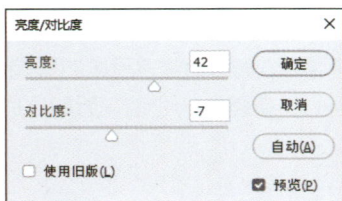
图2-43

（3）在菜单栏中选择【图像】/【调整】/【曝光度】命令，打开"曝光度"对话框，设置曝光度、位移、灰度系数校正分别为"+1""0""0.80"，单击 确定 按钮，效果如图2-44所示。

（4）选择"减淡工具" ，在工具属性栏中设置画笔大小为"500"，范围为"中间调"，曝光度为"80%"，对整个牛角面包区域进行涂抹，然后在工具属性栏中设置范围为"高光"，曝光度为"30%"，在牛角面包的高光处涂抹，使其让人看起来更有食欲，效果如图2-45所示。最后导出图片并保存文件。

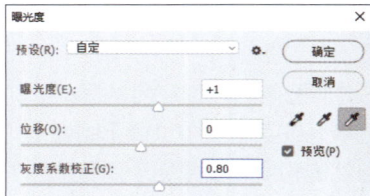
图2-44

图2-45

2.5.4　课堂案例2——调整小红书笔记配图色彩

【案例背景】某旅行领域的博主准备在小红书分享一篇关于旅游度假的笔记时，发现拍摄的风景照片色彩偏暗，而且存在草地偏绿的问题，无法展现出清新、亮丽的自然风光，现需要调整风景照片的明暗程度和颜色，增强照片的美观性，从而更好地传达出笔记的主题和情感。

【知识要点】使用"亮度/对比度""色彩平衡""色相/饱和度"命令调整图层色彩。

【素材位置】配套资源: 素材文件\第2章\风景图.jpg。

【效果位置】配套资源: 效果文件\第2章\风景图.psd、效果文件\第2章\风景图.jpg。

具体操作如下。

（1）按【Ctrl + O】组合键打开"风景图.jpg"文件，效果如图2-46所示。

（2）在"图层"面板底部单击"创建新的填充或调整图层"按钮◑，在打开的菜单中选择"亮度/对比度"选项，打开"属性"面板，设置亮度、对比度分别为"64""28"，如图2-47所示。

微课2.6

（3）此时在"图层"面板中新建一个"亮度/对比度1"调整图层，如图2-48所示。

图2-46　　　　　　　　图2-47　　　　　　　　图2-48

（4）在"调整"面板中选择"色彩平衡"选项，在"属性"面板中设置图2-49所示的参数，减少画面中的绿色色调，增加蓝色色调，调整后的效果如图2-50所示。

（5）在"调整"面板中选择"色相/饱和度"选项，在"属性"面板中设置图2-51所示的参数，增加画面的亮度和饱和度，调整后的效果如图2-52所示。最后导出图片并保存文件。

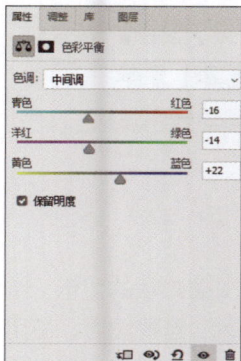

图2-49　　　　　　　图2-50　　　　　　　图2-51　　　　　　　图2-52

> 💡 **小提示**
>
> 使用调整图层调色时，其调整效果将作用于调整图层下方的所有图层，不会破坏每个图层本身的颜色信息。双击调整图层前方的缩览图，可在打开的"属性"面板中修改调整参数。

2.6 图像合成

合成是图像处理中不可或缺的一部分。通过合成，新媒体从业者可以制作出更具创意和吸引力的图像内容，从而更好地传达信息和吸引受众。

2.6.1 使用蒙版

蒙版类似于在图层上添加一张隐藏的纸，改变纸的外形可以控制图像的显示范围。当需要控制图像的显示范围，或将图像处理成透明或半透明效果时，新媒体从业者可以使用蒙版。Photoshop提供了快速蒙版、图层蒙版、矢量蒙版和剪贴蒙版4种蒙版，新媒体从业者在合成时可根据具体需求进行选择。

1. 快速蒙版

快速蒙版又称为临时蒙版，通过快速蒙版可以将选区作为蒙版进行编辑，还可以使用多种工具和命令来修改蒙版的范围。具体操作方法为：选择图层并在该图层中创建选区，单击工具箱底部的"以快速蒙版模式编辑"按钮🔳创建快速蒙版，此时有选区的部分照常显示，没有选区的部分显示为红色；再次单击选中状态的"以快速蒙版模式编辑"按钮🔲可退出编辑模式。

2. 图层蒙版

图层蒙版可通过控制蒙版中的灰度信息来控制图像的显示效果。具体操作方法为：选择图层，单击"图层"面板中的"添加图层蒙版"按钮🔳，或在菜单栏中选择【图层】/【图层蒙版】/【显示全部】命令，创建一个完全显示图层内容的白色图层蒙版，然后在图像编辑区中使用画笔工具✏️将需要隐藏的部分涂黑，如图2-53所示。其中，白色区域为完全显示，灰色区域为半透明显示，黑色区域为完全隐藏。

图2-53

3. 矢量蒙版

矢量蒙版可通过路径和矢量形状来控制图像显示区域，由于分辨率不会影响矢量形状的显示，所以无论怎样旋转和缩放矢量蒙版，矢量蒙版都能保持光滑的轮廓。具体操作方法为：选择图层，使用工具绘制路径，在菜单栏中选择【图层】/【矢量蒙版】/【当前路径】命令，将基于当前路径创建矢量蒙版。

4. 剪贴蒙版

剪贴蒙版主要由基底图层和内容图层组成，是指使用处于下层图层（基底图层）的形状来限制上层图层（内容图层）的显示状态。具体操作方法为：选择内容图层后，单击鼠标右键，在弹出的快捷菜单中选择"创建剪贴蒙版"命令，可创建以基底图层形状为外观的蒙版，并且内容图层的状态会随之发生变化。

2.6.2 设置图层混合模式和图层样式

设置图层混合模式和图层样式是图像处理中非常强大且灵活的功能，能够以非破坏性的方式调整不同部分的图像效果，以创造出丰富多样的视觉效果。

1. 图层混合模式

若需要混合所选图层与其下方图层中的颜色，可在"图层"面板中的混合模式下拉列表中选择所需的图层混合模式。

知识拓展：
图层混合模式详解

2. 图层样式

要为图层中的图像、文本添加质感、纹理等特殊效果，可以使用图层样式。具体操作方法为：选择图层后，在菜单栏中选择【图层】/【图层样式】命令，在弹出的子菜单中选择一种样式命令，或在"图层"面板底部单击"添加图层样式"按钮fx，在弹出的菜单中选择需要添加的样式；或双击需要添加图层样式的图层右侧的空白区域，都将打开"图层样式"对话框，在其中可设置所需的图层样式。

2.6.3 课堂案例——制作生鲜品牌今日头条广告

【案例背景】"真元生鲜"品牌策划了一个主题为"生鲜特惠"的营销活动，以提升消费者黏性、提高销售额，在消费者心中建立起良好的品牌形象，并在今日头条平台上进行广告推广，通过平台的智能推荐算法实现精准营销，以有效提升广告的转化率。现需要制作尺寸为"1280像素×720像素"的大图广告，并在画面中展示该生鲜品牌的名称、独特优势，以及本次活动的主题和重要信息，要求视觉效果美观。

【知识要点】为主题文字添加"描边""渐变叠加""投影"图层样式，为装饰元素添加"斜面和浮雕""内阴影"图层样式，为装饰素材利用"滤色"图层混合模式。

【素材位置】配套资源：素材文件\第2章\"生鲜广告"文件夹。

【效果位置】配套资源：效果文件\第2章\主鲜广告.psd、效果文件\第2章\生鲜广告.jpg。

具体操作如下。

（1）新建名称为"生鲜广告"，大小为"1280像素×720像素"，分辨率为"72像素/英寸"的文件，然后依次置入"背景.png""生鲜.png"素材，并调整素材的位置和大小，效果如图2-54所示。

（2）选择"横排文字工具"T，在画面左侧输入"生鲜特惠"文字，设置字体为"汉仪综艺体简"，字号为"135点"，文本颜色为"#ffffff"。

微课2.7

（3）在"图层"面板中双击文本图层右侧的空白处，打开"图层样式"对话框，单击选中"描边"复选框，设置描边大小为"20"，描边颜色为"#37640f"，如图2-55所示，单击 确定 按钮，完成图层样式的设置。

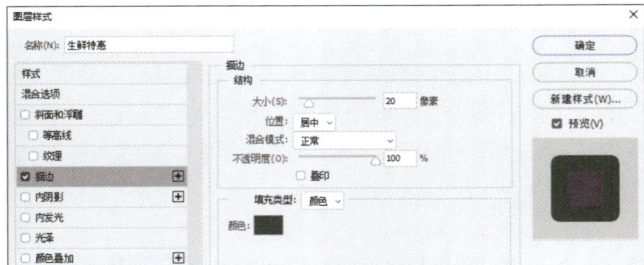

图 2-54 图 2-55

（4）选择文本图层，按【Ctrl+J】组合键复制文本图层。选择复制的图层，单击鼠标右键，在弹出的快捷菜单中选择"清除图层样式"命令，清除复制文本图层的描边效果。然后在图像编辑区中略微调整文字位置，效果如图2-56所示。

（5）再次复制文本图层，然后为该图层打开"图层样式"对话框，单击选中"渐变叠加"复选框，单击"渐变"选项右侧的渐变条，打开"渐变编辑器"窗口，设置渐变颜色为"#e4eebe ~ #ffffff"，如图2-57所示。

图 2-56 图 2-57

（6）单击 确定 按钮，返回"图层样式"对话框，为"渐变叠加"图层样式设置图2-58所示的参数。

（7）单击选中"投影"复选框，设置投影颜色为"#37640f"，角度为"127"，距离为"4"，扩展为"0"，大小为"4"，如图2-59所示，单击 确定 按钮。

图 2-58 图 2-59

（8）略微移动"生鲜特惠 拷贝2"文字图层文字的位置，效果如图2-60所示。选择"矩形工具" ▢ ，在工具属性栏中单击"填充"选项右侧的色块，在打开的下拉列表中单击"渐变"按钮 ▣ ，设置渐变颜色为"#438e00 ~ #82c625"，如图2-61所示。

（9）在工具属性栏中设置圆角半径为"~0像素"，在文字下方绘制圆角矩形，效果如图2-62所示。

图2-60　　　　　　　　　　图2-61　　　　　　　　　　图2-62

（10）使用"直接选择工具" ▶ 选中圆角矩形，选择"钢笔工具" ⌀ ，在工具属性栏中设置工具模式为"形状"，在圆角矩形右上方依次单击创建3个锚点，然后按住【Alt】键不放，单击创建的锚点，将其转换为直角锚点，然后选择第3个锚点，将其向上移动，效果如图2-63所示。

（11）双击"矩形1"图层右侧的空白区域，打开"图层样式"对话框，单击选中"斜面和浮雕"复选框，设置图2-64所示的参数。

（12）单击选中"内阴影"复选框，设置图2-65所示的参数，单击 确定 按钮。

（13）复制矩形，然后修改复制矩形的"斜面和浮雕"图层样式中的参数，如图2-66所示。

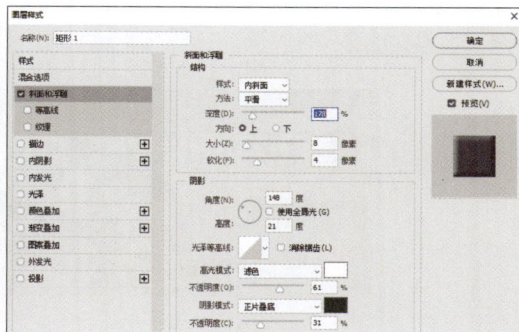

图2-63　　　　　　　　　　　　图2-64

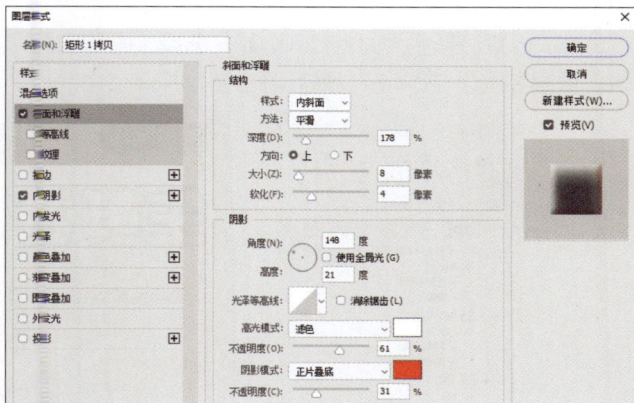

图2-65　　　　　　　　　　　　图2-66

（14）修改复制矩形的填充渐变颜色为"#fa1701 ～ #ff8e19"，为矩形添加宽度为"3像素"的描边，并设置描边的渐变颜色为"#fffb8c ～ #ffffff"，调整复制矩形的大小和位置，效果如图2-67所示。

（15）选择"横排文字工具" T ，在矩形中输入文字"百款生鲜低至5折起"，设置字体为"方正兰亭中黑简体"，字号为"45点"，文本颜色为"#ffffff"。按住【Alt】键不放，将"图层"面板中复制矩形的图层样式图标 拖动到文字图层。

（16）双击文字图层的图层样式图标 ，打开"图层样式"对话框，取消选中"内阴影"复选框，然后单击选中"投影"复选框，设置图2-68所示的参数，单击 确定 按钮。

图2-67

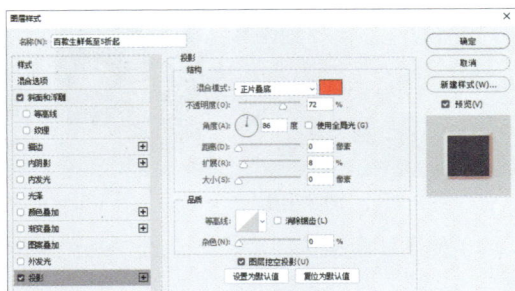

图2-68

（17）在图像编辑区中分别绘制填充颜色为"#ff6b37""#37640f"的圆角矩形，设置不同的圆角，接着调整圆角矩形的位置和大小，然后在圆角矩形中输入不同的文字，并设置字体为"方正黑体简体"，效果如图2-69所示。

（18）输入"2小时内上门免费配送到家"文字，设置字体为"思源黑体 CN"，字体样式为"ExtraLight"，大小为"30点"，文本颜色为"#37640f"，然后置入其他素材，调整至合适的大小和位置，效果如图2-70所示。

图2-69

图2-70

（19）在"图层"面板中选择"光效"图层，设置图层混合模式为"滤色"，然后单击"图层"面板中的"添加图层蒙版"按钮 ，效果如图2-71所示。

（20）设置前景色为"#000000"，选择"画笔工具" ，在图像编辑区中涂抹部分光效素材所在区域，效果如图2-72所示。最后导出图片并保存文件。

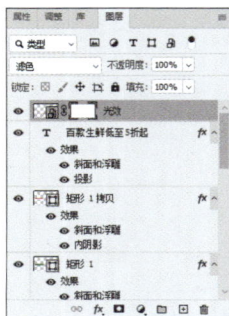

图2-71

图2-72

2.7 添加特效

Photoshop除了前面所讲的功能外，还可以使用滤镜功能制作出各种视觉特效，为图像增加更多视觉魅力、吸引力和传播力。

2.7.1 滤镜库和独立滤镜

在Photoshop中，滤镜库和独立滤镜各自具有独特的作用和功能。

1. 滤镜库

"滤镜库"功能可以同时为图像应用多种滤镜，以减少应用滤镜的次数，节省操作时间。具体操作方法为：在菜单栏中选择【滤镜】/【滤镜库】命令，打开"滤镜库"对话框，在滤镜组列表中选择所需滤镜选项，设置相关参数后，单击 按钮。滤镜库中的滤镜按照效果分为风格化、画笔描边、扭曲、素描、纹理和艺术效果6种类型。

2. 独立滤镜

"滤镜"菜单包含5个不便于分类的独立滤镜，常用于针对特定的图像问题提供专业的解决方法，如校正镜头畸变、修复图像缺陷、校正图像色彩等，使用方法与滤镜库中的滤镜相似。

● "自适应广角"滤镜。使用该滤镜可以使图像产生类似使用不同镜头拍摄的效果，也可用于校正图像中因广角或鱼眼镜头拍摄而产生的畸变和扭曲。

● "Camera Raw滤镜"。用于调整图像的颜色、色温、色调、曝光、对比度、高光、阴影、清晰度、自然饱和度、饱和度等。

● "镜头校正"滤镜。用于修复因拍摄不当或相机自身原因而出现的图像扭曲问题。

● "液化"滤镜。用于对图像的任意区域进行各种推拉、扭曲、旋转、收缩、膨胀等变形效果，以实现图像的艺术修饰和创意表达。

● "消失点"滤镜。使用该滤镜在选择的图像区域内进行克隆、喷绘、粘贴图像等操作时，Photoshop会自动应用透视原理，按照透视的角度和比例自适应对图像的修改，大大节约制作时间。

2.7.2 其他滤镜组

除滤镜库和独立滤镜外，还有很多能够制作特殊效果的滤镜，由于制作每类效果的滤镜数量较多，因此它们被放置在不同类型的滤镜组中。

● "3D"滤镜组。用于模拟照相机的镜头来产生三维变形效果，使得扁平的图像看上去具有立体感。

● "风格化"滤镜组。用于对图像的像素进行位移、拼贴及反色等操作。

● "模糊"滤镜组。用于通过降低图像中相邻像素的对比度，使相邻像素产生平滑过渡的效果。

● "模糊画廊"滤镜组。用于快速制作图像莫糊效果。

● "扭曲"滤镜组。用于扭曲变形图像。

● "锐化"滤镜组。一般用于调整模糊的图象，使其更加清晰，但使用过度会造成图像失真。

● "像素化"滤镜组。用于将图像中颜色相似的像素转化成单元格，使图像分块或平面化，一般用于增强图像质感，使图像的纹理更加明显。

- **"渲染"滤镜组**。用于模拟光线照明效果，在制作和处理一些风格照，或模拟在不同光源下不同的光线照明效果时，可以使用该滤镜组。
- **"杂色"滤镜组**。用于处理图像中的杂点。
- **"其他"滤镜组**。用于处理图像的某些细节部分。

> 💡 **小提示**
>
> Photoshop 2023新增了Neural Filters滤镜，该滤镜又叫AI神经网络滤镜，是一种基于人工智能和机器学习技术的滤镜工具。Neural Filters滤镜使用了神经网络模型来实现各种图像处理效果，如面部编辑、人像增强、风格转移等，在菜单栏中选择【滤镜】/【Neural Filters】命令即可使用该滤镜。

2.7.3 课堂案例——制作母亲节微信公众号推文封面首图

【案例背景】母亲节即将到来，某微信公众号准备发布一篇与母亲节相关的推文，借此机会加强与订阅者的情感连接。现需要制作一张封面首图，要求利用柔和的色调营造出温馨的氛围，并添加一些与母亲节相关的元素和文案，进一步强调节日氛围和主题。

【知识要点】使用"高斯模糊"滤镜模糊背景图像，使用"滤镜库"中的"玻璃"滤镜制作磨砂玻璃效果。

【素材位置】配套资源：素材文件\第2章\花卉.png。

【效果位置】配套资源：效果文件\第2章\微信公众号推文封面首图.psd、效果文件\第2章\微信公众号推文封面首图.jpg。

具体操作如下。

（1）新建名称为"微信公众号推文封面首图"，大小为"900像素×383像素"，分辨率为"72像素/英寸"的文件，然后按【Ctrl+J】组合键复制图层。

微课2.8

（2）选择"画笔工具" ，选择"柔边圆"画笔样式，在图像编辑区中涂抹出不同颜色的圆形，效果如图2-73所示。

（3）在菜单栏中选择【滤镜】/【模糊】/【高斯模糊】命令，打开"高斯模糊"对话框，设置半径为"65"，单击 确定 按钮，如图2-74所示。

（4）在菜单栏中选择【滤镜】/【转换为智能滤镜】命令，在弹出的提示框中单击 确定 按钮。在菜单栏中选择【滤镜】/【滤镜库】命令，打开"滤镜库"对话框，展开"扭曲"选项，选择"玻璃"滤镜，在右侧设置图2-75所示的参数，单击 确定 按钮。

图2-73

图2-74

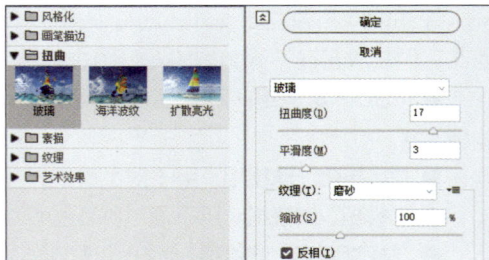
图2-75

（5）置入"花卉.png"素材，调整至合适的大小和位置。

（6）选择"横排文字工具" **T**，在矩形中输入主题文字，设置字体为"方正兰亭中黑简体"，字号为"72点"，文本颜色为"#ffffff"，然后添加"描边"图层样式，设置描边大小为"1像素"，描边颜色为"#ffffff"，在"图层"面板中设置填充为"0%"，效果如图2-76所示。

（7）继续输入其他文字并绘制矩形条，设置文本颜色为"#f73165"，然后置入"装饰.png"素材并复制2次，效果如图2-77所示。

图2-76

图2-77

（8）在"图层"面板中选择矩形图层，单击"图层"面板中的"添加图层蒙版"按钮◙，设置前景色为"#000000"，使用"画笔工具"✎涂抹被花卉遮挡的矩形区域。

（9）选择"背景 拷贝"图层，选择"智能滤镜"选项前的蒙版，使用"画笔工具"✎涂抹被花卉和主题文字遮挡的背景区域。

（10）设置前景色为"#fdfb51"，新建空白图层，选择"画笔工具"✎，设置画笔大小为"3像素"，平滑为"100%"，然后在主题文字上绘制线条，效果如图2-78所示。

（11）按住【Ctrl】键不放，然后单击主题文字图层前的缩览图，创建文字选区，使用"橡皮擦工具"✐擦除与主题文字交会的部分线条，效果如图2-79所示。最后导出图片并保存文件。

图2-78

图2-79

2.8　综合实训——制作汽车品牌营销海报

【实训背景】随着汽车市场竞争的日益激烈。某汽车品牌为推广其新上市的汽车系列，准备开展一个"露营试驾"的活动，将汽车试驾与户外露营体验相结合，为消费者提供一个既能感受汽车性能，又能享受自然风光的机会。现需要以该活动为主题制作一个营销海报，要求大小为"1242像素×2208像素"，便于在手机上推广传播，且主题突出、效果美观。

【实训目的】借助实训增进学生对Photoshop的熟悉程度，增强学生的实际设计和制作能力。

【素材位置】配套资源：素材文件\第2章\"海报素材"文件夹。

【效果位置】配套资源：效果文件\第2章\汽车品牌营销海报.jpg、效果文件\第2章\汽车品牌营销海报.psd。

具体操作如下。

（1）打开"风景.png"素材，如图2-80所示，通过"亮度/对比度"命令增强画面的亮度和对比度，通过"色彩平衡"命令调整画面色彩，效果如图2-81所示，将文件导出。新建名称为"汽车品牌营销海报"，大小为"1242像素×2208像素"，分辨率为"150像素/英寸"的文件，然后将调色后的"风景.png"素材置入新建的文件中，调整至合适的大小和位置。

微课2.9

（2）在素材上方创建矩形选区，如图2-82所示。复制选区并将选区向上移动，然后调整至合适的大小，使用"橡皮擦工具" 🔗 涂抹图像边缘，使图像边缘融合得更好，然后调整两个图像的位置，效果如图2-83所示。在素材下方创建矩形选区，复制选区并将选区向下移动，然后使用类似的方法使图像下边缘融合得更好，效果如图2-84所示。

图2-80

图2-81

图2-82

图2-83

图2-84

（3）将除背景图层外的其余所有图层合并，再将合并的图层转换为智能对象，然后添加"高斯模糊"滤镜。选择"智能滤镜"选项前的蒙版，使用"渐变工具" 🔲 调整滤镜的影响范围。

（4）添加"色彩平衡"调整图层，调整画面色调，使天空更蓝，然后通过"色彩平衡"命令调整图层的蒙版，以此来调整色调的影响范围，效果如图2-85所示。打开"汽车.jpg"素材，然后使用"钢笔工具" ✒ 围绕汽车创建路径，并将其转换为选区，如图2-86所示。

（5）将汽车选区拖动到新文件中，然后新建图层，使用"画笔工具" 🖊 和"高斯模糊"滤镜为汽车创建阴影，如图2-87所示，然后使用"污点修复画笔工具" 🩹、"修复画笔工具" 🩹、"仿制图章工具" 🔖 对汽车上的小瑕疵进行修复。

（6）在图像编辑区中输入不同的文字内容，为主题文字添加"投影"图层样式，在主题文字下方绘制圆角矩形，并添加"渐变叠加"图层样式。置入"二维码.png""飞机.png""光效.png"素材，调整至合适的位置和大小，然后为"飞机.png"素材添加"颜色叠加"图层样式，调整"光效.png"素材图层的混合模式为"滤色"，复制多个该素材的图层，并调整位置，效果如图2-88所示。最后导出图片并保存文件。

图2-85

图2-86

图2-87

图2-88

思考与练习

1. 名词解释

图像颜色模式　　　图像分辨率　　　JPEG格式

2. 选择题

（1）【单选】图像分辨率的单位是（　　）。

A. 像素/英寸
B. PAI
C. PBI
D. PDI

（2）【单选】在转换位图模式时，我们需要先将彩色图像转换为（　　）才可以将其转换为位图模式。

A. 双色调模式
B. 灰度模式
C. RGB颜色模式
D. CMYK颜色模式

（3）【多选】常见的图像文件格式有（　　）。

A. BMP格式
B. GIF格式
C. TIFF格式
D. JPEG格式

（4）【多选】在Photoshop中修复图片中的瑕疵时，常用的工具有（　　）。

A. 污点修复画笔工具
B. 修补工具
C. 污点画笔工具
D. 修复画笔工具

3. 思考题

（1）图像分辨率对图像质量和文件大小有什么影响？

（2）RGB颜色模式和CMYK颜色模式之间的主要区别是什么？在哪些情境下会选择使用这些颜色模式？

（3）列举3种常用的色彩调整命令，并说明它们各自的主要用途。

（4）比较使用快速选择工具和对象选择工具抠取图像的优缺点。

4. 实操题

（1）某图书类微信公众号准备发布一篇以"2024年好书推荐"为主题的推文，现需要制作推文封面首图。要求使用图书馆场景图作为背景，通过简洁的文字表述展现推文主题内容（配套资源：素材文件\第2章\图书馆.jpg、效果文件\第2章\微信图书公众号推文封面.psd）。

效果预览

（2）某品牌计划利用端午节在微博App中开展营销活动，以吸引该平台用户的关注并提升品牌影响力。现需要制作端午节开屏广告，要求利用提供的素材进行制作，且体现出端午节的传统习俗（配套资源：素材文件\第2章\端午节开屏广告素材.psd、效果文件\第2章\端午节开屏广告.psd）。

效果预览

第 **3** 章

视频编辑与制作

学习目标

1. 掌握视频的基础知识。
2. 掌握Premiere的基础知识。
3. 掌握剪辑视频，添加转场、特效、字幕，以及调色、抠像的操作方法。

技能目标

1. 掌握Premiere的基本操作。
2. 能够使用Premiere编辑和制作不同用途的视频。

素养目标

1. 培养创意思维和审美能力，创作出具有独特风格的视频作品。
2. 培养对视频作品的审美鉴赏力，拓宽知识面。

本章导读

　　随着新媒体技术的发展，视频已经成为新媒体中常用的内容展现方式，广泛应用于产品介绍、活动宣传等多个方面。新媒体从业者要编辑与制作视频文件，需要借助专业的软件，Premiere作为一款较为常用且功能完善的视频编辑与制作软件，成为许多新媒体从业者的首选。基于此，本章主要介绍Premiere Pro 2023在视频编辑与制作中的应用。

引导案例

视频作为一种直观、生动的传播方式，对于品牌传播和营销具有极其重要的意义。2024年4月2日，茶饮品牌霸王茶姬通过官方微博账号发布了一则宣传视频，旨在宣传品牌的春季新品——醒时春山。图3-1所示为"醒时春山"宣传视频的部分截图。

图3-1

在视频中，多组唯美镜头无缝衔接，转场自然流畅，通过添加文字强化了人们对视频内容的印象。同时，整个视频采用相同的背景音乐和相同的画面色调，视频风格非常统一，并在结尾处添加了广告信息，包括产品形象、产品信息、品牌名称等，与"一叶龙井，万山春醒"的视频主题相呼应。

点评："醒时春山"宣传视频通过精细的后期编辑与制作，不仅提升了视频的观赏性，还增强了观众对新品的好奇心和期待感，对新品推广起到了重要作用。

3.1 视频编辑基础

现如今，各大新媒体平台上都存在大量的视频，只有质量高、内容丰富的视频，才会吸引用户的注意力。新媒体从业者在编辑与制作视频前，需要了解视频的基础知识，如视频分辨率和帧速率、视频编辑的基本流程、视频文件格式等。

微课3.1

3.1.1 视频分辨率和帧速率

视频分辨率是指视频图像在一个单位尺寸内的精密度，又称为视频解析度或视频解像度，它决定了视频图像细节的精细程度，是影响视频质量的重要因素之一。常见的视频分辨率有720P、1080P、2K和4K。具体而言，720P是指分辨率为1280像素×720像素的视频，表示该视频水平方向有1280个像素，垂直方向有720个像素，即常说的"高清"；1080P是指分辨率为1920像素×1080像素的视频，表示该视频水平方向有1920个像素，垂直方向有1080个像素，即常说的"超清"；2K是指视频水平方向的像素达到2000像素以上的分辨率，主流的2K分辨率有2560像素×1440像素和2048像素×1080像素两种，常用于数字影院放映机；4K是指视频水平方向每行达到或接近4096个像素，多数情况下特指4096像素×2160像素的分辨率。

帧速率是指每秒显示视频画面的帧数，单位为帧/秒（在实际应用中常被表示为fps）。对影片内容而言，帧速率是指每秒所显示的静止帧格数。要想生成平滑、连贯的播放效果，帧速率一般不小于8帧/秒；电影的帧速率多为24帧/秒；目前国内电视使用的帧速率为25帧/秒。理论上，当捕捉动态内容时，帧速率越高，视频越流畅，所占用的空间也越大。帧速率对视频的影响主要取决于播放时所使用的帧速率大小，如拍摄了8帧/秒的视频，然后以24帧/秒的帧速率播放，则是快放的效果；相反，若拍摄了96帧/秒的视频，然后以24帧/秒的帧速率播放，其播放速率将放慢至原来的1/4，视频中的所有动作将会变慢，类似于慢镜头效果。

3.1.2 视频编辑的基本流程

视频编辑的本质是将拍摄的大量视频素材，经过整理、导入、剪辑、优化和导出等操作，最终形成连贯流畅、立意明确、主题鲜明并有艺术感染力的视频，这也是视频编辑的基本流程。

1. 整理视频素材

整理视频素材包括了解和熟悉各种镜头和需要的画面效果，将拍摄的所有视频素材进行整理和编辑，按照时间顺序或者脚本中设置的剧情顺序排列，将所有视频素材编号归类，然后根据整理好的视频素材，设计剪辑工作的流程，并注明工作重点。

2. 导入视频素材

导入视频素材是指将整理好的视频素材导入视频剪辑软件，为后面的操作做好准备。

3. 剪辑视频素材

一般来说，一个完整的视频常由若干个镜头组合而成，每个镜头都具有相对独立和完整的内容，但在拍摄过程中，拍摄的视频素材不一定全部符合制作需求，因此，新媒体从业者需要剪辑视频素材。剪辑视频素材分为粗剪和精剪两个步骤。

（1）粗剪。粗剪是指观看所有归类和编号的视频素材，从中挑选出符合脚本需求、画质清晰且精美的视频，然后按照脚本中规划的顺序重新组合成视频素材序列，构成视频内容的第一稿视频。在粗剪时，新媒体从业者需要注意视频片段之间的关联性，如镜头运动的关联、场景之间的关联、逻辑的关联及时间的关联等，要做到细致、有新意，使视频片段之间的衔接自然又不缺乏趣味性。

（2）精剪。精剪是指在第一稿视频的基础上，进一步分析和比较，将多余的视频画面删除，并为视频画面调整色彩、添加滤镜、制作特效等，增加视频画面的吸引力；为视频添加转场，保证视频节奏和叙事的流畅性；为视频添加背景音乐和音效，渲染氛围；为视频添加字幕，帮助观众理解视频内容，同时提升视觉体验，进一步突出视频主题。

4. 优化视频

经过以上流程，视频已经基本制作完成，此时还可以对视频进行一些细小的调整和优化，如检查视频中是否有错别字、违禁词，视频音量是否合理等。

5. 导出视频

视频优化结束后，新媒体从业者还需要导出视频，以便在其他设备或媒体平台中发布视频。

> **课堂讨论**
> 在编辑视频之前，你认为最重要的准备工作是什么，为什么？

3.1.3 视频文件格式

常见的视频文件格式有MP4格式、WMV格式、FLV格式、MKV格式、AVI格式、MOV格式等。

1. MP4格式

MP4（*.mp4）格式是一种标准的数字多媒体容器格式，主要用于存储数字音频及数字视频，也可以存储字幕和静止图像。MP4格式的优点是能够在维持高质量视频的同时缩小文件，并且具有广泛的兼容性，因此该格式的视频非常适合在网络上进行传输和分享。

2. WMV格式

WMV（*.wmv）格式是由微软公司开发的一种采用独立编码方式并且支持在网上实时观看视频节目的文件压缩格式。WMV格式具有支持本地或网络回放，部件下载、可伸缩的媒体类型、多语言支持、环境独立性、丰富的流间关系以及扩展性强等优点。

3. FLV格式

FLV（*.flv）格式是一种网络视频格式，主要用作流媒体格式，可以有效地解决将视频文件导入Flash后再导出的SWF文件过大，导致文件难以在网络中使用的问题。FLV格式的优点是形成的文件极小、加载速度极快，方便在网络上传播。

4. MKV格式

MKV（*.mkv）格式是一种多媒体封装格式，这个封装格式可以将多种不同编码的视频，以及16条或以上不同格式的音频和语言不同的字幕封装到一个Matroska Media文件中。MKV格式的优点是可以提供非常好的交互功能。

5. AVI格式

AVI（*.avi）格式是一种将视频信息与音频信息一起存储的常用多媒体文件格式，它以帧为存储动态视频的基本单位，在每一帧中都先存储音频数据，再存储视频数据，音频数据和视频数据相互交叉存储。AVI格式的优点是图像质量好，并且可以在多个平台上播放使用，缺点是文件过于庞大。

6. MOV格式

MOV（*mov）格式是Apple公司开发的QuickTime格式下的视频格式。MOV格式支持25位彩色和集成压缩技术，提供150多种视频效果，并配有200多种MIDI（Music Instrument Digital Interface，乐器数字接口）兼容音响和设备的声音装置，无论是在本地播放还是作为视频流格式在网络上传播，都是一种优良的视频编码格式。

课堂讨论

假设你要为一个社交媒体平台制作一个短视频，选择哪种视频文件格式可以提高播放速度？

3.2　Premiere的基础知识

Premiere是一款高效、精确、专业的音视频编辑软件，能够支持当前常见格式的音视频的实时编辑。它具备视频的采集、剪辑、后期处理、输出、DVD刻录等功能，能充分满足新媒体从业者创作高质量作品的需求。

微课3.2

3.2.1 Premiere在新媒体中的应用

Premiere在新媒体中的应用主要体现在以下3个方面。

1. 视频创作

随着社交媒体、自媒体、短视频等平台的兴起，越来越多的新媒体从业者倾向于利用各种类型的视频（如"搞笑"类视频、美食类视频、街头采访类视频、情景短剧类视频等）传播信息。新媒体从业者能够使用Premiere对视频素材进行剪辑、拼接和重新排序，有助于节省时间，快速地完成视频的制作。同时，Premiere还具有抠像、调色、特效添加等多种功能，可以帮助新媒体从业者制作出高质量、有吸引力的视频内容，从而吸引大量用户的关注，提高新媒体账号的曝光度和粉丝量。

另外，Premiere也支持将编辑完成的视频导出为各种格式的数字视频文件，完美适应不同新媒体平台的发布需求，为新媒体从业者在不同的新媒体平台上发布和分享视频提供了极大的便利。图3-2所示为发布在微信视频号中的短视频。

图3-2

2. 直播剪辑与后期处理

在直播前，新媒体从业者可以利用Premiere制作直播所需的开场视频、预告片等，以吸引观众的注意力并预热直播氛围；直播结束后，新媒体从业者还可以利用Premiere剪辑和编辑直播录像，并添加转场、音乐、字幕等，改善直播录像的视觉效果，使其更加符合观众的审美需求。

3. 品牌营销与广告制作

新媒体从业者可以利用Premiere进行品牌营销与广告制作，比如通过视频精准传达品牌形象，突出品牌的核心价值、理念以及独特的风格，从而加深消费者对品牌的认识和理解，以及通过精准的剪辑和特效展现，实现各种创意想法，提升广告创意的表现力。此外，Premiere提供多种音频处理功能，新媒体从业者可以使用Premiere优化广告的音效，使广告更具感染力和吸引力。

> **素养提升**
>
> 新媒体从业者在利用一些现有素材进行视频制作的过程中，要始终注意不要触及侵权的红线，应使用有授权的、合规合法的素材。

3.2.2 Premiere的工作界面

Premiere的专业性比较强，若要熟练使用该软件，则需要用户有扎实的基本功，其中，熟悉

Premiere的工作界面无疑是关键的一步。Premiere的工作界面如图3-3所示。

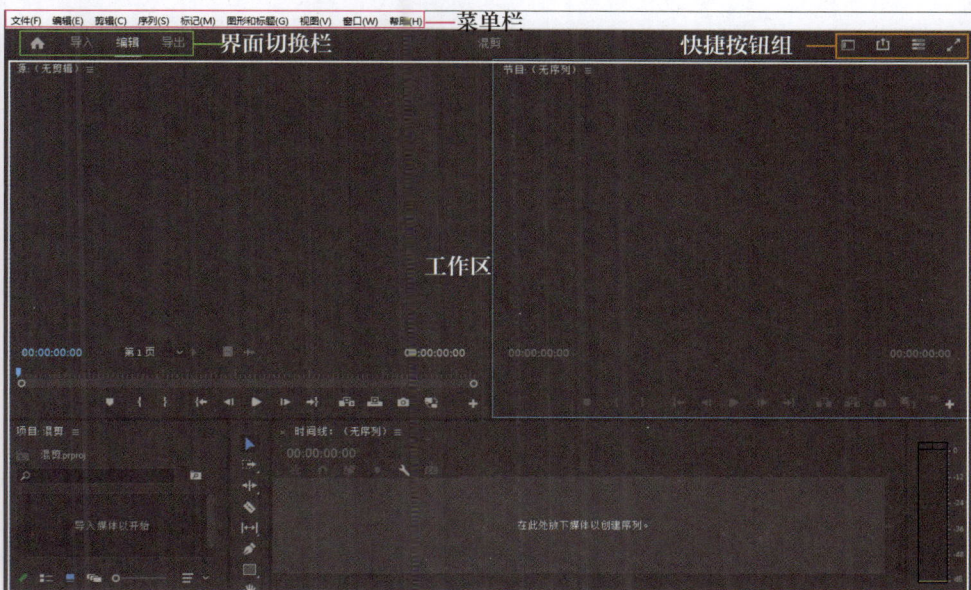

图3-3

● **菜单栏**。菜单栏共包含9个菜单，其中包含Premiere的所有命令。新媒体从业者选择需要的菜单，可在弹出的列表中选择需要执行的命令。

● **界面切换栏**。界面切换栏主要用于切换不同的界面，单击"主页"按钮🏠可切换到Premiere的主页，该界面用于新建项目文件或打开项目文件；单击"导入"选项卡，可切换到用于导入素材的界面；单击"编辑"选项卡，可切换到视频编辑界面，即工作界面；单击"导出"选项卡，可切换到用于导出媒体文件的界面。

● **快捷按钮组**。单击快捷按钮组中的"工作区"按钮▣，可在弹出的面板中选择不同类型的工作区进行切换，或调整工作区的相关设置等；单击"快速导出"按钮🖹，可在弹出的面板中选择某种预设，以快速导出媒体文件；单击"打开进度仪表盘"按钮☰，可在弹出的面板中查看后台进程；单击"全屏视频"按钮⤢，可将视频画面放大至全屏，便于观看。

● **工作区**。工作区是用于编辑与制作视频的主要区域，由不同作用的多个面板组成。操作时，新媒体从业者若对其中部分面板的大小、位置，或对界面的亮度和色彩不太满意，都可以自行调整。调整工作区后，新媒体从业者可通过【窗口】/【工作区】/【另存为新工作区】命令保存当前对工作区的设置。另外，新媒体从业者还可在菜单栏中选择【窗口】/【工作区】/【重置为保存的布局】命令，将工作区恢复到初始设置。

3.2.3　Premiere的操作面板

工作区中分布着数量众多的面板，如"项目"面板、"时间轴"面板、"源"面板等，这些面板都是在Premiere中编辑与制作视频时必不可少的工具，这里只对常用的5个面板进行简单介绍。

● **"时间轴"面板**。"时间轴"面板是对视频、音频等素材进行剪辑的主要面板，素材在"时间轴"面板中按照时间的先后顺序从左到右排列在各自的轨道上，如图3-4所示。新媒体从业者单击激活"时间轴"面板中的时间码，输入具体时间后按【Enter】键，或拖动时间指示器，可指定视频当前帧的位置。

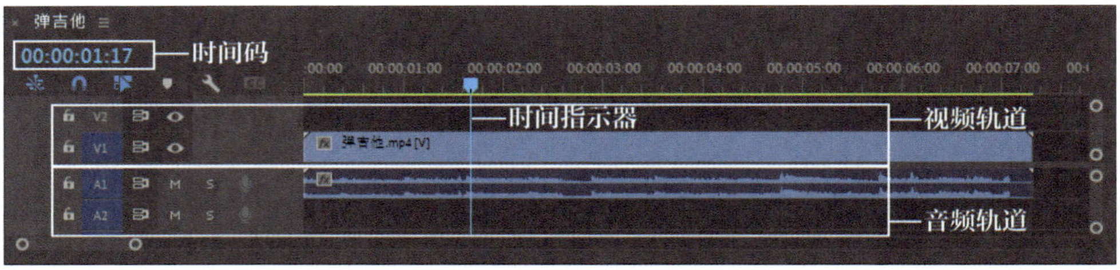

图3-4

● **"源"面板**。"源"面板主要用于预览还未添加到"时间轴"面板中的源素材，在"项目"面板中双击某个源素材，即可在"源"面板中预览该素材效果。

● **"项目"面板**。"项目"面板主要用于存放和管理导入的素材（包括视频、音频、图像等），以及在Premiere中创建的序列文件等。

● **"节目"面板**。"节目"面板用于预览"时间轴"面板中当前时间指示器所处位置帧的视频画面效果，也是最终视频效果的预览面板。

● **"效果控件"面板**。新媒体从业者在"时间轴"面板中任意选择一个素材后，在"效果控件"面板中可以设置该素材的运动、不透明度和时间重映射3种默认效果。为素材添加新的效果后，新媒体从业者也可以在"效果控件"面板中设置该效果参数，单击效果控件左侧的三角形图标■，可展开对应的参数栏。

3.2.4 Premiere文件新建与设置

使用Premiere编辑与制作视频时，新媒体从业者可先新建并设置项目文件，再新建并设置合适的序列文件。

1. 新建与设置项目文件

新媒体从业者首次启动Premiere时会自动进入主页，若之前已经使用过Premiere，则主页右侧会显示之前打开过的项目文件，单击项目名称可打开相应的项目文件。新媒体从业者在主页中单击 `新建项目…` 按钮，可切换到用于导入素材的界面，在该界面中可以设置项目文件的名称、存储位置，以及选择需要导入该项目文件中的素材，单击 `创建` 按钮即可创建项目文件。

新建项目后，新媒体从业者若需要修改项目文件的相关设置，可在菜单栏中选择【文件】/【项目设置】命令，在打开的子菜单中选择对应的命令，即可打开相应的对话框进行设置。

2. 新建与设置序列文件

Premiere中的大部分编辑工作都需要在序列文件中完成，因此新建序列文件是视频编辑与制作前的必要操作。新建序列文件主要有两种方式，一是在菜单栏中选择【文件】/【新建】/【序列】命令，可通过"新建序列"对话框新建一个空白序列文件；二是将"项目"面板中的素材拖动到"时间轴"面板，或在"项目"面板中选择素材，单击鼠标右键，在弹出的快捷菜单中选择"从剪辑新建序列"命令，都可基于选择的素材创建一个与该素材名称相同的序列文件。

新媒体从业者新建序列文件后，如果需要修改，则在"项目"面板中的序列文件上单击鼠标右键，在弹出的快捷菜单中选择"序列设置"命令，或在"项目"面板中选择序列文件，在菜单栏中选择【序列】/【序列设置】命令，都将打开"序列设置"对话框，在其中可以重新修改序列文件的各种参数。

> **课堂讨论**
>
> 项目文件与序列文件的关系是什么？

3.3 剪辑视频

剪辑视频是对视频内容进行精细调整的过程，包括删减视频中偏离视频主题或与视频内容无关的镜头，以及为某些缺少信息的视频片段增加相关镜头，从而保证视频的流畅性和主题的明确性。

3.3.1 常用剪辑手法

新媒体从业者在剪辑视频的过程中需要合理利用一些剪辑手法来改变视频画面的视角，推动视频剧情的发展，让视频更加精彩。

1. 标准剪辑

标准剪辑是一种常用的剪辑手法，基本操作是将视频素材按照时间顺序拼接组合，制作成最终的视频。大部分没有剧情，且只是按照简单的时间顺序拍摄的视频，都可以采用标准剪辑手法进行剪辑。

2. J Cut

J Cut是一种声音先入的剪辑手法，是指下一视频画面中的音效在该视频画面出现前便响起，以达到一种"未见其人，先闻其声"的效果。J Cut剪辑手法通常不容易被观众发现，但新媒体从业者经常使用。例如，在风景类视频中，风景的视频画面出现之前，通常会先响起清脆的鸟叫声、潺潺的流水声，使观众先在脑海中想象出相应的画面。

3. L Cut

L Cut是一种上一视频画面的音效一直延续到下一视频画面中的剪辑手法。例如，在美食制作视频中，上一视频画面中，厨师正在一边解说一边炒菜，下一视频画面中展示锅中翻炒的菜品，而厨师解说的声音仍在继续。

4. 匹配剪辑

匹配剪辑就是保持两个相邻的视频画面中的主要拍摄对象不变，但场景进行切换的剪辑手法。使用这种剪辑手法连接的两个视频画面通常动作一致，或构图一致。匹配剪辑经常用作短视频转场，因为影像有跳跃的动感，可以从一个场景跳到另一个场景，所以从视觉上形成"酷炫"转场的效果。

5. 跳跃剪辑

跳跃剪辑就是让两个视频画面中的场景保持不变，但其他事物发生变化，其剪辑逻辑与匹配剪辑正好相反。跳跃剪辑通常用来表现时间的流逝，也可以用在关键剧情的视频画面中，以体现急迫感。例如，常见的卡点换装短视频就是采用了跳跃剪辑的手法。

6. 动作剪辑

动作剪辑是指在拍摄对象仍在运动时便切换视频画面的剪辑手法。需要注意的是，动作剪辑中的剪辑点不一定在动作完成之后，新媒体从业者在剪辑时可以根据人物动作施展方向设置剪辑点。例如，在两人打羽毛球的短视频中，前一视频画面中一人做出发球动作，下一视频画面中另一人已经接到球。

7. 交叉剪辑

交叉剪辑是指将两个不同的场景进行来回切换的剪辑手法，通过来回频繁地切换视频画面以建立角色之间的交互关系。在影视剧中，打电话的镜头大多使用的是交叉剪辑的手法。新媒体从业者在短视频中使用交叉剪辑能够提升短视频的节奏感，增强内容的张力并制造悬念，使观众对短视频内容产生兴趣。例如，在一段主角选择午餐的短视频中，主角在牛肉盖浇饭和回锅肉之间来回切换，可以表现主角纠结、复杂的内心情感，并使观众对主角的最终选择产生好奇，继续观看接下来的内容。

8. 蒙太奇

蒙太奇（源自法语Montage，是音译的外来语）原本是建筑学术语，意为构成、装配，后来被广泛用于电影行业。在剪辑手法中，蒙太奇是指在描述一个主题时，将一连串相关或不相关的视频画面组接在一起，以产生暗喻的效果。例如，某广告为了表现出床垫的柔软，将主角躺在床垫上的视频画面和主角躺在云朵上的视频画面组接在一起，表现出该床垫"像云朵一样柔软"的特点，这就是蒙太奇剪辑手法。

3.3.2　剪辑的基本操作

Premiere的视频剪辑功能非常强大，可以帮助新媒体从业者轻松实现创意构想，而掌握剪辑的基本操作，可以在保障剪辑质量的同时，显著提升工作效率。

1. 调整入点和出点

入点即起点，出点即终点，在Premiere中通过调整入点和出点，可以精确地剪辑视频中的特定部分，从而有效提高剪辑效率。

（1）在"源"面板中调整入点和出点

新媒体从业者在"源"面板中调整入点和出点可以在预览源素材的同时筛选素材片段，实现对源素材的快速剪切，以节省在"时间轴"面板中剪辑素材的时间。具体操作方法为：在"源"面板中预览素材，在菜单栏中选择【标记】/【标记入点】命令和【标记】/【标记出点】命令；或单击鼠标右键，在弹出的快捷菜单中选择"标记入点""标记出点"命令；也可以在"源"面板下面的工具栏中单击"标记入点"按钮 ![] （快捷键为【I】）和"标记出点"按钮 ![] （快捷键为【O】）完成操作。

另外，新媒体从业者在"源"面板中调整入点和出点时，可以将鼠标指针移动到入点位置，当鼠标指针变为 ![] 形状后拖动素材的左边缘或者移动到出点位置，当鼠标指针变为 ![] 形状后，拖动素材的右边缘，快速调整出点和入点之间的范围，如图3-5所示。

图3-5

新媒体从业者在"源"面板中添加入点和出点后，可以单击"源"面板下面的工具栏中的"插入"按钮 ![] 和"覆盖"按钮 ![] ，将入点和出点之间的素材片段添加到"时间轴"面板中当前时间指示器所在的位置（若不设置入点和出点将添加整个素材）。

（2）在"节目"面板中调整入点和出点

新媒体从业者在"节目"面板中也可进行与"源"面板相同的调整入点和出点的操作，便于在输出视频时只输出入点与出点之间的内容，其余内容则被裁剪，以精确控制输出内容。此外，在"节目"面板中调整入点和出点后，可在"时间轴"面板中查看入点和出点效果，如图3-6所示。

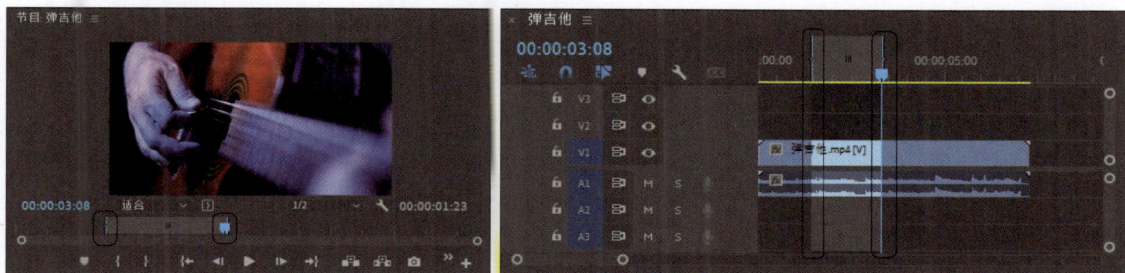

图3-6

在"节目"面板中若不需要入点和出点之间的内容，可单击"节目"面板下方的"提升"按钮 和"提取"按钮 ，在"时间轴"面板中删除该部分。

（3）在"时间轴"面板中调整入点和出点

在"时间轴"面板中调整入点和出点可以快速完成视频的剪辑，其具体操作方法为：选择"选择工具" ，在"时间轴"面板中选中要编辑素材的入点或出点，在出现"修剪入点"图标 或"修剪出点"图标 之后拖曳鼠标，可以分别快速设置素材的入点和出点。

2. 分割视频

在Premiere中，分割视频主要使用"剃刀工具" 进行操作，该工具的操作方法较为简单，选择"剃刀工具" （快捷键为【C】）后，在需要分割的位置单击即可，如图3-7所示。需要注意的是，新媒体从业者使用"剃刀工具" 分割视频时，默认只分割一个轨道上的视频，若想在多个轨道相同位置分割时，可按住【Shift】键，当鼠标指针变为 形状时，在其中任意一个轨道上单击，可同时分割多个轨道相同位置的素材，如图3-8所示。

图3-7	图3-8

💡 **小提示**

在"时间轴"面板中选择需要分割的素材，将时间指示器移动到需要分割的位置，按【Ctrl+K】组合键可实现与"剃刀工具" 相同的效果。

3.3.3 课堂案例——剪辑粽子制作短视频

【案例背景】为某小吃店剪辑一个分辨率为"1920像素×1080像素"的粽子制作短视频，要求根据粽子制作顺序依次展现视频内容，同时添加说明文本。

【知识要点】利用入点和出点将选取的视频片段添加到序列文件中，并适当调整播放速度，利用剃刀工具分割背景音乐。

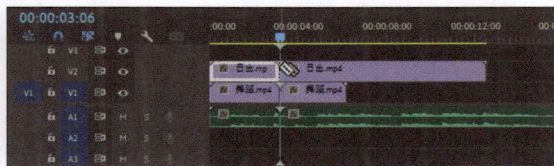

效果预览

【素材位置】配套资源：素材文件\第3章\"粽子制作素材"文件夹。

【效果位置】配套资源：效果文件\第3章\粽子制作短视频.prproj、效果文件\第3章\粽子制作短视频.mp4。

具体操作如下。

（1）启动 Premiere，在主页中单击 按钮，打开"导入"界面，设置项目名为"粽子制作短视频"，在"项目位置"下拉列表框中设置项目的存储位置。

（2）在"导入"界面左侧选择存储素材的磁盘，在中间区域打开素材所在文件夹，选择提供的视频素材和音频素材，在右侧取消选中"创建新序列"选项，如图3-9所示，单击 按钮创建项目。

微课3.3

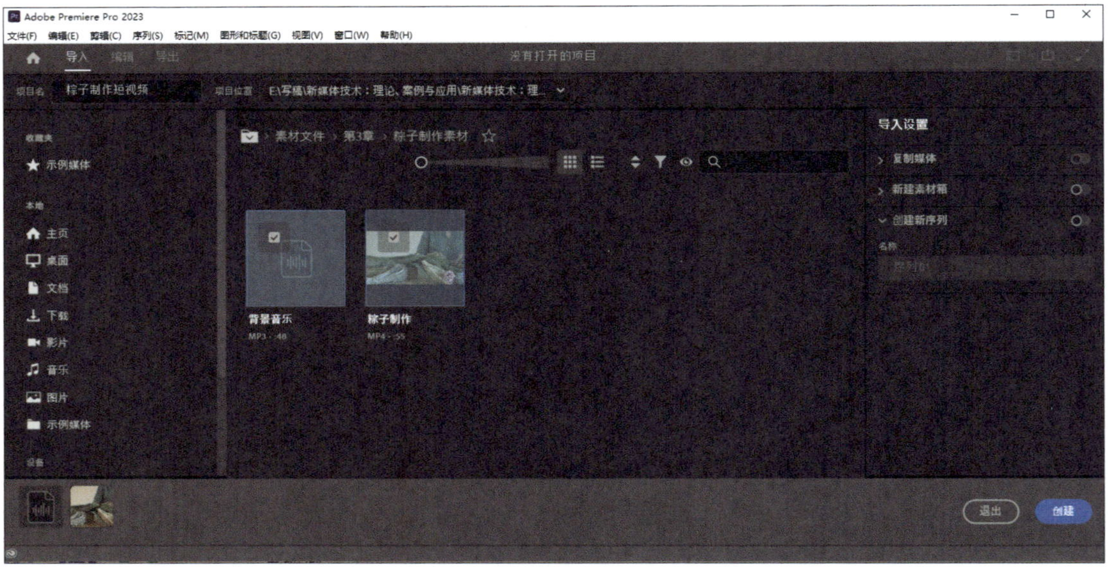

图3-9

（3）在工作界面的"项目"面板中双击"粽子制作"素材，在"源"面板中预览视频画面。单击"源"面板中的时间码，输入00:00:07:00，按【Enter】键，时间指示器将自动移至该处，按【O】键添加出点（入点默认为视频开头），如图3-10所示。

（4）在"源"面板中将鼠标指针移动到视频画面上，拖动入点和出点之间的视频片段至"时间轴"面板中，按【End】键将"时间轴"面板中的时间指示器移动到视频末尾。

（5）继续在"源"面板中设置入点为00:00:15:16，出点为00:00:20:11，然后单击"源"面板下方的"插入"按钮 ，如图3-11所示。

图3-10

图3-11

（6）此时入点和出点之间的视频片段被插入"时间轴"面板中，使用类似的方法依次插入00:00:20:17—00:00:25:08、00:00:33:01—00:00:38:10、00:00:39:09—00:00:46:24的视频片段，如图3-12所示。

（7）在"时间轴"面板中选择所有视频素材，单击鼠标右键，在弹出的快捷菜单中选择"速度/持续时间"命令，打开"剪辑速度/持续时间"对话框，设置速度为"150%"，单击选中"波纹编辑，移动尾部剪辑"复选框，如图3-13所示，然后单击 确定 按钮。

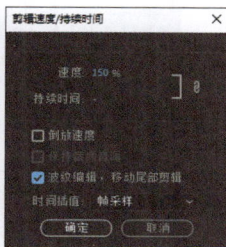

| 图3-12 | 图3-13 |

（8）选择"字幕.psd"素材，将其拖动到"项目"面板，打开"导入分层文件：字幕"对话框，设置导入为"各个图层"，素材尺寸为"文档大小"，如图3-14所示，然后单击 确定 按钮。

（9）在"项目"面板中双击打开"字幕"素材箱，依次在"源"面板中查看字幕素材，将与第1段视频画面对应的字幕素材"字幕1/字幕.psd"拖动至V2轨道中，将鼠标指针移动到该段视频素材末尾，当鼠标指针呈 形状时向左移动，使其与视频画面的时长相对应，如图3-15所示。

（10）使用与步骤（9）类似的方法继续将其他字幕素材拖动到"时间轴"面板中，并根据对应视频画面的时长调整字幕的出点，如图3-16所示。

（11）在"项目"面板中将"背景音乐"素材拖动至A1轨道，选择"剃刀工具" ，在V1轨道的视频素材末尾处单击音频素材进行分割，如图3-17所示。

（12）预览视频效果，如图3-18所示，按【Ctrl+S】组合键保存项目文件。

（13）在工作界面上方单击"导出"（或按【Ctrl+M】组合键），设置文件名为"粽子制作短视频.mp4"，如图3-19所示，其他参数保持默认，单击 导出 按钮将其导出为MP4格式的文件。

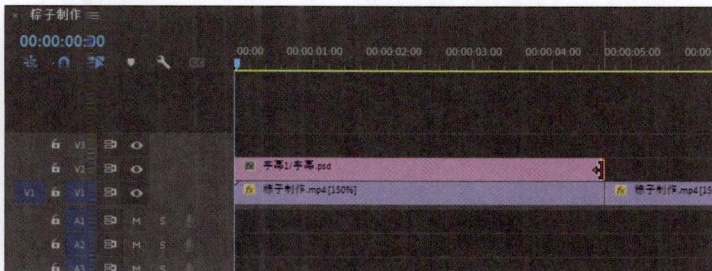

| 图3-14 | 图3-15 |

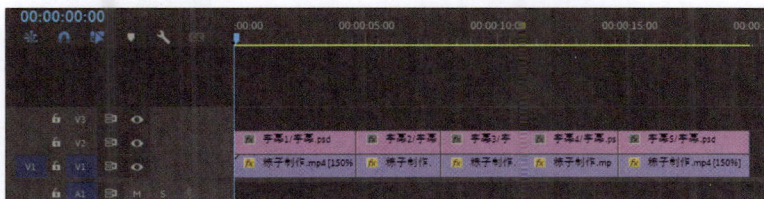

| 图3-16 | 图3-17 |

图3-18

图3-19

> ⚡ **小提示**
>
> 输出视频文件后，为了防止所使用的素材文件丢失，可以选择"时间轴"面板，在菜单栏中选择【文件】/【项目管理】命令，打开"项目管理器"对话框，新媒体从业者通过该对话框可以将整个项目文件以及所使用到的素材文件打包。

3.4 添加转场

完整的视频常由若干个镜头组合而成，每个镜头都具有相对独立和完整的内容，在不同的镜头之间添加转场，即添加视频过渡效果，可以提升不同视频画面切换的流畅性。

3.4.1 常见转场效果

若需要使视频A（视频过渡效果常用在两个视频之间，位于前方的视频可称为A，位于后方的视频可称为B）与视频B的转场效果更加自然，新媒体从业者可以使用视频过渡效果。Premiere在"效果"面板的"视频过渡"分类选项中提供了8组视频过渡效果（见图3-20），常用的主要有以下7种。

- **内滑**。用于以滑动的形式切换到视频B。
- **划像**。用于将视频A伸展，并逐渐过渡到视频B。
- **擦除**。用于使视频A呈现擦拭过渡到视频B的画面效果。
- **沉浸式视频**。用于使VR视频更加逼真，普通素材应用"沉浸式视频"过渡效果，可以给观看者带来意想不到的视觉效果。

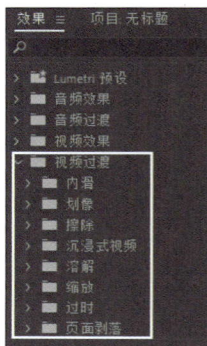

图3-20

- **溶解**。用于使视频A逐渐淡入，从而显现视频B，很好地表现事物之间的缓慢过渡及变化。
- **缩放**。用于先将视频A放大，再切换到视频B放大后的画面，然后缩放视频B至合适的大小。
- **页面剥落**。通过模仿翻页显示下一页的书页效果，将视频A翻转至视频B。

新媒体从业者在应用时可以先在"效果"面板中选择需要添加的视频过渡效果，然后将其拖动到"时间轴"面板中素材的入点或出点上。应用后，新媒体从业者可以在"时间轴"面板中选择该视频的过渡效果，还可以在"效果控件"面板中修改相关参数。

3.4.2 课堂案例——制作学习日常记录Vlog

【案例背景】某自媒体博主准备打造一个学习类账号，通过记录自己的学习历程，分享学习经验和方法，激发观众的学习动力。现需要制作一个"学习日常记录Vlog"的视频，通过细腻的镜头语言和丰富的叙事手法，生动展现博主在图书馆的学习日常，展现Vlog的风格和特点。

【知识要点】添加"黑场过渡""径向擦除"视频过渡效果，以及设置默认视频过渡效果、编辑视频过渡效果。

【素材位置】配套资源:素材文件\第3章\"学习素材"文件夹。

【效果位置】配套资源:效果文件\第3章\学习日常记录.prproj、效果文件\第3章\学习日常记录.mp4。

具体操作如下。

（1）新建项目名为"学习日常记录"的文件，将提供的素材导入"项目"面板中，然后在菜单栏中选择【文件】/【新建】/【序列】命令，打开"新建序列"对话框，各选项的设置如图3-21所示。

（2）单击 **确定** 按钮后将新建空白序列。将"项目"面板中的"1.mp4"视频素材拖动到"时间轴"面板的V1轨道中，再调整其速度为"200%"。

效果预览

（3）将时间指示器移至出点，在"项目"面板中双击"2.mp4"素材，在"源"面板中设置出点为00:00:03:23。然后单击"插入"按钮，插入00:00:09:05—00:00:14:05的视频片段，在"时间轴"面板中设置这两段视频的速度为"150%"。

（4）将"3.mp4"视频素材拖动到"时间轴"面板中，调整其速度为"200%"，在"节目"面板中双击该素材，激活素材的边界框，将鼠标指针移动到素材的边角点上，拖曳鼠标，放大素材，如图3-22所示。

微课3.4

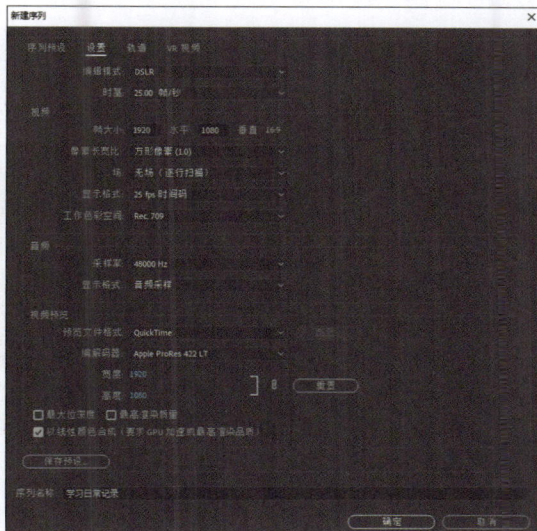

图3-21

图3-22

（5）在"时间轴"面板中将时间指示器移动到00:00:15:00处，将"4.mp4"素材拖动到时间指示器位置，设置速度为"200%"，调整视频出点为00:00:20:00。

（6）打开"效果"面板，展开"视频过渡"→"溶解"选项，将鼠标指针移至"黑场过渡"视频过渡效果上，将其拖动至第1段视频素材的入点处，当鼠标指针变为 形状时，释放鼠标以添加该视频过渡效果，如图3-23所示。

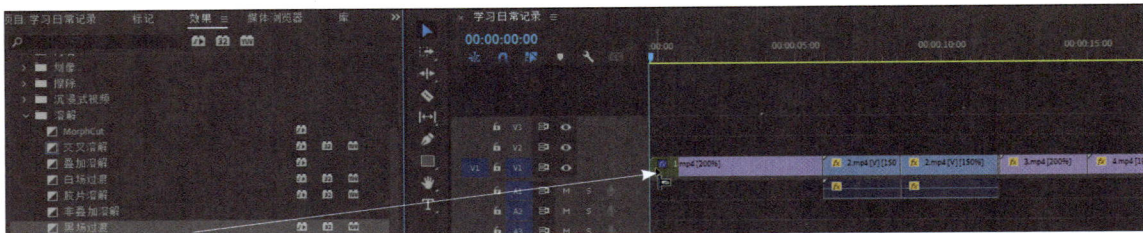

图3-23

（7）在"时间轴"面板中选中刚刚添加的"黑场过渡"视频过渡效果，在"效果控件"面板中设置持续时间为"00:00:02:00"，如图3-24所示。

（8）在"时间轴"面板中选择除第1个视频素材外的其余所有视频素材，按【Ctrl+D】组合键，为这些素材应用默认的视频过渡效果（即"交叉溶解"视频过渡效果），如图3-25所示。

图3-24

图3-25

> **小提示**
>
> 若需更改Premiere中默认的视频过渡效果，可以在"效果"面板中选择所需视频的过渡效果，单击鼠标右键，在弹出的快捷菜单中选择"将所选过渡设置为默认过渡"命令。

（9）在"效果"面板中展开"擦除"选项，将"径向擦除"视频过渡效果拖动至第2段视频素材的入点处，在"效果控件"面板中设置持续时间为"00:00:01:00"，对齐为"终点切入"。

（10）在"时间轴"面板中选中第3个视频素材入点处的"交叉溶解"视频过渡效果，在"效果控件"面板中设置持续时间为"00:00:01:00"，对齐为"中心切入"。选中第4个视频素材入点处的"交叉溶解"视频过渡效果，在"效果控件"面板中设置对齐为"中心切入"。

（11）将时间指示器移动到00:00:02:00处，选择"矩形工具" ，在视频画面左侧绘制矩形，然后选择"文字工具" ，在"基本图形"面板中设置文本颜色为"#9E785C"，字体为"汉仪长宋简"，如图3-26所示。

（12）在矩形中单击以输入文字，为文字设置不同的字号，效果如图3-27所示。

（13）调整V2轨道中素材（包括文字和矩形）的出点为00:00:05:24，并为该素材的入点和出点添加"内滑"选项中的视频过渡效果，设置出点的视频过渡效果的过渡方式为"自东向西"，如图3-28所示。

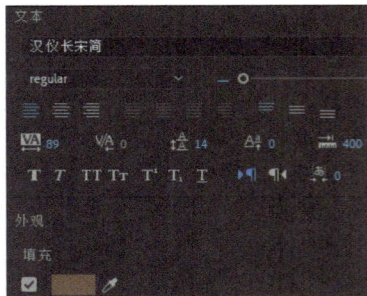

图3-26

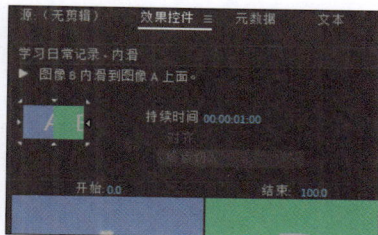

图3-27　　　　　　　　　　　　　　　　　　图3-28

（14）预览视频效果，如图3-29所示。最后保存项目文件，并导出为MP4格式的视频。

图3-29

3.5　应用特效

新媒体从业者为视频应用特效，不仅可以有效提升视频的视觉吸引力，还可以为视频注入独特的文化内涵和艺术魅力，在视频编辑与制作过程中起到画龙点睛、引人入胜的神奇效果。

3.5.1　常用视频特效

Premiere的视频特效都存放在"效果"面板的"视频效果"分类选项的子选项中，如图3-30所示，其中的每个子选项中都包含了多个视频特效。

图3-30

由于视频特效种类较多，所以这里只介绍一些常用的视频特效。另外，新媒体从业者还可以单击"效果"面板下方的"新建自定义素材箱"按钮 ，在"效果"面板中新建素材箱，然后将使用较为频繁的视频特效拖动到素材箱中，以便在后续编辑与制作视频时能够快速调用。

● "高斯模糊"效果。该效果位于"模糊与锐化"子选项中，可以大幅度地模糊视频画面，使其产生虚化的效果。

● "放大"效果。该效果位于"扭曲"子选项中，可以将视频画面的某部分放大，同时调整放大区域的不透明度，并羽化放大区域边缘。

● "投影"效果。该效果位于"透视"子选项中，可以为带Alpha通道的素材添加投影效果。

● "裁剪"效果。该效果位于"变换"子选项中，可以从上、下、左、右4个方向裁剪视频画面。

● "复制"效果。该效果位于"风格化"子选项中，可以复制指定数目的视频画面。

● "偏移"效果。该效果位于"扭曲"子选项中，可以使视频画面向其他方向平移，从而产生一种错位的视觉效果。

● **"方向模糊"效果。**该效果位于"模糊与锐化"子选项中，可以在视频画面中添加具有方向性的模糊，使视频画面产生一种运动效果。

● **"径向阴影"效果。**该效果位于"透视"子选项中，可以模拟从中心向外扩散的阴影，常用于增强视频的视觉深度和立体感。

● **"四色渐变"效果。**该效果位于"生成"子选项中，可以在素材上创建4种颜色的渐变效果。

● **"变换"效果。**该效果位于"扭曲"子选项中，可以综合设置视频画面的位置、分辨率、不透明度及倾斜度等参数。

● **"渐变擦除"效果。**该效果位于"过渡"子选项中，通过指定层（渐变效果层）与原图层（渐变效果层下方的图层）之间的亮度值来进行过渡。

● **"垂直翻转"效果。**该效果位于"变换"子选项中，可将素材上下翻转。

● **"线性擦除"效果。**该效果位于"过渡"子选项中，可以从一侧到另一侧以线性方式擦除或显示图像。

新媒体从业者在应用视频特效时先在"效果"面板中选择需要添加的视频特效，然后将其拖动到"时间轴"面板中需要应用的素材上；或者选中素材后，双击所需视频特效，即可应用该视频特效。另外，为素材添加视频特效后，新媒体从业者可以在"效果控件"面板中设置与该特效相关的参数。

> **小提示**
>
> 为了节省在编辑视频过程中重复添加相同特效的时间，Premiere在"效果"面板的"预设"分类选项中还提供了各种内置预设（预设是指预先设置好的效果文件），新媒体从业者可以直接使用。另外，Premiere也支持外部的视频效果插件，合理使用它们能有效提高视频的质量。

3.5.2 课堂案例1——制作萌宠搞笑视频

【案例背景】某博主经常在自媒体平台上分享一些搞笑视频，获得了众多用户的喜爱和关注。该博主拍摄了一段猫咪打翻水杯的视频，需要将其制作成一个搞笑视频，要求结合时下热点和流行元素制作视频特效，营造出幽默、轻松的氛围。还可以添加一些文字，增加视频的趣味性。

效果预览

【知识要点】使用"高斯模糊""放大""投影"视频效果进行制作。

【素材位置】配套资源：素材文件\第3章\"搞笑视频素材"文件夹。

【效果位置】配套资源：效果文件\第3章\萌宠搞笑视频.prproj、效果文件\第3章\萌宠搞笑视频.mp4。

微课3.5

具体操作如下。

（1）新建项目名为"萌宠搞笑视频"的文件，将提供的所有素材导入"项目"面板，然后新建大小为"1920像素×1080像素"，帧速率为"25帧/秒"，名称为"萌宠搞笑视频"的序列文件。

（2）将"项目"面板中的"宠物.mp4"素材拖动到"时间轴"面板中，在弹出的提示框中单击 保持现有设置 按钮，在"效果控件"面板中调整视频素材的缩放和位置，如图3-31所示。

（3）在"时间轴"面板中选择刚刚添加的素材，单击鼠标右键，在弹出的快捷菜单中选择"取消链接"命令，取消音视频链接，然后按【Delete】键删除视频素材自带的音频（即A1轨道中的音频）。

（4）打开"效果"面板，展开"视频效果"→"模糊与锐化"选项，将"高斯模糊"视频效果拖动至"时间轴"面板中的视频素材上。在"效果控件"面板中展开"高斯模糊"栏，设置模糊度为

"26",如图3-32所示。

（5）选择V1轨道中的素材，按住【Alt】键不放并将其向上拖动复制到V2轨道，在"效果控件"面板中选择"高斯模糊"栏，按【Delete】键删除该视频特效，再修改"运动"栏中的参数，如图3-33所示。

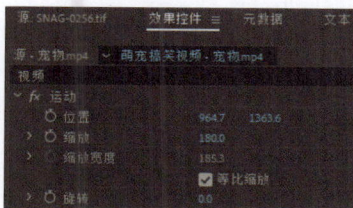 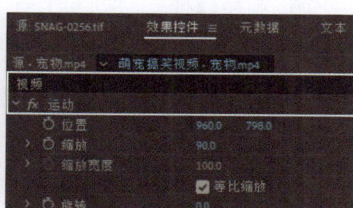

图3-31　　　　　　　　　　　图3-32　　　　　　　　　　　图3-33

（6）将时间指示器移动到00:00:01:09处，选择"时间轴"面板中的两个视频素材，按【Ctrl+K】组合键分割，然后删除分割后的前半段视频素材，并删除分割后的空隙。使用类似的方法依次删除00:00:02:13—00:00:03:17的视频片段。

（7）将时间指示器移动到00:00:03:14处，选择V2轨道中的第2段视频素材，单击鼠标右键，在弹出的快捷菜单中选择"添加帧定格"命令。

（8）在"项目"面板中单击"新建项"按钮 ，在弹出的菜单中选择"调整图层"选项，打开"调整图层"对话框，单击 确定 按钮。在"项目"面板中将新建的调整图层拖动到"时间轴"面板中的V3轨道上，调整其入点为00:00:03:14，出点与整个视频结尾一致，如图3-34所示。

（9）打开"效果"面板，展开"视频效果"→"扭曲"选项，将"放大"视频效果拖动至V3轨道中的调整图层上，在"效果控件"面板中展开"放大"栏，各参数设置如图3-35所示。

（10）将"光效.png"素材拖动到V3轨道上方作为V4轨道中的素材（V4轨道此时会自动新建），调整该素材的时长与调整图层一致，再调整至合适的大小和位置，效果如图3-36所示。

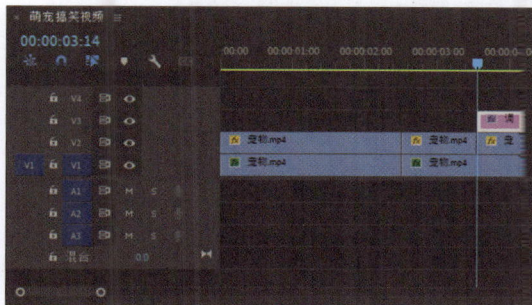 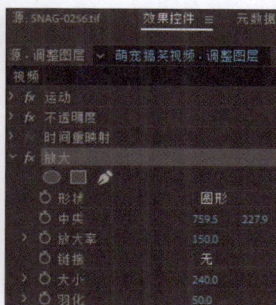 

图3-34　　　　　　　　　　　图3-35　　　　　　　　图3-36

（11）将时间指示器移动到视频开头，使用"文字工具" 输入"小猫咪的尴尬瞬间"文字，在"基本图形"面板中设置字体为"汉仪大宋简"，文本颜色为"#000000"，单击选中"背景"复选框，设置背景颜色为"#FFDD03"，不透明度为"100%"，大小为"10.0"，如图3-37所示。

（12）在"节目"面板中调整文字位置，如图3-38所示，再取消文字的选中状态。

（13）将时间指示器移动到00:00:03:14处，继续输入其他文本颜色为"#A2423A"的文字，并为该文字添加大小为"2"，颜色为"#ffffff"的描边，效果如图3-39所示。

（14）打开"效果"面板，展开"视频效果"→"透视"选项，将"投影"视频效果拖动至V6轨道中的文字上。

（15）调整新文字图层的出点与整个视频长度一致，如图3-40所示。选择V5和V6轨道中的文字素材，单击鼠标右键，在弹出的快捷菜单中选择"嵌套"命令，打开"嵌套序列名称"对话框，输入名称为"文字"，单击 **确定** 按钮。

（16）将时间指示器移动到00:00:00:23，将"笑声.mp3"音频素材拖动到A1轨道时间指示器位置，再将"搞笑音效.mp3""语音.mp3"音频素材分别拖动到A2和A3轨道整个视频开始位置，在整个视频结束位置使用"剃刀工具" ▨ 分割A1和A2两个音频素材，如图3-41所示，并删除分割的后半段素材。调整A3轨道中音频素材的速度为"150%"。

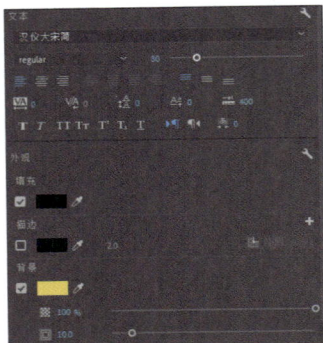

图3-37

图3-38

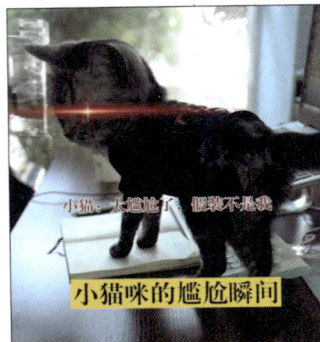

图3-39

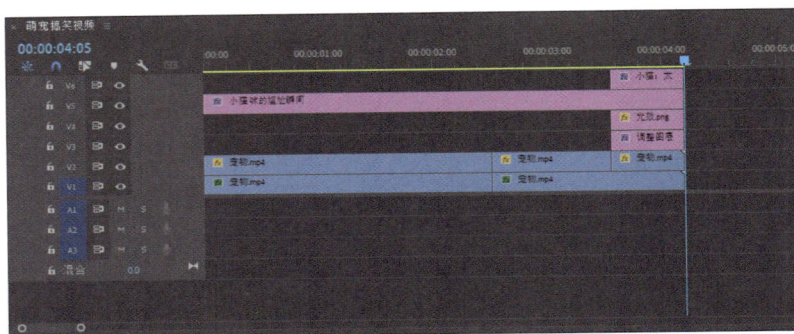

图3-40

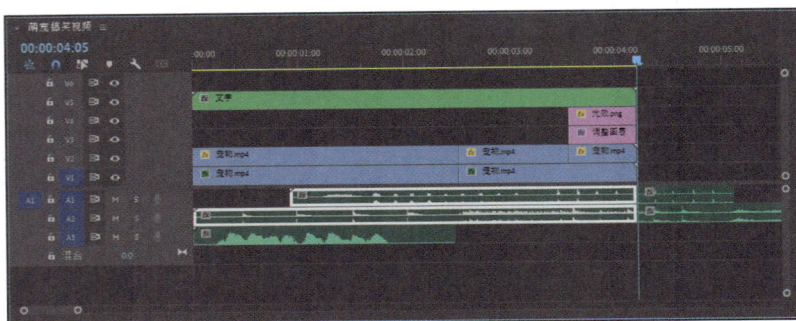

图3-41

（17）预览视频效果，如图3-42所示。最后保存项目文件，并导出为MP4格式的视频。

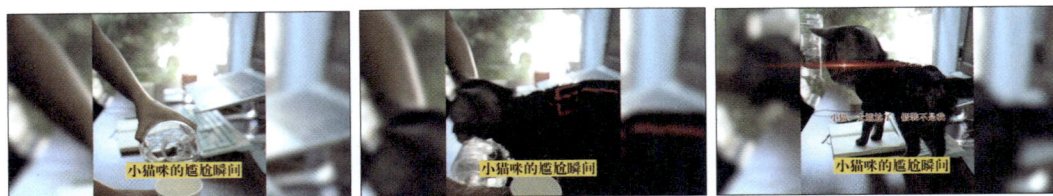

图3-42

3.5.3 课堂案例2——制作"旅游指南"视频片头特效

【案例背景】旅游旺季即将来临,某旅行公众号打算发布一个"旅行指南"视频片头,以提高公众号的曝光量,吸引目标用户关注该公众号。要求视频片头的时长为10s左右,视频主题为"超全成都旅游指南"。

【知识要点】使用"复制""裁剪""偏移""放大""方向模糊""径向阴影""四色渐变""变换""渐变擦除""垂直翻转""线性擦除"视频效果进行制作。

【素材位置】配套资源:素材文件\第3章"视频片头素材"文件夹。

【效果位置】配套资源:效果文件\第3章\旅游指南.prproj、效果文件\第3章\旅游指南.mp4。

具体操作如下。

（1）新建项目名为"旅游指南"的文件,将提供的所有素材全部导入"项目"面板。

（2）将"1.jpg"素材拖动到"时间轴"面板,在菜单栏中选择【序列】/【序列设置】命令,打开"序列设置"对话框,修改帧大小为"1920、1080",单击 确定 按钮,打开提示框,按【Enter】键。

效果预览

（3）在"效果控件"面板中展开"运动"栏,调整缩放为"38",再为该素材添加"复制"视频效果。将"2.jpg"素材拖动到V2轨道上,调整该素材的缩放为"18",在"节目"面板中调整该素材的位置,如图3-43所示。

微课3.6

> 💡 **小提示**
>
> 若需要快速找到某个视频特效,我们可以在"效果"面板上方的"搜索"文本框中输入视频特效的名称进行搜索。

（4）为该素材添加"裁剪"视频效果,在"效果控件"面板中调整"裁剪"栏中的"右侧"和"底部"的参数,调整后的效果如图3-44所示。

（5）添加"3.jpg"素材至V3轨道,调整其位置后再修改缩放为"53",添加"裁剪"效果并在"效果控件"面板中修改"左侧"和"底部"的参数;添加"4.jpg"素材至V4轨道,调整其位置后再修改缩放为"20",添加"裁剪"视频效果并在"效果控件"面板中修改"顶部"的参数,效果如图3-45所示。

图3-43

图3-44

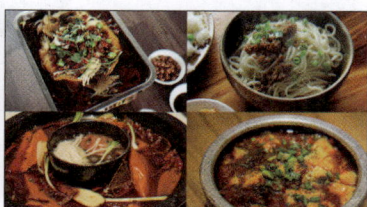

图3-45

（6）将V1轨道—V4轨道中的素材嵌套,嵌套名称为"图片组1"。为该嵌套序列依次添加"复制""偏移""放大"视频效果。在"效果控件"面板中展开"偏移"栏,单击"将中心移位至"选项前的"切换动画"按钮 📷,激活关键帧,如图3-46所示。

（7）分别将时间指示器移动到00:00:01:00、00:00:02:00处,随机调整"将中心移位至"的参数,使其呈现出动态效果。

（8）在"效果控件"面板中设置"放大"栏中的大小为"1",并在00:00:02:00位置激活该选项的关键帧,将时间指示器移动到00:00:03:00处,调整大小为"1100.0",如图3-47所示。

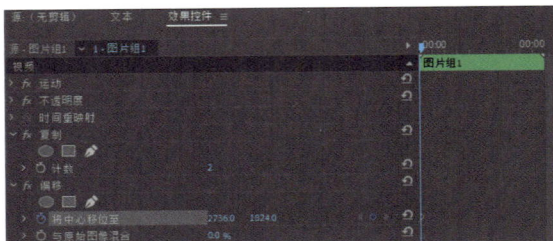

图 3-46

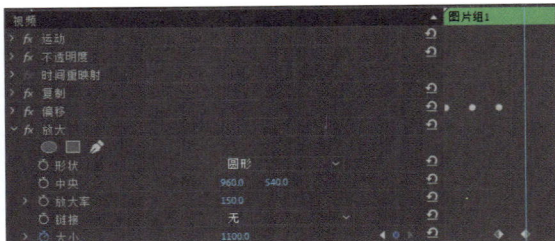

图 3-47

（9）在"时间轴"面板中选择嵌套素材，单击鼠标右键，在弹出的快捷菜单中选择"添加帧定格"命令，此时，V1轨道中的素材被分割为两段，调整第2段视频的出点为"00:00:14:12"。为该素材添加"方向模糊"视频效果，在00:00:03:00位置激活"模糊长度"关键帧，在00:00:04:00位置设置模糊长度为"50"。

（10）将"5.jpg"素材拖动到"时间轴"面板V2轨道的时间指示器位置，在"效果控件"面板中调整该素材的缩放为"15"，旋转为"22"。为"5.jpg"素材添加"径向阴影"视频效果，在"效果控件"面板中的"径向阴影"栏中设置阴影颜色为"#ffffff"，并调整其他参数，如图3-48所示。

（11）将"5.jpg"素材嵌套，嵌套名称为"图片5"，双击进入该嵌套序列，使用"垂直文字工具" 在素材中添加文字，设置文本颜色为"#E26A19"，字体为"方正字迹－新手书"，将文字适当旋转，效果如图3-49所示，并设置文字出点与图片素材出点一致。

（12）在"5.jpg"素材入点添加"急摇"视频过渡效果，并设置持续时间为"00:00:01:00"。

（13）返回"1"序列，在00:00:03:00位置激活"图片5"序列的"位置"关键帧，将时间指示器移动到00:00:05:00处，单击"添加/移除关键帧"按钮 创建一个"位置"关键帧，如图3-50所示。将时间指示器移动到00:00:05:20处，设置"位置"为"960.0、1531.0"。

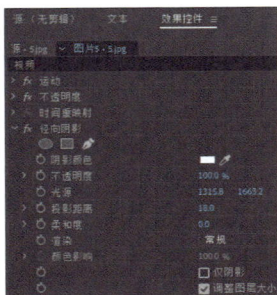

图 3-48

图 3-49

图 3-50

（14）将"6.jpg"素材拖动到"时间轴"面板的V3轨道的时间指示器位置，在"效果控件"面板中调整缩放为"27"，位置为"960.0、440.0"，为该素材添加"四色渐变""变换"视频效果。

（15）在"效果控件"面板中设置"四色渐变"栏中的混合模式为"滤色"，不透明度为"80%"。在"变换"栏中设置"快门角度"为"360"，然后激活"缩放"关键帧；将时间指示器移动到00:00:07:00处，再创建一个"缩放"关键帧，将时间指示器移动到00:00:07:10处，设置缩放为"150"。

（16）调整"6.jpg"素材的出点为00:00:07:10，将"7.jpg"素材拖动到"时间轴"面板中"6.jpg"素材的后面，复制"6.jpg"素材的视频效果，粘贴到"7.jpg"素材中。选择"7.jpg"素材，在"效果控件"面板中修改"变换"栏中缩放的第一个关键帧参数为"50"，最后一个关键帧参数为"100"。

（17）在00:00:09:00位置激活"四色渐变"视频效果中的"不透明度"关键帧，将时间指示器移动到00:00:10:00处，设置不透明度为"0%"。

（18）为"7.jpg"素材添加"渐变擦除"视频效果，在00:00:09:10位置激活"过渡完成"关键帧，在00:00:10:00处设置过渡完成为"100%"。

（19）将"视频.mp4"素材拖动到"时间轴"面板中V1轨道的00:00:08:00位置，取消音视频链接并删除视频中的原始音频文件。为"视频.mp4"素材添加"渐变擦除"视频效果，设置过渡完成为"40%"，在00:00:10:00位置激活"过渡完成"关键帧，然后在00:00:11:00处设置过渡完成为"0%"。

（20）将时间指示器移动到00:00:11:00处，输入第1排文字，设置字体为"方正兰亭大黑简体"，文本颜色为"#FFF155"，在"效果控件"面板中单击选中"文本"栏下方的"阴影"复选框。在文字下方绘制一条白色线段，然后在线段下方输入第2排文字，设置字体为"方正兰亭中黑简体"，调整字距和字号，效果如图3-51所示。

（21）将"纸飞机.png"素材拖动到V5轨道的时间指示器位置，为该素材添加"垂直翻转"视频效果，然后在"效果控件"面板中调整缩放为"40"，旋转为"31"，调整位置如图3-52所示，并激活"位置"和"旋转"关键帧。

（22）将时间指示器移动到00:00:11:20处，调整"纸飞机"素材的位置和旋转效果如图3-53所示；将时间指示器移动到00:00:12:05处，调整"纸飞机"素材的位置和旋转效果如图3-54所示。

图3-51   图3-52   图3-53   图3-54

（23）将时间指示器移动到00:00:11:00处，为V4轨道的文字素材添加"线性擦除"视频效果，在"效果控件"面板中设置过渡完成为"86%"，擦除角度为"-90"，羽化为"100"，然后激活"过渡完成"关键帧；将时间指示器移动到00:00 12:00处，设置过渡完成为"0%"。

（24）调整V1～V5轨道中最后一个素材的出点均在00:00:14:12处，将"背景音乐.mp3"音频素材拖动到A1轨道，在时间指示器位置分割音频素材，并删除后半段音频，然后为音频素材出点添加"恒定功率"音频过渡效果。预览视频效果，如图3-55所示。最后按【Ctrl+S】组合键保存项目文件，导出为MP4格式的视频。

图3-55

3.6 调色

视频的色彩十分重要，为视频调色不仅可以解决画面本身的曝光不足、曝光过度、偏色等问题，使画面看起来自然、协调，还可以通过特殊色彩烘托视频的氛围。

3.6.1 应用"Lumetri颜色"面板调色

在菜单栏中选择【窗口】/【Lumetri颜色】命令，可打开"Lumetri颜色"面板（见图3-56），该面板包括基本校正、创意、曲线、色轮和匹配、HSL辅助、晕影6个模块，每个模块的侧重不同，并且可以搭配使用，以帮助用户快速完成视频的调色。

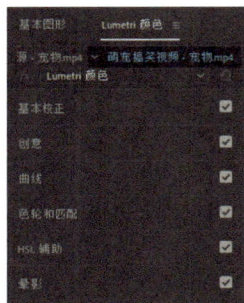

图3-56

- **基本校正**。基本校正可以校正或还原素材画面的颜色，修正其中过暗或过亮的区域，调整曝光与明暗对比程度等。基本校正中包含输入 LUT、白平衡、色调和饱和度等校正参数。

- **创意**。创意可以调整视频的色调，达到独特的艺术效果。在"创意"中选择"Look"下拉列表中的选项后，在图像预览框中可以直观地看到调整后的效果，还可以拖动强度、色彩平衡等的滑块做进一步调整。

- **曲线**。曲线可以调整视频中的色调范围。"RGB曲线"栏中的主曲线（白色）控制亮度，红、绿、蓝通道曲线可以调整选定的颜色范围，其操作方法与常规的RGB曲线类似。除了"RGB曲线"栏外，在"色相饱和度曲线"栏中还包括色相与饱和度、色相与色相、色相与亮度、亮度与饱和度、饱和度与饱和度5种曲线，可以进一步调整视频的色调。

- **色轮和匹配**。色轮和匹配可以更加精确地调整视频色彩，包含颜色匹配、人脸检测、阴影、高光、中间调等参数。

- **HSL辅助**。HSL辅助可以精确地调整某个特定颜色，不会影响画面的其他颜色，因此适用于局部细节调色。该功能通过"键"栏中的参数来选择区域并设置遮罩，通过"优化"栏中的参数来调整遮罩边缘，通过"更正"栏中的参数来调色。

- **晕影**。晕影可以实现中心处明亮、边缘逐渐淡出的视频效果，还可以控制边缘的大小、形状以及变亮量或变暗量。

3.6.2 应用调色效果调色

Premiere中的调色效果保存在"效果"面板的"视频效果"分类选项的"颜色校正"子选项（见图3-57）、"过时"子选项（见图3-58）和"图像控制"子选项中（见图3-59）。

这些调色效果的应用方法与视频特效的应用方法相同，并且应用调色效果后，也可以在"效果控件"面板中设置相关的参数。

图3-57

图3-58

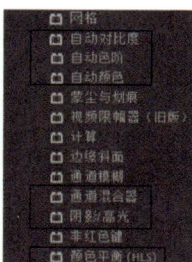

图3-59

3.6.3　课堂案例——春游Vlog后期调色处理

【案例背景】某旅游博主准备在小红书平台上发布一个关于春游的Vlog，希望通过该Vlog将春天的美景和春游的快乐传递给更多观众。然而，该博主拍摄的视频素材受天气多变、光线不足等因素的影响，部分素材的色彩和亮度并不理想，缺乏生机，影响了整体观感。因此，本案例需要对这些素材进行调色，再制作成Vlog，以提升视频的质量。

【知识要点】利用"Lumetri颜色"面板调色，使用"Brightness & Contrast""颜色平衡""阴影/高光"效果调色。

【素材位置】配套资源：素材文件\第3章\"春游素材"文件夹。

【效果位置】配套资源：效果文件\第3章\春游Vlog.prproj、效果文件\第3章\春游Vlog.mp4。
　　具体操作如下。

（1）新建项目名为"春游Vlog"的文件，导入提供的所有素材，然后将"边框.mov"素材拖动到"时间轴"面板的V3轨道上，新建序列文件。

（2）将"油菜花.mp4"视频拖动到V2轨道上，取消音视频链接，删除视频素材自带的音频。在"时间轴"面板中选择"油菜花.mp4"视频，打开"Lumetri颜色"面板，打开"基本校正"选项，设置各参数如图3-60所示。调色前后的对比效果如图3-61所示。

（3）由于视频素材有点模糊，可打开"创意"选项，再展开"调整"栏，调整锐化为"45"。

效果预览

微课3.7

（4）将时间指示器移动到00:00:02:00处，将"人物奔跑.mp4"视频拖动到时间指示器位置，在"效果控件"面板中调整缩放为"150"，速度为"200%"，然后为该素材添加"Brightness & Contrast"调色效果，并在"效果控件"面板中设置亮度为"20"，对比度为"29"。调色前后的对比效果如图3-62所示。

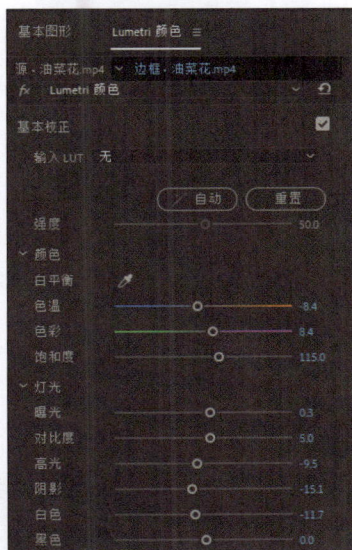

图3-60

图3-61

图3-62

（5）将时间指示器移动到00:00:05:00处，将"小野花.mp4"视频拖动到时间指示器位置，取消音视频链接，删除视频素材自带的音频，调整速度为"300%"。然后为该素材添加"颜色平衡"调色效果，并在"效果控件"面板中设置图3-63所示的参数，调色前后的对比效果如图3-64所示。

（6）将时间指示器移动到00:00:08:00处，将"绿头鸭.mp4"视频拖动到时间指示器位置，在"效果控件"面板中调整缩放为"150"，速度为"200%"，然后为该素材添加"阴影/高光"调色效果，将自动调整素材的阴影和高光部分，调色前后的对比效果如图3-65所示。

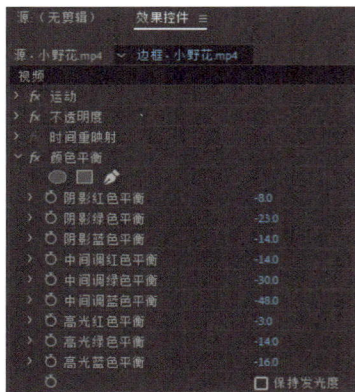

| 图3-63 | 图3-64 | 图3-65 |

（7）选择"边框.mov"素材，在"效果控件"面板中展开"不透明度"栏，设置混合模式为"变亮"。调整"时间轴"面板中所有素材的出点为00:00:10:00。

（8）将"背景音乐.mp3"素材拖动到A1轨道，调整该素材的时长与视频素材一致，在"效果控件"面板中展开"音量"栏，设置级别为"-5.0"，降低音量。

（9）预览视频效果，如图3-66所示。最后保存项目文件，并导出为MP4格式的视频。

图3-66

3.7 抠像

视频与图像一样，同样可以进行抠像处理。通过抠像处理，新媒体从业者可以合成不同轨道中叠加的视频素材，形成多个视频画面叠加混合的效果，从而创作出效果更丰富的视频作品。

3.7.1 常用抠像特效

在Premiere中，常用的抠像方法是利用"效果"面板的"视频效果"分类选项的"键控"子选项中的特效进行抠像，如图3-67所示。

● "Alpha调整"视频效果。"Alpha调整"视频效果能够调整包含Alpha通道的素材的不透明度，使当前素材与下方轨道上的素材产生叠加效果。

● "亮度键"视频效果。"亮度键"视频效果能够将视频画面中的较暗区域设置为透明，并保持颜色的色调和饱和度不变，可以有效去除视频画面中较暗的区域，适用于明暗对比强烈的视频画面。

● "超级键"视频效果。"超级键"视频效果能够指定一种特定或相似的颜色，

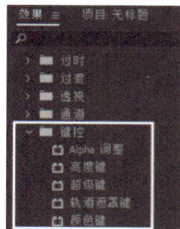

图3-67

将其变为透明，同时设置其透明度、高光、阴影等，也可以使用该视频效果修改素材中的色彩。

● **"轨道遮罩键"视频效果。**"轨道遮罩键"视频效果能将图像中的黑色区域部分设置为透明，白色区域部分设置为不透明。

● **"颜色键"视频效果。**"颜色键"视频效果能使某种指定的颜色及其相似范围内的颜色变得透明。"颜色键"视频效果的原理与"超级键"视频效果基本相同，都是让指定的颜色变为透明，只是使用"颜色键"视频效果不能修改素材的颜色。

3.7.2 课堂案例——制作镂空文字片头

【案例背景】某摄影博主想要将拍摄的风景视频制作成一个具有镂空效果的片头，要求镂空文字为"海上落日"，同时文字要具有动感。

【知识要点】使用"轨道遮罩键"效果制作镂空效果，使用"裁剪"效果和关键帧制作文字动画效果。

【素材位置】配套资源：素材文件\第3章\日落视频.mp4。

效果预览

【效果位置】配套资源：效果文件\第3章\镂空文字片头.prproj、效果文件\第3章\镂空文字片头.mp4。

具体操作如下。

（1）新建项目名为"镂空文字片头"的文件，将"日落视频.mp4"素材导入"项目"面板，并将其拖动到"时间轴"面板中，以创建序列文件。

微课3.8

（2）选择"文字工具" T，在画面中输入文字，设置字体为"方正兰亭粗黑简体"，字号为"300"，字距为"100"，文本颜色为"#ffffff"，移动文字的位置，使其居中于画面，效果如图3-68所示。

（3）在"效果"面板中将"轨道遮罩键"视频效果拖动到"时间轴"面板的V1轨道上的视频素材中，在"效果控件"面板的"轨道遮罩键"栏的"遮罩"下拉列表中选择"视频2"选项，如图3-69所示，在"节目"面板中可看到文字的遮罩效果，如图3-70所示。

图3-68

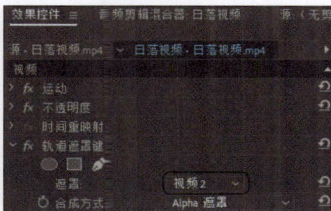
图3-69

图3-70

（4）选择V2轨道中的文字素材，按住【Alt】键不放并向上拖动复制一个文字，然后为V2和V3轨道中的文字素材添加"裁剪"视频效果。

（5）选择V2轨道中的文字素材，在"效果控件"面板中的"裁剪"栏中设置"底部"为"50%"，使用同样的方法设置V3轨道文字素材的"剪裁"栏中的"顶部"为"50%"。

（6）隐藏V1轨道中的视频素材，便于后续观察文字效果。将时间指示器移动到00:00:02:00处，选择V3轨道中的素材，在"效果控件"面板中展开"视频"栏，激活"位置"关键帧，将时间指示器移动到00:00:03:00处，设置"位置"关键帧的参数，如图3-71所示。

（7）使用类似的方法在00:00:02:00处激活V2轨道中素材的"位置"关键帧，在00:00:03:00处设置"位置"关键帧的参数为"960、0"。

（8）将V2轨道和V3轨道中的素材嵌套，嵌套名称为"文字"。显示V1轨道，按住【Alt】键不放并将该轨道中的视频素材向上拖动复制到V3轨道中，为V3轨道中的视频素材添加"裁剪"视频效果。

（9）删除V3轨道中视频素材的"轨道遮罩键"视频效果，然后将时间指示器移动到00:00:03:00处，在"效果控件"面板中激活"裁剪"栏中的"顶部"和"底部"关键帧；将时间指示器移动到00:00:02:00处，在"效果控件"面板中设置"裁剪"栏中的"顶部"和"底部"的参数均为"50%"，如图3-72所示。

图3-71

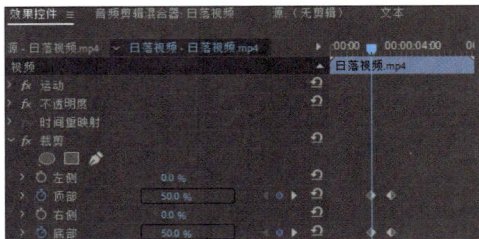
图3-72

（10）调整所有素材的出点均为00:00:04:00，预览视频效果，如图3-73所示。最后保存项目文件，并导出为MP4格式的视频。

图3-73

3.8 添加字幕

字幕是视频的重要组成部分，可以为观众提供准确的内容信息，帮助观众更好地理解和欣赏视频内容。

3.8.1 根据语音生成字幕

Premiere Pro 2023支持语音转录文本，可以为包含语音的音频自动生成转录文本，然后通过简单地编辑转录文本以生成字幕，从而提高制作字幕的速度。

1. 创建转录文本

在"时间轴"面板中添加需要转录的音频，在"文本"面板中的"转录文本"选项卡（或"字幕"选项卡）中单击 转录序列 按钮创建转录文本。Premiere开始转录并在"文本"面板中的"转录文本"选项卡中显示结果，双击字幕可修改其中的文本。

2. 编辑转录文本

创建转录文本后，新媒体从业者还可进行查找和替换转录文本、拆分和合并转录文本等操作，使文本更符合视频的制作需求。

3. 生成字幕

编辑好转录的文本内容后，可单击"创建说明性字幕"按钮 ，系统将自动根据转录的文本生成字幕，同时在"时间轴"面板中自动添加一个C1轨道。添加字幕后，新媒体从业者也可以在"基本图形"面板的"编辑"选项卡中修改字号、字体样式、文字间距等参数。

3.8.2　直接输入字幕和文字

如果没有音频文件，则可以手动创建字幕轨道再输入字幕。具体操作方法为：在"文本"面板的"字幕"选项卡中单击 创建新字幕轨 按钮，打开"新字幕轨道"对话框，在其中设置字幕轨道格式和样式后单击 确定 按钮，同样会在"时间轴"面板中自动添加一个C1轨道，接着在"文本"面板中单击"添加新字幕分段"按钮 可手动添加字幕。

此外，若视频所需文字比较少，则可以直接输入文字。具体操作方法为：选择"文字工具" 或"垂直文字工具"，在"节目"面板中单击以定位文字输入点，然后输入文字；或者拖曳鼠标绘制一个文本框，在文本框中可输入段落文字，当一行排满后将自动跳转到下一行。输入文字后，新媒体从业者可以通过"基本图形"面板中的"编辑"选项卡的"文本"模块和"效果控件"面板中的"文本"栏的"源文本"栏来编辑文字属性。

3.8.3　课堂案例——制作"保护野生动物"短视频

【案例背景】近年来，公众对野生动物的保护意识日益增强。某公益组织准备制作一个以"保护野生动物"为主题，分辨率为"1280像素×720像素"的短视频，要求根据配音内容为视频添加字幕，增强视频画面的感染力，呼吁更多的人保护野生动物。

效果预览

【知识要点】使用"文本"面板将配音转录为文本，然后将其转换为字幕，并适当进行调整和美化，再在片尾输入主题文本。

【素材位置】配套资源：素材文件\第3章\"动物素材"文件夹。

【效果位置】配套资源：效果文件\第3章\"保护野生动物"短视频.prproj、效果文件\第3章\"保护野生动物"短视频.mp4。

微课3.9

具体操作如下。

（1）新建项目名为"'保护野生动物'短视频"的项目文件，将"动物素材"文件夹中的素材全部导入"项目"面板。

（2）拖动"考拉.mp4"素材至"时间轴"面板，将自动生成与其同名的序列，然后在"项目"面板中选择该序列，单击序列名称，重新修改名称为"'保护野生动物'公益视频"，再调整"考拉.mp4"素材的出点至00:00:07:00处。

（3）拖动"小熊猫.mp4"素材至V1轨道上，选取00:00:17:10—00:00:24:09的片段，再依次将"花松鼠.mp4""老虎.mp4""猴子.mp4"素材拖动至V1轨道，分别选取00:00:00:00—00:00:04:24、00:00:00:00—00:00:09:00、00:01:53:16—00:02:02:15的片段，再删除部分素材对应的音频。

（4）在"源"面板中拖动入点和出点之间的视频片段至"时间轴"面板，按【Shift+O】组合键将"时间轴"面板中的时间指示器移动到视频末尾。

（5）拖动"配音.mp3"素材至"时间轴"面板的A1轨道，在菜单栏中选择【窗口】/【文本】命令，打开"文本"面板，在其中的"转录文本"选项卡中单击 创建转录 按钮，打开"创建转录文本"对话框，设置语言为"简体中文"，在"音频正常"单选项下方的下拉列表中选择"音频1"选项，如图3-74所示，单击 转录 按钮，转录完成后的"文本"面板如图3-75所示。

图3-74

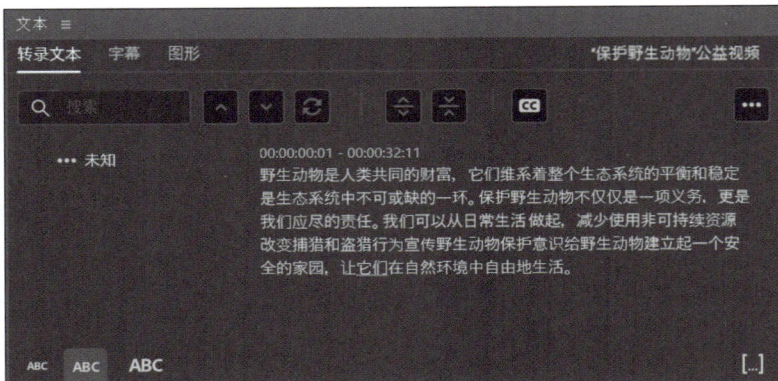

图3-75

（6）双击文本内容，激活文本框，在其中应断句的位置输入"，"，如图3-76所示，然后单击文本框之外的区域完成修改。

（7）单击"文本"面板上方的"创建说明性字幕"按钮 CC ，打开"创建字幕"对话框，设置最大长度为"30"，最短持续时间为"3"，选中"单行"单选项，如图3-77所示，然后单击 创建字幕 按钮。

（8）由于部分字幕过长，因此需要进行调整。选择第4段字幕，单击上方的"拆分字幕"按钮 ，将自动拆分为第4段和第5段字幕，先双击位于上方的字幕，激活文本框，选择并删除后面的一句话，然后单击文本框之外的区域完成修改，再使用类似的方法删除第5段字幕中的前面一句话，效果如图3-78所示。

图3-76

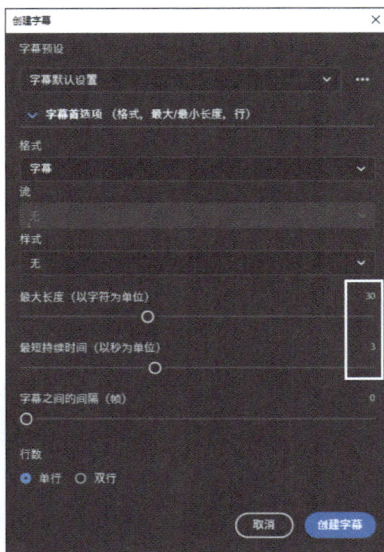

图3-77

图3-78

（9）使用与步骤（8）类似的方法拆分并调整第6段和第7段字幕。由于最后一段（第11段）字幕中的前一句话应属于上一段（第10段）字幕的内容，因此可先拆分该段字幕，分别删除多余的部分后，按住【Shift】键选择此时的第10段和第11段字幕，单击上方的"合并字幕"按钮 。

（10）在"时间轴"面板的C1轨道中选择第1段字幕，打开"基本图形"面板，设置图3-79所示的参数，其中阴影颜色为"#006916"，字幕效果如图3-80所示。

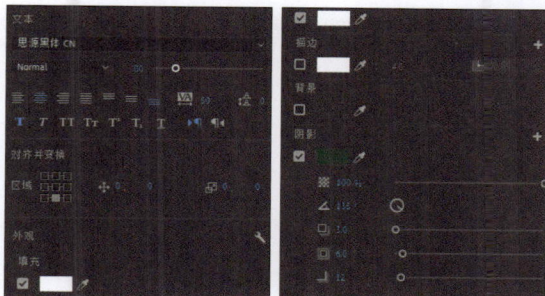

图3-79

图3-80

（11）在"基本图形"面板的"编辑"选项卡的"样式"栏中单击"推送至轨道或样式"按钮 ，打开"推送样式属性"对话框，选中"轨道上的所有字幕"单选项，单击 确定 按钮，以修改C1轨道中所有字幕的样式。

（12）将"效果"面板中的"高斯模糊"视频效果拖动到"猴子.mp4"素材上，在00:00:32:10处和00:00:33:10处添加模糊度分别为"0.0""40.0"的关键帧，使画面逐渐模糊。

（13）将时间指示器移至00:00:32:16处　选择"文字工具" ，输入"保护野生动物　守护生态平衡"文字，设置出点为"00:00:37:00"，然后在"基本图形"面板中设置图3-81所示的参数，效果如图3-82所示。

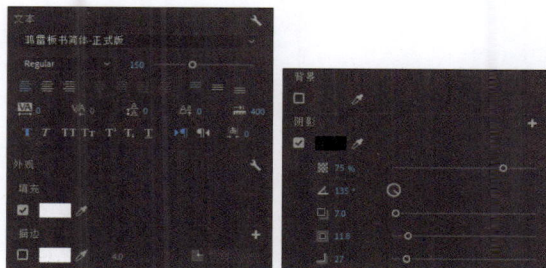

图3-81

图3-82

（14）选择V2轨道中的文字素材，打开"效果控件"面板，在00:00:33:10处和00:00:34:10处添加缩放分别为"0.0""100.0"的关键帧，使文字逐渐变大。

（15）预览视频效果，如图3-83所示。最后保存项目文件，并导出为MP4格式的视频。

图3-83

3.9　综合实训——制作手机品牌微博视频广告

【实训背景】随着互联网的快速发展和智能手机的普及，手机品牌之间的竞争愈发激烈。为了在竞争激烈的市场中脱颖而出，各大手机品牌纷纷加大在不同社交媒体平台上的营销投入。微博作为一个拥有庞大用户基础和高度互动性的社交媒体平台，非常适合进行品牌推广和产品宣传。鉴于此，某手机品牌准备在微博平台上发布一个精心制作的视频广告，以进一步提升品牌知名度和扩大市场份额，并吸引更多潜在消费者的关注和购买，要求分辨率为"1920像素×1080像素"，内容从产品卖点的角度入手，展示产品的优势和价值。

【实训目的】借助实训增进学生对Premiere的熟悉程度，增强学生对视频的编辑和制作能力。

【素材位置】配套资源：素材文件\第3章\"手机广告素材"文件夹。

【效果位置】配套资源：效果文件\第3章\手机品牌微博视频广告.prproj、效果文件\第3章\手机品牌微博视频广告.mp4。

效果预览

微课3.10

具体操作如下。

（1）新建项目名为"手机品牌微博视频广告"的文件，将提供的素材导入"项目"面板，并将"风景视频.mp4"视频素材拖动到"时间轴"面板，然后调整该视频的速度为"150%"。

（2）在00:00:02:01位置分割视频，然后删除前面的视频片段。在"时间轴"面板中选择后半段视频素材，打开"Lumetri颜色"面板，打开"基本校正"模块，调整图3-84所示的参数。调色前后的对比效果如图3-85所示。

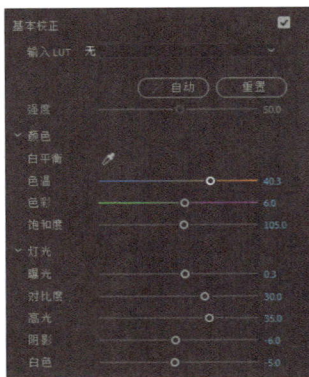

图3-84　　　　　　　　　　　　　　　　图3-85

（3）将"手机模型.png"素材拖动到V3轨道，调整该素材的出点与视频素材的出点一致。在"效果"面板中将"颜色键"视频效果拖动到该素材上，在"效果控件"面板中展开"颜色键"栏，选择"主要颜色"选项后的吸管工具，然后在"节目"面板中吸取"手机模型.png"素材中的绿色，调整边缘细化为"1"，如图3-86所示。

（4）在"节目"面板中将"手机模型.png"素材移动到图3-87所示的位置。

（5）在"效果控件"面板中展开"运动"栏，激活"位置"关键帧，将时间指示器移动到00:00:03:00处，调整"手机模型.png"素材的位置，如图3-88所示。

（6）在"时间轴"面板中选择视频素材，单击鼠标右键，在弹出的快捷菜单中选择"添加帧定格"命令。为定格之后的素材应用"高斯模糊"视频效果，并在"效果控件"面板中调整模糊度。

图3-86　　　　　　　　　图3-87　　　　　　　　　图3-88

（7）选择V1轨道中时间指示器之后的素材，按住【Alt】键不放并将其向上拖动，复制到V2轨道中，在"效果控件"面板中删除该素材的"高斯模糊"视频效果，然后添加"裁剪"效果，在"效果控件"面板中调整"裁剪"栏中的参数，在"节目"面板中查看效果，如图3-89所示。

（8）选择"文字工具" T，在当前位置输入文字，并设置字体为"汉仪长美黑简"，文本颜色为"#ffffff"，调整文字位置如图3-90所示。

（9）为文字素材添加"内滑"视频过渡效果，在"效果控件"面板中调整内滑方向为"自东向西"，持续时间为"00:00:02:00"，如图3-91所示。

  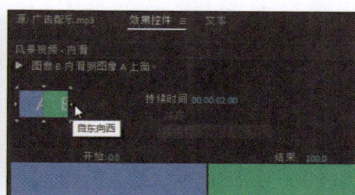

图3-89   图3-90   图3-91

（10）新建调整图层，将调整图层拖动到V5轨道，调整其入点、出点与整个视频一致，然后在调整图层的出点添加"黑场过渡"视频过渡效果。

（11）将时间指示器移动到00:00:02:03处，将"拍照音效.mp3"音频素材拖动到A1轨道中该位置的右侧，将"广告配乐.mp3"素材拖动到A2轨道中，入点对齐视频开头。在00:00:07:00位置分割A2轨道中的音频素材，删除分割后的后半段音频，并在该音频的出点添加"指数淡化"音频过渡效果。

（12）预览视频效果，如图3-92所示。最后保存项目文件，并导出为MP4格式的视频。

图3-92

> 👤 **素养提升**
>
> 新媒体从业者在制作产品宣传类视频时，保证视频内容的真实性和可信度是至关重要的，这不仅关乎企业的声誉和品牌形象，还涉及消费者权益保护和市场秩序的维护。

思考与练习

1. 名词解释

视频分辨率   MP4 格式   J Cut剪辑手法

2. 选择题

（1）【单选】帧速率是指每秒显示视频画面的帧数，单位为帧/秒。要想生成平滑、连贯的播放效果，帧速率一般不小于（   ）。

     A．7帧/秒   B．8帧/秒   C．9帧/秒   D．10帧/秒

（2）【单选】（　　　）主要用于存放和管理导入的素材（包括视频、音频、图像等），以及在Premiere中创建的序列文件等。

    A．"项目"面板　　　　　　　　　B．"时间轴"面板

    C．"源"面板　　　　　　　　　　D．"节目"面板

（3）【多选】主流的2K分辨率有（　　　）。

    A．2560像素×1440像素　　　　B．2560像素×1080像素

    C．2048像素×1080像素　　　　D．2048像素×1440像素

（4）【多选】在Premiere中抠像时，常用的抠像特效有（　　　）。

    A．"Alpha调整"视频效果　　　　B．"超级键"视频效果

    C．"亮度键"视频效果　　　　　　D．"颜色键"视频效果

3．思考题

（1）对于几种常见的视频分辨率（如1080P、4K、8K），它们各自的优势与劣势是什么？

（2）视频编辑的基本流程是什么？

（3）什么是"跳跃剪辑"和"匹配剪辑"，以及它们各自在故事叙述中的应用场景是什么？

（4）简单描述在"Lumetri颜色"面板中应如何进行局部调色，以突出画面中的某个区域。

4．实操题

（1）在中秋佳节，月饼是不可或缺的传统美食。某美食博主准备在自媒体平台发布一个"月饼制作教程"短视频，视频素材已经拍摄完成，并录制了一段介绍音频。要求先对视频素材进行美化处理，然后根据音频为视频添加字幕，要求字幕与音频完全匹配。还要添加一个短视频标题，突出短视频内容（配套资源：素材文件\第3章\"月饼制作素材"文件夹、效果文件\第3章\月饼制作教程.prproj、效果文件\第3章\月饼制作教程.mp4）。

效果预览

（2）某中餐厅即将开业，为迅速提升知名度，吸引消费者前来消费，特意拍摄了店内的特色美食，现需要汇总成一个完整的宣传视频，便于发布在微信朋友圈和视频号中进行宣传。要求视频着重展示餐厅美食的特点，激发消费者的食欲，吸引消费者前来消费（配套资源：素材文件\第3章\"中餐厅视频素材"文件夹、效果文件\第3章\中餐厅宣传视频.prproj、效果文件\第3章\中餐厅宣传视频.mp4）。

效果预览

第 **4** 章

音频编辑与处理

学习目标

1. 掌握音频编辑的基础知识。
2. 掌握Audition的基础知识。
3. 掌握采集、编辑、处理音频和为音频添加效果，以及混音和输出音频的方法。

技能目标

1. 掌握Audition的基本操作。
2. 能够使用Audition提高音频制作的效率。
3. 能够使用Audition编辑和制作不同用途的音频。

素养目标

1. 提升创意思维，充分发挥想象力合成音频。
2. 强化对音频处理的判断力，确保音频作品的专业性及质量。

本章导读

在新媒体时代，仅提供丰富的视觉效果已不能满足用户对信息的需求，很多时候，新媒体从业者还需要以音频作为辅助手段，提高用户的视听体验。例如，为视频添加背景音乐或为文字配音，可以表达或传递信息、制造某种效果或气氛。Audition是一款常用的音频处理软件，能够帮助新媒体从业者达到这一目标。

引导案例

声音无处不在，它不仅能够用来传递信息，也能增强画面的感染力，让人们更容易沉浸其中，还能激发与之相关的视觉联想、记忆与情感。例如，蜜雪冰城主题曲在短视频平台成功"出圈"，在全网多个平台引起广泛讨论，为产品和品牌带来巨大曝光量和客流量。该主题曲旋律朗朗上口，歌词简洁明了，基本上一听就能学会。同时，歌词中不断重复着品牌口号，当人们听到该歌曲时，脑海中也会不自觉地浮现蜜雪冰城品牌IP形象"雪王"的"魔性"舞蹈，让人们对该品牌的IP形象记忆尤深。图4-1所示为蜜雪冰城主题曲播放时的部分画面。

图4-1

点评： 蜜雪冰城通过主题曲朗朗上口的旋律和简洁的歌词广受欢迎，收获了巨大的曝光量，实现了一次品牌的成功"出圈"。

4.1 音频编辑基础

新媒体从业者编辑音频时，不仅需要使用专业的音频编辑软件（如Audition）进行一系列的操作，还要有足够的理论基础作为支撑，如了解音频三要素、压缩编码、文件格式等。

微课4.1

4.1.1 音频三要素

从听觉角度讲，音频具有3个要素，即音调、响度、音色。

● **音调。** 人耳对声音高低的感觉称为音调，音调与声音的频率有关，频率越高，音调就越高。所谓"频率"，是指物体每秒振动的次数，用Hz（赫兹）表示。

● **响度。** 人耳对声音强弱的主观感受称为响度，又称为音强。响度取决于音频的振幅（是指振动物体离开零点线位置的最大距离，可以反映出声音的强度或音量，常使用声压级或分贝表示），振幅越大，声音就越响亮，振幅越小，声音就越低沉。

● **音色。** 音色是由于声音波形和泛音的不同所带来的一种音频属性。例如，钢琴、提琴、笛子等各种乐器发出的声音不同是由它们音色的不同决定的。

课堂讨论

音调、响度、音色三者之间的关系是什么？

4.1.2 音频压缩编码方式

对音频进行有效的压缩，可以解决音频数据的占用存储空间大和实时传输较慢等问题，并提高音频质量。常用的音频压缩编码方式有以下3种。

1. 波形编码方式

波形编码方式针对音频波形进行编码，使重建音频的波形能保持原波形的形状。波形编码方式没有进行压缩，因此所需的存储空间较大。为了减少存储需求，人们利用音频样本值的幅度分布规律和相邻样本值具有相关性的特点，提出了差分脉冲编码调制（Differential Pulse Code Modulation，DPCM）、自适应差分脉冲编码调制（Adaptive Differential Pulse Code Modulation，ADPCM）、自适应预测编码（Adaptive Predictive Coding，APC）、自适应变换编码（Adaptive Transform Coding，ATC）等算法，从而实现了数据的有效压缩。波形编码方式适应性强，音频质量好，但压缩比相对较小，需要较高的编码率，因此对传输带宽（单位时间内能够传输的最大数据量）的要求也比较高。

2. 音频参数编码方式

音频参数编码方式通过分析音频数字信号，提取其特征参数，然后进行编码，使重建的音频能保持原音频的特性，故又称参数编码。其编码率为0.8kbit/s ~ 4.8kbit/s，属于窄带编码。典型的采用音频参数编码方式的声码器（一种语音分析合成系统）有通道声码器、同态声码器、共振峰声码器、线性预测声码器等。这种编码方式的优点是数据的编码率低，但重建音频信号的质量较差、自然度较低。

3. 混合编码方式

混合编码方式是将上述两种编码方式结合起来，以在较低的编码率的基础上得到较高的音质。典型的混合编码方式有码本激励线性预测编码、多脉冲激励线性预测编码等。这种方式通过综合应用不同编码策略，有效地平衡了音质与编码率之间的关系。

4.1.3　音频文件常见格式

音频文件常见格式有以下9种。

1. WAV格式

WAV（*.wav）格式是广泛使用的音频文件格式。用不同的采样频率采样声音的模拟波形，可以得到一系列离散的采样点，以不同的量化位数（是指对模拟音频信号的幅度轴进行数字化的过程，量化位数越多，波形的质量越高。常见的量化位数有8位、16位和32位）把这些采样点的值转换成二进制数，然后存入磁盘，可产生WAV格式的音频文件。

2. APE格式

APE（*.ape）格式是一种无损压缩音频格式。将音频文件压缩为APE格式后，其文件大小要比压缩为WAV格式的文件至少小一半，在网络上传输时可以节省很多时间。更重要的是，APE格式的音频文件只要还原成未压缩状态，就能毫无损失地保留原有的音质。

3. MP3格式

MP3是指MPEG（Motion Picture Experts Group，运动图像专家组）标准中的音频部分，也

就是MPEG音频层。MPEG根据压缩质量和编码处理的不同分为3层，分别对应"*.mp1""*.mp2""*.mp3"。需要注意的是，MP3（*.mp3）格式采用有损压缩，其音频编码具有10：1～12：1的高压缩比，基本保持低频部分不失真，但牺牲了音频文件中12～16kHz的高频部分的质量，相同长度的音频文件用MP3格式来存储，一般所需的存储空间只有WAV格式的音频文件的1/10，但音质要次于WAV格式的音频文件。

4. AAC格式

AAC（Advanced Audio Coding，高级音频编码）格式采用MPEG-2 AAC编码标准，是一种专为声音数据设计的文件压缩格式。与MP3格式相比，AAC（*.aac）格式采用了全新的算法进行编码，支持多个主声道，压缩比更高，在音质相同的情况下，数据传输率（指数据的传递速率或处理速度）只有MP3格式的70%。

5. FLAC格式

FLAC（*.flac）格式是一种无损音频编码格式，旨在提供高质量的压缩音频，同时保持音频内容的完整性，没有任何信息损失。FLAC格式的音频文件通常可以达到原始无压缩的音频文件（如WAV格式）大小的50%～70%。

6. OGG格式

OGG（*.ogg）格式是一种较为先进的音频格式，可以降低所需存储空间和改良音质，且不影响原有的编码器或播放器。OGG格式采用有损压缩，但使用更加先进的声学模型，从而减少了音质损失，因此，以同样位速率（是指音频或视频文件中每秒传输的位数）编码的OGG格式音频文件与MP3格式音频文件相比，OGG格式音频文件的音质会更好一些，可以用更小的音频文件获得更好的音频质量。

7. MIDI格式

MIDI格式是编曲领域应用较为广泛的音乐标准格式，可称为"计算机能理解的乐谱"，它用音符的数字控制信号来记录音乐。一首完整的MIDI音乐只有几十KB，但能包含数十条音乐轨道。几乎所有的现代音乐都是用MIDI加上音色库来制作、合成的。MIDI（*.mid）格式的音频文件使用数字编码来记录音符、音量、乐器选择和其他控制参数等，它指示MIDI设备要做什么、怎么做，如演奏哪个音符、使用多大音量等。

8. QuickTime格式

QuickTime（*.mov）格式是一种常用的多媒体容器格式，通常用于存储视频、音频和其他媒体数据，可以处理视频、静止图像、动态图像、矢量图、多音轨及MIDI音乐等对象。

9. CDA格式

大多数播放软件都支持CDA（*.cda）格式的音频，即CD音轨，标准CDA格式采用44.1kHz的采样频率，速率为88kbit/s，16位量化位数。CD音轨可以说是近似无损的，它的声音基本上忠于原声。需要注意的是，CDA音频文件只是一个索引信息，并不真正包含声音信息，所以不论CD音乐的长短是多少，在计算机上看到的CDA音频文件都是44KB。

4.2　Audition的基础知识

Audition是由Adobe公司开发的一个专业音频编辑软件，其操作简单且功能强大，可以调整音频音量、处理降噪、添加多和特殊效果等。

微课4.2

4.2.1　Audition在新媒体中的应用

Audition作为一款专业的音频编辑软件，其应用十分广泛，就新媒体而言，主要体现在以下4个方面。

1.　录制和编辑播客

播客是一种以音频为载体的新媒体形式，近年来在各大新媒体平台迅速走红。特别是在智能移动设备普及的今天，不仅有如小宇宙（图4-2所示为小宇宙App的部分界面）、荔枝播客等专业播客平台，就连网易云音乐（图4-3所示为网易云音乐App的播客功能界面）、喜马拉雅、蜻蜓FM等众多音频平台也加入了播客功能。播客以其灵活性和内容的多样性，吸引了大量年轻用户。在播客制作中，Audition凭借其丰富的功能和易用的操作界面，可以帮助新媒体从业者高效地完成音频剪辑、降噪、混音等一系列工作，确保作品的质量。

图4-2　　　　　　　　　　　　　　　　图4-3

2.　录制和编辑有声书

有声书是一种由个人或多人依据文稿并昔着不同的声音表演和录音技术所录制的作品，在新媒体领域中得到了迅猛的发展。随着有声书市场的不断发展，越来越多的新媒体从业者开始尝试制作有声书，以此作为营销的新途径。Audition作为一款功能强大的音频编辑软件，在有声书录制和编辑中发挥着至关重要的作用。它可以导入录制的音频文件，包括旁白、音效等，然后对音频进行剪辑、修复和整理，确保音质；接着添加背景音乐和音效，增强有声书的氛围和吸引力；再通过Audition的混音功能将各个音轨混合在一起，调整音量和平衡，确保听感舒适；最后导出音频文件，发布到各大有声书音频平台，如喜马拉雅、蜻蜓FM、微信听书、懒人听书、番茄畅听等。

3. 视频后期配音与处理

在制作视频时还需对视频中的声音进行处理，以及进行添加背景音乐、配音等操作，提升视频的音质和表现力。Audition为视频后期配音与处理提供了强大的工具支持，无论是录制配音、处理降噪、调整音量还是处理音频效果，Audition都能满足新媒体从业者的需求，让视频变得更加生动有趣。

4. 商业广告配音与处理

很多新媒体从业者都会在小红书、微信视频号、知乎等新媒体平台发布一些商业广告，在这些广告中，音频的重要性不言而喻。例如，在Audition中通过音频处理，可以调整音频的音质、音调和音量，添加各种音效，以及去除不必要的噪声和杂音，确保音频的清晰度和可辨识度，使商业广告的音频在音质、音量和音效等方面都更符合需求，同时，优质的音频也能增强商业广告的吸引力和感染力。

素养提升

随着新媒体技术的不断进步，智能语音技术被广泛应用，让人们的工作、生活和学习变得更加便捷，但与此同时，在隐私方面也带来了一些风险，因此新媒体从业者在录制音频时应该遵循以下一些行为准则。

（1）尊重每个人的隐私权，在录音之前，应获得录音对象的同意，并确保他们了解录音的目的、方式和内容范围。

（2）对所录制的音频承担保密义务，除非得到明确的授权或法律许可，否则不得泄露、传播或利用这些音频进行任何未经授权的活动。

（3）谨慎处理所录制的音频，尤其是在存储、传输和共享这些音频时，应采取适当的安全措施，防止音频泄露、被篡改或滥用。

（4）在录音过程中涉及他人的知识产权（如音乐作品、演讲等）时，应确保获得相关权利人的授权，并严格遵守相关的知识产权法律法规。

4.2.2 Audition的工作界面

在Audition中打开一个音频文件后，可看到图4-4所示的工作界面，主要包括菜单栏、工具栏和浮动面板3个组成部分。

● **菜单栏**。菜单栏共包含9个菜单，每个菜单包含对应的命令，充分利用这些命令能完成大部分对音频文件的编辑和处理操作。

● **工具栏**。工具栏集合了Audition提供的所有工具按钮，用于在"编辑器"面板中编辑音频。由于单击"查看波形编辑器"工具 ▦ 波形 和"查看多轨编辑器"工具 ▦ 多轨 激活的工具有所不同，因此工具栏可分为波形编辑器工具栏和多轨编辑器工具栏两种模式。

● **浮动面板**。Audition的工作界面中，除菜单栏和工具栏以外的绝大部分区域是各种浮动面板，它们有不同的功能。较为常用的是用于显示和编辑音频的"编辑器"面板，为音频文件或轨道添加音频效果器的"效果组"面板，显示音频播放或录制时峰值大小的"电平"面板，查看添加到"编辑器"面板中音频信息的"属性"面板，以及用于放置音频文件的"文件"面板。

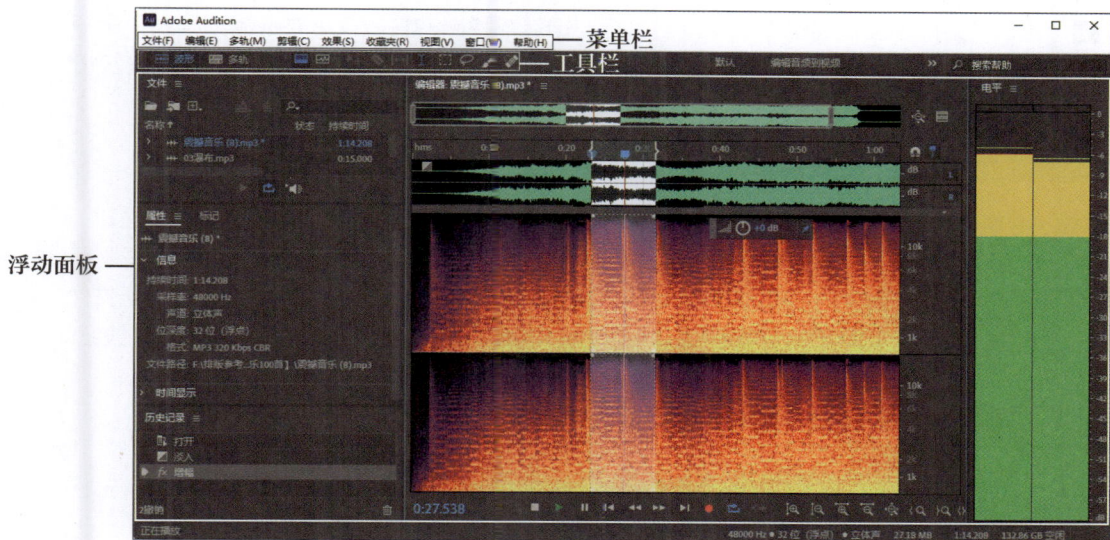

图4-4

4.2.3 新建音频文件

从无到有制作一个音频需新建音频文件。具体操作方法为：在菜单栏中选择【文件】/【新建】/【音频文件】命令，或按【Ctrl+Shift+N】组合键，打开"新建音频文件"对话框，在其中设置相关参数后，单击 确定 按钮，此时"编辑器"面板自动切换到波形模式（波形模式又称单轨模式，使用该模式只能处理一个音频素材）。

另外，在工具栏中单击"查看波形编辑器"工具 波形 和"查看多轨编辑器"工具 多轨 会分别切换至波形模式和多轨模式（使用多轨模式可同时处理多个音频），以便于在不同需求下编辑音频文件。

课堂讨论

波形模式和多轨模式分别适用于哪些场景？

4.2.4 打开和导入音频文件

编辑某个音频文件时，需打开或导入该音频文件。在Audition中，打开音频文件会将音频文件添加到"文件"面板中，并在"编辑器"面板中显示该音频文件，而导入音频文件只会将音频文件添加到"文件"面板中。

1. 打开音频文件

在菜单栏中选择【文件】/【打开】命令；或单击"文件"面板中的"打开文件"按钮 ；或在"文件"面板的空白区域单击鼠标右键，在弹出的快捷菜单中选择"打开"命令；或双击"文件"面板的空白区域；或按【Ctrl+O】组合键，都将打开"打开文件"对话框，在其中选择需要打开的文件，单击 打开(O) 按钮即可。

2. 导入音频文件

在菜单栏中选择【文件】/【导入】/【文件】命令；或单击"文件"面板中的"导入文件"按钮 ；或在"文件"面板的空白区域单击鼠标右键，在弹出的快捷菜单中选择"导入"命令；或按【Ctrl+I】组合键，都能打开"导入文件"对话框，在其中选择一个或多个文件，单击 打开(O) 按钮即可。

4.2.5 导出音频文件

为了将编辑与处理完的音频导出为所需的格式，需要进行导出音频文件的操作。在导出时，不仅可以将音频以多种常用格式进行输出，还可以针对不同格式进行更细致的输出设置，以满足不同平台或设备的需求。具体操作方法为：在菜单栏中选择【文件】/【导出】/【文件】命令，打开"导出文件"对话框，设置相关参数后，保持"包含标记和其他元数据"复选框处于启用状态，单击 确定 按钮即可。

4.2.6 保存和关闭音频文件

编辑与处理音频文件后，应保存文件，避免音频数据丢失。在保存文件时，若需要进行文件备份，则需以不同名称另存文件。保存文件后，便可关闭文件，防止误操作破坏文件信息。

● **保存文件**。在菜单栏中选择【文件】/【保存】命令，或按【Ctrl+S】组合键。

● **另存文件**。在菜单栏中选择【文件】/【另存为】命令，或按【Ctrl+Shift+S】组合键，打开"另存为"对话框，单击 浏览 按钮，在打开的对话框中设置相关参数，单击 保存(S) 按钮，返回"另存为"对话框，再单击 确定 按钮。

● **关闭文件**。在菜单栏中选择【文件】/【关闭】命令，或按【Ctrl+W】组合键，可关闭当前文件；在菜单栏中选择【文件】/【全部关闭】命令，或单击工作界面右上角的"关闭"按钮 ✕，可关闭所有文件。

4.3 采集音频

采集音频是将声音信号转换为数字信号的过程，以便于存储、编辑和传输。采集音频的方法有很多，使用Audition录制音频就是其中比较常用的一种。

4.3.1 录制音频

使用Audition可以录制计算机外部设备输入的声音（简称外录）和计算机系统中的声音（简称内录），外录和内录具有不同的方法。

1. 外录

外录对环境和设备有较高的要求，容易受到外界干扰，声音信号容易失真，但录制的音色更为真实，也方便进行后期处理，适用于需要高质量音频的场景，如电影配音、歌曲录制等。外录可分为在波形模式下外录和在多轨模式下外录两种情况，两种情况的操作方法略有不同。

在波形模式下外录时，单击"编辑器"面板下方的"录制"按钮 ，或按【Shift + 空格】组合键可开始录制，播放指示器将随着录制内容的时长移动，如图4-5所示；单击"暂停"按钮 ，或按【Ctrl + Shift + 空格】组合键可暂停录制，此时"暂停"按钮变为 状态，再次单击可继续录制音频，录制的内容将出现在播放指示器右侧；单击"停止"按钮 ，或按空格键可停止录制，并且已录制的内容将全部被选中，播放指示器重新回到音频开始处，如图4-6所示。

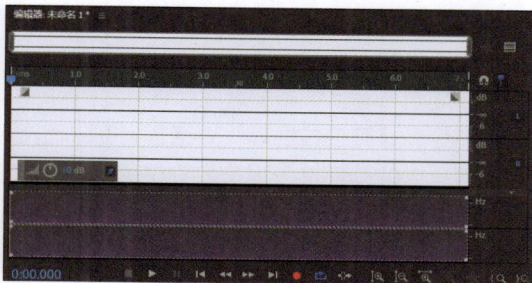

图 4-5 图 4-6

在多轨模式下外录音频时,需要单击某轨道的"录制准备"按钮█,使其呈█状态,然后单击"录制"按钮●进行录制,便可在该轨道中生成录制的音频。

需要注意的是,在外录音频前,应确保耳机、麦克风等外部设备已经正确安装到当前计算机上。打开 Windows 系统的"设置"窗口,单击"系统",在弹出的界面的"声音"选项卡中可查看计算机当前的输入设备名称。

2. 内录

内录不受外界干扰,音频信号不受损失,录制质量较好,并且内录可以从声卡中获取声音,不需要经过传输流程,因此能在相对低的延迟下录制。内录可分为在波形模式下录制和在多轨模式下录制两种情况。

在波形模式下,内录操作几乎与外录一致,但是需要配合计算机中的播放软件来播放需要录制的音频。因此,在内录过程中,正确掌握播放音频和开始录制的时机非常重要,最好是先开始录制,再播放音频,以确保音频内容能全部被录制。

在多轨模式下内录音频,除了使用播放软件外,还可以将需要播放的素材导入 Audition 中的一个轨道,然后单击其他轨道控件的"录制准备"按钮█,使其呈█状态,再单击"录制"按钮●来录制音频。

> 💡 **小提示**
>
> 除了通过录制的方式采集音频外,Audition 还提供了生成语音效果,可以将文字转换为音频。具体操作方法为:将播放指示器放在要插入语音的位置,再在菜单栏中选择【效果】/【生成】/【语音】命令,打开"新建文件"对话框,设置名称、采样率等参数后,单击 ▣确定 按钮,在打开的"效果-生成语音"对话框的文本框中输入文字,再选择合适的语言(仅支持中文和英语),以及设置语音的语速、音量,最后单击 ▣确定 按钮即可。

4.3.2 课堂案例——录制软件安装视频配音

【案例背景】某工作室制作了一个软件安装视频,计划为其添加配音,现需要根据文本素材录制音频,通过简单的语音指导,帮助用户轻松完成软件的安装。

【知识要点】内录前的准备工作,新建音频文件,导入文件,单击"播放"和"暂停"按钮控制录音,最后将录制的音频导出为 MP3 格式的文件。

【素材位置】配套资源:素材文件\第4章\软件安装视频.mp4、素材文件\第4章\软件安装文本.txt。

【效果位置】配套资源：效果文件\第4章\软件安装配音.mp3。

具体操作如下。

（1）将外部输入设备安装在计算机上，启动Audition，在菜单栏中选择【编辑】/【首选项】/【音频硬件】命令，打开"首选项"对话框，在"音频硬件"选项卡的"默认输入"下拉列表中查看插入的外部输入设备名称是否与计算机当前的输入设备名称一致，如图4-7所示（此处根据计算机安装设备的不同有不同的选项），单击 确定 按钮。

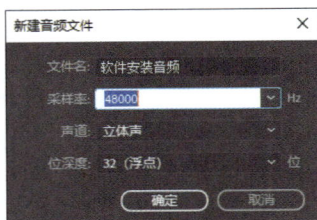

微课4.3

（2）按【Ctrl + Shift + N】组合键，打开"新建音频文件"对话框，设置文件名为"软件安装音频"，采样率为"48000"，声道为"立体声"，位深度为"32（浮点）"，如图4-8所示，单击 确定 按钮。

图4-7

图4-8

（3）在工作界面右侧选择"编辑音频到视频"工作模式，便于录音时同步查看视频画面。双击"文件"面板，打开"打开文件"对话框，选择"软件安装视频.mp4"视频素材，单击 打开(O) 按钮，将其导入"文件"面板，然后双击该视频素材，将其在"视频"面板中打开。

（4）打开"软件安装文本.txt"文档，单击"编辑器"面板下方的"录制"按钮 ● 开始录制，按照文档内容开始读文字，此时频率显示区开始出现录制的音频频率，表示Audition已经接收到音频信号，如图4-9所示。

（5）待录制完成后，单击"停止"按钮 ■ 结束录制。按【Crtl + S】组合键打开"另存为"对话框，设置文件名为"软件安装配音"，设置格式为"MP3音频（*.mp3）"，如图4-10所示，单击 确定 按钮。在导出文件时，若Audition弹出提示框，提示"该音频即将被存为有损格式，是否打算继续操作"，则单击 是 按钮完成音频的导出。

图4-9

图4-10

4.4 编辑音频

"编辑器"面板中显示的波形便是音频文件所包含数据的显示形态，编辑音频从实质上来看就是处理这些波形。查看和选择音频，剪切、复制和粘贴音频，裁剪与删除音频，创建标记等都是编辑音频时的常见操作。

4.4.1 查看和选择音频

波形直观地反映了音频的振幅和频率，因此查看波形可以快速定位到需要编辑的波形部分，而选择音频才能对波形进行精确的编辑。

1. 查看音频

将鼠标指针定位到需要放大或缩小显示比例的音频波形处，向前滑动鼠标滚轮可以放大显示比例；向后滑动鼠标滚轮可以缩小显示比例。

2. 选择音频

Audition提供了多种命令和工具来选择音频，可以让新媒体从业者轻松实现全选音频、区域选择音频和在频谱范围内选择音频。

（1）全选音频。

全选音频是指选择整个音频波形，适合需要统一编辑音频整体的情况。在菜单栏中选择【编辑】/【选择】/【全选】命令，或按【Ctrl + A】组合键，或双击音频波形都可以全选音频。全选音频后，音频波形呈白色背景显示，标尺栏的背景将呈高亮显示，缩放导航器也呈白色背景显示，即这3个部分都对所选音频的部分做出反应。

（2）区域选择音频。

区域选择音频是指选择部分波形，适用于局部调整音频。在工具栏中选择"时间选择工具" ，再拖曳鼠标，拖曳范围内的音频波形将自动被选择。

若需要再次调整选择范围，可将鼠标指针多至所选范围任意一侧，当鼠标指针变成 形状时拖曳鼠标，或拖动标尺栏两侧的时间点（"开始"时间点 和"结束"时间点 ），如图4-11所示。

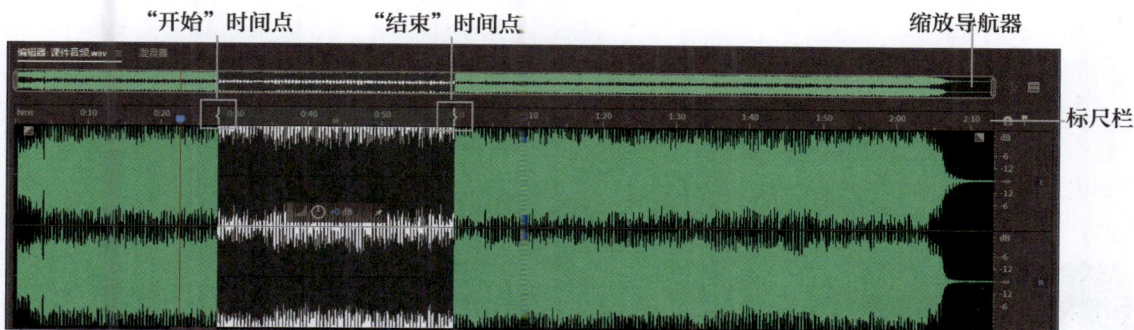

图4-11

（3）在频谱范围内选择音频。

选择"显示频谱频率显示器"工具 （需要注意的是，该工具只能在波形模式下激活并使用），将

"编辑器"面板切换到频谱模式，在该模式中，可以使用"框选工具" 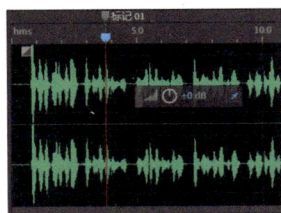（此处为内联工具图标，实际为文中描述）、"套索选择工具" 、"画笔选择工具" 在频谱范围内选择音频。

4.4.2　剪切、复制和粘贴音频

剪切、复制和粘贴音频在编辑音频时十分常用，不仅能够帮助新媒体从业者精准地调整音频的各个部分，还能通过音频波形的组合与排列，重新排列当前音频内容的位置。

1. 剪切音频

选择需要剪切的音频，在菜单栏中选择【编辑】/【剪切】命令；或在选择的波形上单击鼠标右键，在弹出的快捷菜单中选择"剪切"命令；或按【Ctrl+X】组合键剪切音频。

2. 复制和粘贴音频

选择需要复制的音频，在菜单栏中选择【编辑】/【复制】命令；或按【Ctrl+C】组合键，将播放指示器拖至要插入音频的位置，在菜单栏中选择【编辑】/【粘贴】命令可粘贴音频。在菜单栏中选择【编辑】/【复制到新文件】命令（或按【Alt + Shift + C】组合键），可将音频复制并粘贴到新文件中。

4.4.3　裁剪与删除音频

选择需要保留的音频，在菜单栏中选择【编辑】/【裁剪】命令，或按【Ctrl+T】组合键，可裁剪掉非选中范围内的音频。

选择需要删除的音频，按【Delete】键；或在菜单栏中选择【编辑】/【删除】命令；或在其上单击鼠标右键，在弹出的快捷菜单中选择"删除"命令。删除音频的效果与裁剪音频的效果相反。

4.4.4　创建标记

创建标记可以明确音频中需要编辑的标记点或范围。标记点指的是音频波形中的特定时间位置，如1:08.566；范围有开始时间和结束时间，如1:08.566—3:07.379的所有音频波形便是一个范围。需要注意的是，不能直接创建范围，而是需要由标记点来转换。

选择【窗口】/【标记】命令，打开"标记"面板，在"编辑器"面板中单击需要标记的位置，将播放指示器定位到该处，接着单击"标记"面板中的"添加提示标记"按钮（或者按【M】键）可在音频上添加标记点，如图4-12所示，并且该标记点所在时间码也会显示在"标记"面板中，如图4-13所示，在"标记"面板中可以修改标记点所在位置、名称、类型等。

添加标记点后，标记点将显示在播放指示器的上方，拖动标记点可调整标记位置，在标记点上单击鼠标右键，在弹出的快捷菜单中选择相应命令可以编辑标记点。例如，选择"变换为范围"命令，可将标记点变换为标记范围，此时标记点控制柄变为两个控制柄，可拖动任一控制柄调整标记范围的持续时间，如图4-14所示。

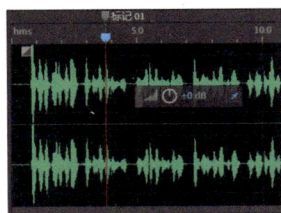

图4-12

图4-13

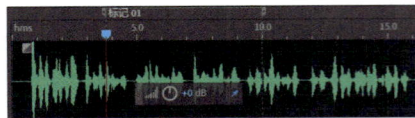

图4-14

4.4.5 课堂案例——剪辑音乐类有声书音频

【案例背景】某出版社为了顺应市场发展需求，决定推出一系列音乐类有声书产品，并发布在有声书平台。现已录制好其中一段音频，但在录制过程中出现了重复读音、停顿错误等问题，需要对其进行剪辑处理，确保无重复读音，停顿正常，语速适中。

【知识要点】使用时间选择工具，选择、查看、剪切、粘贴音频等功能，删除多余音频并调整句子的停顿时长。

【素材位置】配套资源:素材文件\第4章\音乐类有声书音频素材.mp3。

【效果位置】配套资源:效果文件\第4章\音乐类有声书音频.mp3。

具体操作如下。

（1）启动Audition，按【Ctrl + O】组合键打开"打开文件"对话框，选择"音乐类有声书音频素材.mp3"素材，单击 打开(O) 按钮，在"编辑器"面板中将自动打开该音频，此时可以查看该音频波形。

（2）按空格键试听音频，等到播放指示器移至0:02.128时可以听到此处出现重复读音，再次按空格键暂停播放。设置时间码为"0:02.033"，定位播放指示器位置（定位在重复读音前面，从而保证能够将重复读音准确、完整地删除），如图4-15所示，然后按【M】键添加标记点，使用类似的方法在0:02.850处添加标记点。

（3）将鼠标指针移至播放指示器位置处的音频波形上，向前滑动鼠标滚轮放大音频波形的显示比例，这样更便于查看。保持"时间选择工具"的默认选择状态，框选标记01～标记02的音频波形，如图4-16所示，再按【Delete】键删除音频。

（4）按照类似的方法依次在0:04.482—0:05.014、0:06.112—0:08.258、0:08.543—0:09.713、0:11.485—0:12.988、0:21.183—0:22.072、0:21.309—0:22.456、0:27.921—0:28.738处创建标记点，并删除标记范围内的音频波形。

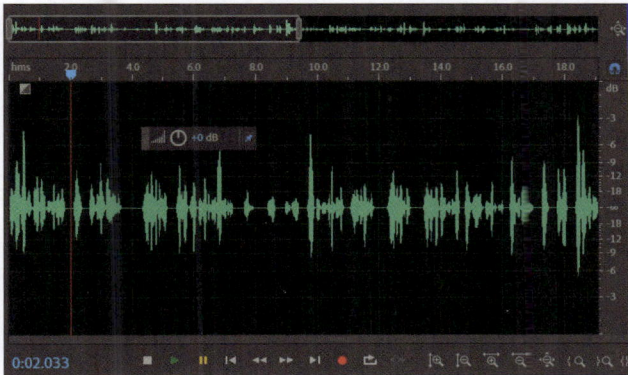 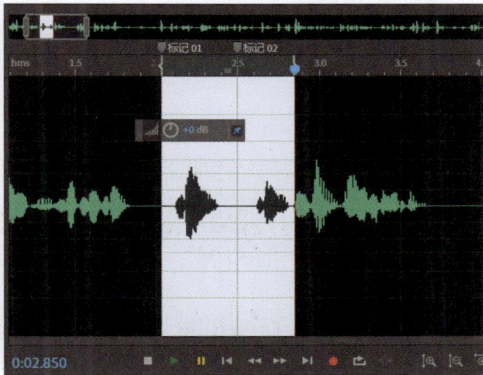

图4-15 　　　　　　　　　　　　　　　　　图4-16

（5）按空格键试听全部音频，发现部分句子的停顿存在过长和过短的问题，可将过长部分剪切到过短部分。由于前面创建的标记点比较多，为了避免影响操作，可在菜单栏中选择【编辑】/【标记】/【清除所有标记】命令删除所有标记点。

（6）在0:01.854—0:02.004处分别按【M】键添加标记点，使用"时间选择工具"选取两处标记点之间的音频波形，按【Ctrl + X】组合键剪切音频波形，将播放指示器移至0:19.412处，按【Ctrl + V】组合键粘贴音频波形，如图4-17所示。

（7）标记并删除0:27.320—0:27.536、0:27.617—0:27.758处的音频波形;标记并复制（按【Ctrl + C】组合键）0:11.285—0:11.443处的音频波形，粘贴到0:11.443处，如图4-18所示。

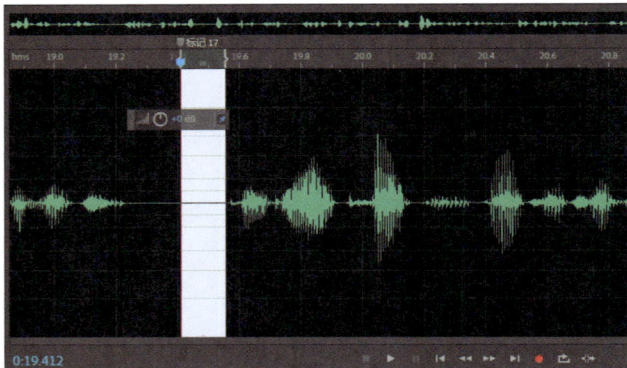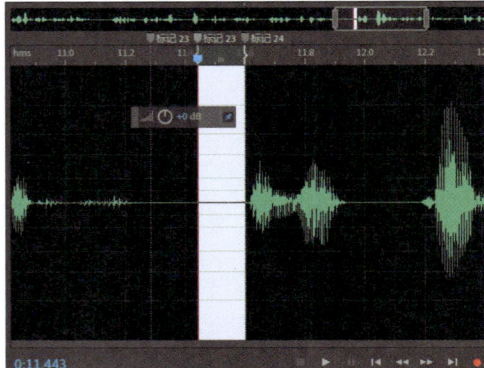

| 图4-17 | 图4-18 |

（8）在菜单栏中选择【文件】/【导出】/【文件】命令，打开"导出文件"对话框，设置文件名为"音乐类有声书音频"，单击 浏览 按钮，打开"另存为"对话框，选择保存路径，单击 保存(S) 按钮，返回"导出文件"对话框，设置格式为"mp3"，再单击 确定 按钮。在弹出的"该音频即将被存为有损格式，是否打算继续操作"提示框中单击 是 按钮，完成音频的导出。

4.5　处理音频

处理音频可以调整音频音量，去除音频中的噪声，以及制作淡入淡出效果，改善用户的听觉体验。

4.5.1　调整音频音量

Audition中调整音量的方法比较多，这里主要讲解使用HUD（Head-Up Display，抬头显示）增益控件 来调整，以直观地提高或降低音量。具体操作方法为：使用"时间选择工具" 选择部分音频，或不选择任何内容以调整整个音频，然后在HUD增益控件中拖动"调整振幅"旋钮 （向左拖动为减小音量，向右拖动为增大音量），或在数值框中输入数值，都可以调整音频的音量，调整后的音频波形将会发生变化，代表调整已生效，并且增益控件的数值将变回到0dB，如图4-19所示。

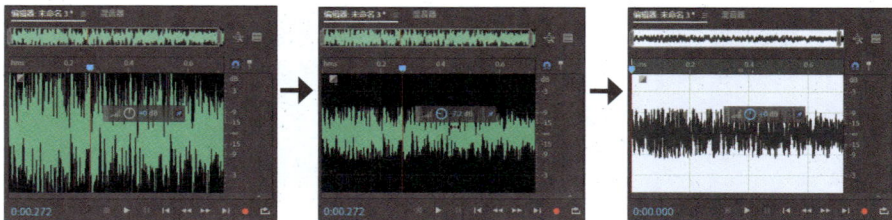

图4-19

在调整音量时，有时候需要让部分音频变成静音，这时可以在选择该部分音频后，在菜单栏中选择【效果】/【静音】命令，使所选音频转换为零信号的静音区域，产生静默效果，同时静默音频处的持续时间不变。

💡 **小提示**

在调整音量时，可以通过"电平"面板中的波形颜色来判断声音的大小，当波形为绿色时，表示在正常的音量范围内；当波形为黄色时，表示音量较大，可能需要适当减小音量；当波形为红色时，表示音量太大，强烈建议减小音量。或者通过波形下方的数值来判断音量，适宜的音量范围为-12 ～ -6。

4.5.2 降噪

　　如果需要去除音频中因录音环境产生的噪声，如磁带嘶嘶声、麦克风背景噪声、电线嗡嗡声或波形中任何恒定的噪声，可使用"降噪/恢复"子菜单中的"降噪（处理）""声音移除（处理）""咔嗒声/爆音消除器（处理）""降低嘶声（处理）"等命令来处理，如图4-20所示。需要注意的是，在Audition中，位于"效果"菜单中的命令，若名称后方添加了"（处理）"文字，则表示只能在非多轨编辑模式中使用。

　　这些命令的操作方法比较简单，下面以"降噪（处理）"命令为例进行介绍。选择部分有噪声的音频数据，在菜单栏中选择【效果】/【降噪/恢复】/【降噪（处理）】命令，打开"效果-降噪"对话框（见图4-21），在其中单击 捕捉噪声样本 按钮，可将当前选择的音频数据作为噪声样本，在样本预览图中调整曲线的形状（在曲线上单击可添加控制点，拖动控制点可调整曲线形状），使高振幅噪声（黄色区域）位于阈值（绿色区域）的下方或者两区域尽量重合，然后单击 选择完整文件 按钮，选择整个音频文件，以样本展开分析并处理整个音频，再设置对话框中的其他参数，单击 应用 按钮，Audition将自动处理整个音频的噪声。

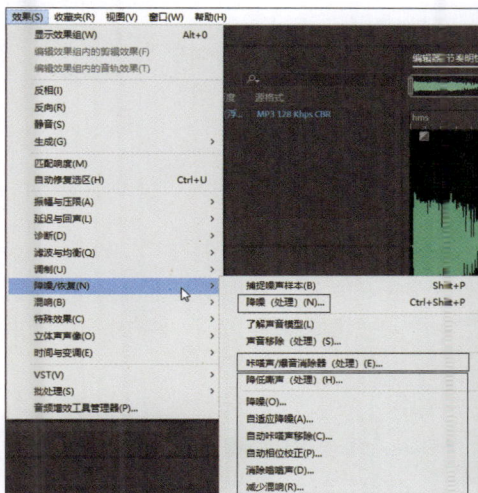

图4-20

图4-21

　　"效果-降噪"对话框中关键参数的介绍如下。

● **降噪**。用于设置降噪效果的强度，即控制输出信号中的降噪百分比。在预览音频时微调此参数，可以在最小失真的情况下获得最大降噪水平。

● **降噪幅度**。用于确定检测到的噪声的降低幅度，6～30dB的数值运行效果较好。

● **仅输出噪声**。单击选中该复选框再单击"预览播放/停止"按钮▶预览音频时，可预览噪声。

4.5.3 音频淡化处理

　　如果要使音频音量呈现出逐渐增强的淡入效果或逐渐减弱的淡出效果，则需要使用淡化处理控件来处理。淡化处理控件位于"编辑器"面板的音频波形两侧，其中左侧为"淡入"控制柄▤，右侧为"淡出"控制柄▤。

　　Audition提供了两种淡化处理效果，水平向内拖动控制柄可应用"线性"淡化效果，产生一种均衡的音量改变，对于大部分音频都适用，如图4-22所示；按住【Ctrl】键不放并向内拖动控制柄，可应用"余弦"淡化效果，使音量先缓慢变化，再快速变化，最后在结束时平缓变化，因此该效果外形像一条S形曲线，如图4-23所示。

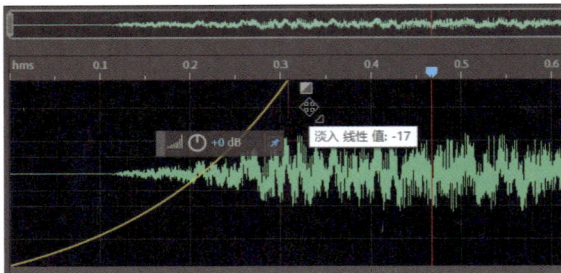

图 4-22

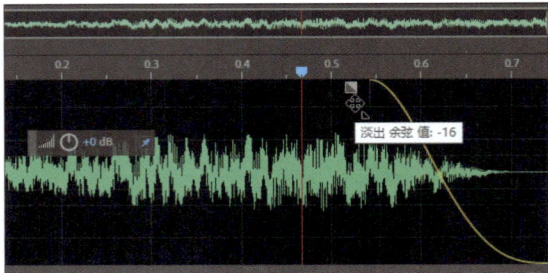

图 4-23

4.5.4　课堂案例——处理吉他伴奏音频

【案例背景】为某吉他爱好者网络社群处理一段录制的吉他伴奏音频，通过线上平台分享给广大音乐爱好者，提升社群互动与音乐创作氛围。要求消除音频中的噪声，如磁带的嘶嘶声和空调外机运行声，删除不需要的片段，并调整至合适的音量。

【知识要点】使用"捕捉噪声样本""降噪（处理）"命令大致处理噪声；使用"自适应降噪"命令处理残留的噪声；调整至合适的音量；为音频添加淡入淡出效果。

微课4.5

【素材位置】配套资源：素材文件\第4章\吉他伴奏音频.mp3。

【效果位置】配套资源：效果文件\第4章\吉他伴奏音频.mp3。

具体操作如下。

（1）启动Audition，将"吉他伴奏音频.mp3"文件导入"文件"面板，并在"编辑器"面板中打开。使用"时间选择工具" 选择音频在0:00.000—0:01.218的片段，在菜单栏中选择【效果】/【降噪/恢复】/【捕捉噪声样本】命令，在弹出的提示对话框中单击 确定 按钮，将该段音频作为噪声样本。

（2）按【Ctrl+A】组合键全选音频，然后在菜单栏中选择【效果】/【降噪/恢复】/【降噪（处理）】命令，打开"效果-降噪"对话框，设置图4-24所示的参数，单击 应用 按钮，此时音频波形已变为图4-25所示的状态。

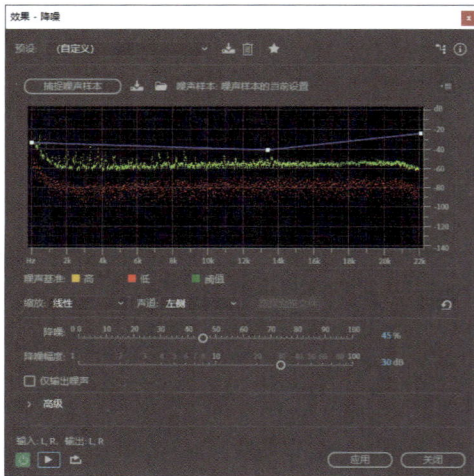

图 4-24

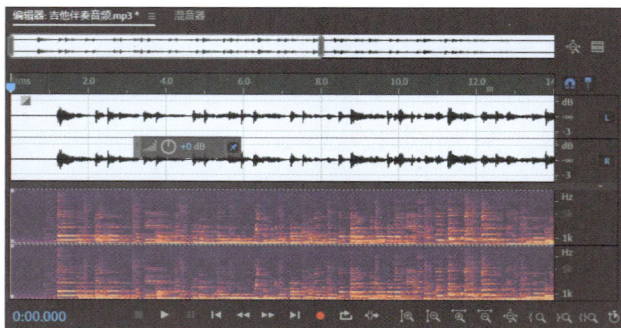

图 4-25

（3）试听音频发现该音频噪声已基本被消除，但降噪后的音频文件音量较小，可在"编辑器"面板的增益控件 中设置分贝为"2dB"，如图4-26所示，然后按【Enter】键，Audition将自动调整音量。

（4）试听音频，发现音量变大后仍有部分噪声残余，在菜单栏中选择【效果】/【降噪/恢复】/【自适应降噪】命令，打开"效果－自适应降噪"对话框，设置预设为"弱降噪*"，其他参数设置将自动变为图4-27所示的状态，单击选中"高品质模式（较慢）"复选框，单击 应用 按钮。

（5）试听音频，发现音频后面的部分片段还有一些无效的音频片段。使用"时间选择工具" I 选择音频在0:21.370—0:24.756的片段，按【Delete】键将其删除。

（6）将播放指示器移至音频开始处，将鼠标指针移至"淡入"控制柄 上，向内拖曳鼠标，如图4-28所示，将播放指示器移至音频结尾处，将鼠标指针移至"淡出"控制柄 上，向内拖曳鼠标，如图4-29所示。

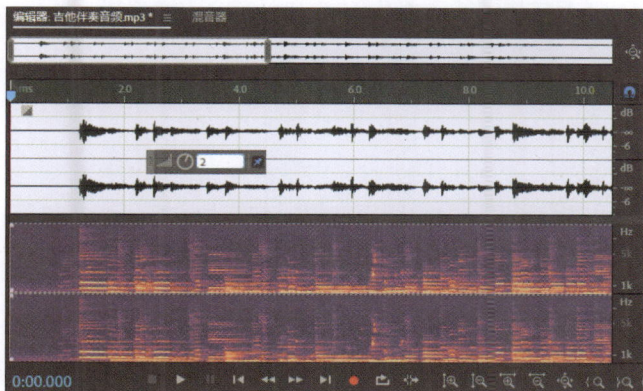

图4-26　　　　　　　　　　　　　　图4-27

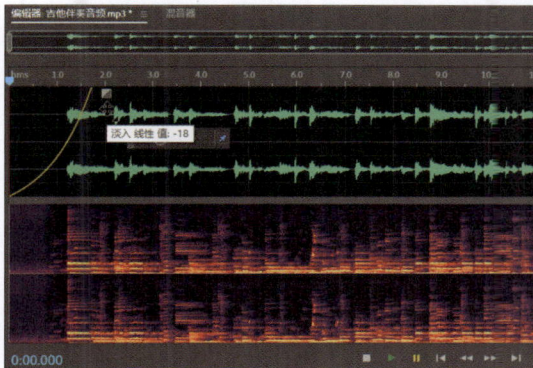

图4-28　　　　　　　　　　　　　　图4-29

（7）试听音频，对效果满意后另存音频文件。

4.6　添加效果

Audition的"效果"菜单提供了不同类型的效果组，这些效果组包括不同数量的效果（也称为效果器），利用这些效果可以制作出更优质的音频作品，比较常用的效果主要有以下几种。

4.6.1　延迟与回声

延迟与回声效果都通过在某个时间内复制原始信号来达到效果，常用于增强环境的氛围感，区别在于延迟的持续时间短，回声的持续时间长，临场感更强烈。

1. 延迟效果

延迟效果可以产生单个回声及大量的其他效果，如不连续的回声、简单的和声或镶边效果，也可以丰富各类乐器和人发出的声音。设置延迟效果的方法为：在菜单栏中选择【效果】/【延迟与回声】/【延迟】命令，打开"效果－延迟"对话框，在其中设置相关参数后，单击 应用 按钮。图4-30所示为在单声道音频中打开的"效果－延迟"对话框，其中关键参数的介绍如下。

● **延迟时间。**左声道和右声道中均有延迟时间，若延迟时间的参数均为0，则没有延迟效果；若参数为正数，则延迟参数对应的时间；若参数为负数，则提前参数对应的时间。

● **混合。**用于设置经过处理的信号与原始信号在最终输出中混合的比例。若设置为50，则平均混合；若大于50，则经过处理的信号占比更大；若小于50，则原始信号占比更大。

2. 回声效果

回声效果能够生成一系列重复的、衰减的回声，以模拟诸如峡谷深邃、金属管道悠长等自然或人工环境的回声特性，为音频增添丰富的空间感和深度。设置回声效果的方法为：在菜单栏中选择【效果】/【延迟与回声】/【回声】命令，打开"效果－回声"对话框，在其中设置相关参数后，单击 应用 按钮。图4-31所示为在单声道音频中打开的"效果－回音"对话框，其中关键参数的介绍如下。

● **反馈。**用于设置回声的衰减比率，每个后续的回声都比前一个回声以某个百分比减小。衰减设置为 0% 时不会产生回声，衰减设置为 100% 时会产生不会变小的回声。

● **回声电平。**用于设置在最终输出中与原始（干）信号混合的回声（湿）信号的百分比。

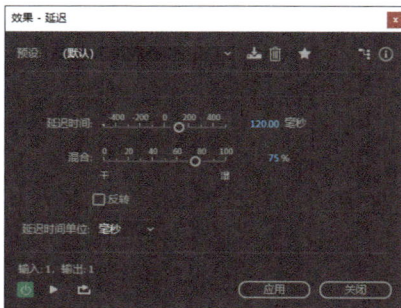

图4-30

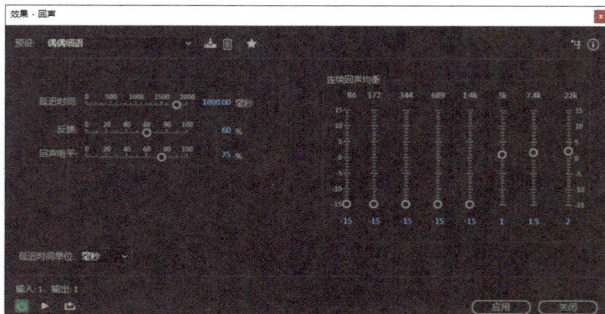

图4-31

4.6.2 时间与变调

在编辑音频时，经常会遇到语速过快或过慢、音高或音准偏离、音调不准等情况，这些情况都可以通过变调的方式来处理，使变调的音频恢复到正常水平，符合人们的听觉习惯。另外，新媒体从业者还可以通过变调音频制作出特殊的音调效果，营造出神秘、欢快、紧张等氛围。

选择需要变调的音频，在菜单栏中选择【效果】/【时间与变调】命令，在打开的子菜单中任意选择一种命令都可以达到变调的目的，如图4-32所示。在这些命令中，比较常用的是"音高换档器"命令和"伸缩与变调（处理）"命令，选择这两个命令都可以打开相应的对话框，设置其中的参数，以实现不同的变调效果。

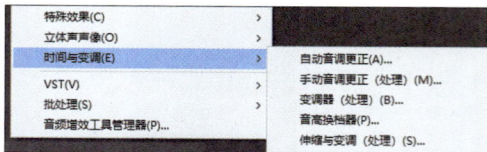

图4-32

1. 音高换档器效果

打开"效果－音高换档器"对话框（见图4-33），在其中设置相关参数后，单击 **应用** 按钮，其中关键参数的介绍如下。

● **半音阶**。用于实现变调。数值为"0"表示原始音调；数值为"+12"表示将半音阶提高一个八度；数值为"-12"表示将半音阶降低一个八度。

● **音分**。用于按半音阶的分数调整音调。数值为"-100"表示降低一个半音，数值为"+100"表示提高一个半音。

● **比率**。用于确定变换和原始频率之间的关系。数值为"0.5"表示降低一个八度，数值为"2.0"表示提高一个八度。

2. 伸缩与变调（处理）效果

打开"效果－伸缩与变调"对话框（见图4-34），然后在"持续时间"区中设置"新持续时间"的参数，也就是设置伸缩音频后的时长；或者在"伸缩与变调"区中设置"伸缩"的参数来伸缩所选音频；或设置"变调"的参数来上调或下调音频的音调。另外，若在"持续时间"区中单击选中"将伸缩设置锁定为新的持续时间"复选框，将禁用"伸缩与变调"区中的参数。

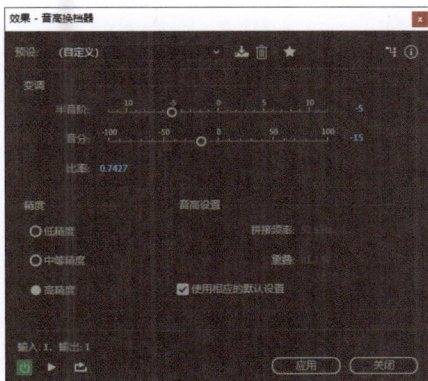

图4-33

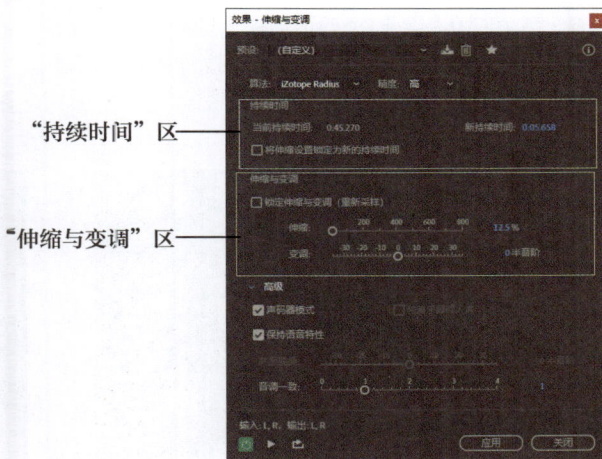

"持续时间"区

"伸缩与变调"区

图4-34

4.6.3 混响

若需要增加音频的真实感或丰富音频内容，可以为其添加混响效果（是指声音从障碍物上反弹形成的效果，常见的障碍物有墙壁、屋顶、地板等），Audition的"混响"效果组提供了多种混响效果，常用的主要有以下两种。

1. 混响效果

混响效果可以模拟声学空间，再现声学空间或环境氛围，如大衣柜、浴室、音乐厅或大剧场。紧密的回声间隔使单个信号的混响尾音随时间的推移而平滑衰减，从而创造出自然的混响效果。具体操作方法为：选择【效果】/【混响】/【混响】命令，打开"效果－混响"对话框，在其中设置相关参数后，单击 **应用** 按钮。图4-35所示为"效果－混响"对话框，其中关键参数的介绍如下。

● **衰减时间**。用于设置混响逐渐减少至无限所需的时间，单位为ms。小型空间混响效果建议使用低于400ms的值；中型空间混响效果建议使用范围为400ms ～ 800ms的值；大型空间混响效果建议使用高于800ms的值。

● **预延迟时间**。用于指定混响形成最大振幅所需的时间，单位为ms。一般情况下，将该值设置为衰减时间的10%左右会使混响效果听起来更为真实。

● **扩散**。用于模拟声音在自然状态下反弹后被吸收的效果。较快的时间可以模拟人或物较多的空间；较慢的时间可以模拟人或物较少的空间。

● **感知**。用于更改空间内的反射特性。该值越低，创造的混响越平滑且回声越少；该值越高，创造的混响变化越多。

2. 室内混响效果

室内混响效果同样可以模拟声学空间，但是相较于其他混响效果器，室内混响效果器的执行速度更快，占用的处理器资源也更少。图4-36所示为"效果－室内混响"对话框，其中关键参数的介绍如下。

● **房间大小**。用于设置由脉冲文件定义的完整空间的百分比，百分比越大，混响越长。

● **早反射**。用于控制先到达耳朵的回声百分比，提供对整体空间大小的感觉。由于设置过高的值会导致声音失真，而设置过低的值会失去表示空间大小的声音信号，因此常设置为原始音频的一半音量，即数值为50%。

● **高频剪切**。用于指定可以进行混响的最高频率。

● **低频剪切**。用于指定可以进行混响的最低频率。

● **阻尼**。用于调整随时间应用于高频混响信号的衰减量。

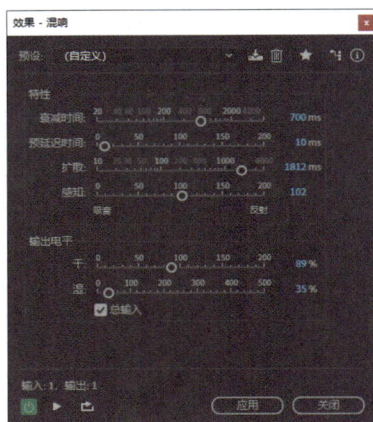

图4-35

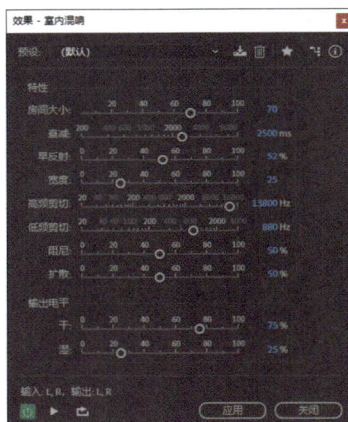

图4-36

4.6.4　课堂案例1——编辑荔枝FM悬疑类音频节目中的背景音乐

【案例背景】某播客节目以精心编排的悬疑故事为主线，通过讲述离奇案件、揭示隐藏真相，在荔枝FM受到了广大用户的欢迎。为了进一步提升节目的听觉体验和沉浸感，节目制作团队决定对背景音乐进行编辑，使其更符合节目的整体风格和氛围基调。

【知识要点】使用"伸缩与变调处理"命令让背景音乐素材变调，使用"回声"命令为背景音乐增添空间感和立体感。

【素材位置】配套资源：素材文件\第4章\悬疑背景音.mp3。

【效果位置】配套资源：效果文件\第4章\悬疑背景音.mp3。

具体操作如下。

（1）启动Audition，将"悬疑背景音.mp3"素材文件导入"文件"面板，试听音频，发现音量较大，在"编辑器"面板的增益控件 中设置分贝为"-3dB"，然后按【Enter】键。

（2）按【Ctrl+A】组合键全选音频波形，在菜单栏中选择【效果】/【时间与变调】/【伸缩与变调（处理）】命令，打开"效果-伸缩与变调"对话框，设置图4-37所示的参数，然后单击 应用 按钮。

（3）在菜单栏中选择【效果】/【延迟与回声】/【回声】命令，打开"效果-回声"对话框，选择预设为"毛骨悚然"，其他参数保持默认设置，如图4-38所示，单击 应用 按钮。试听音频，对效果满意后另存音频文件。

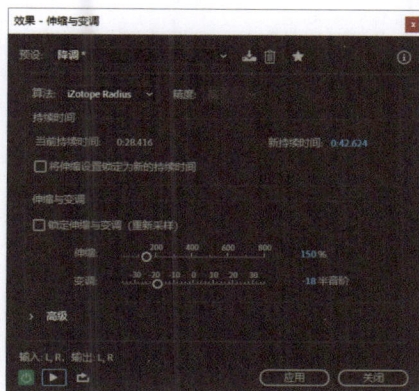

图4-37

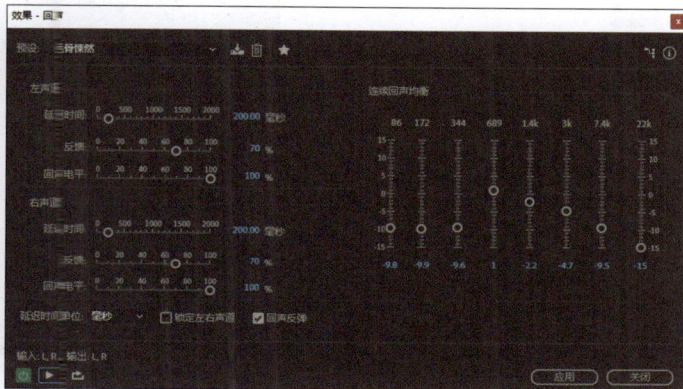

图4-38

4.6.5 课堂案例2——编辑荔枝FM悬疑类音频节目中的人声

【案例背景】某荔枝FM悬疑类音频节目录制了一段悬疑故事音频，为了营造紧张刺激的氛围、表达故事情节，以及塑造不同的人物角色，节目制作团队决定编辑音频中的人声，引导用户更好地融入故事情境，为用户带来更加优质的听觉体验。

【知识要点】使用"音高换档器""伸缩与变调（处理）"命令变调语音素材，使用伸缩功能变调音效素材。

【素材位置】配套资源：素材文件\第4章\人声音频素材.wav、素材文件\第4章\制作要求.txt。

【效果位置】配套资源：效果文件\第4章\悬疑类音频节目中的人声.mp3。

具体操作如下。

（1）启动Audition，将"人声音频素材.wav"文件导入"文件"面板。打开"制作要求.txt"文件，接下来需要参考文档内容先对部分音频进行变调处理。

（2）放大音频波形显示比例，在0:09.550—0:11.241添加标记范围，并使用"时间选择工具" 选取标记范围内的音频波形。

（3）在菜单栏中选择【效果】/【时间与变调】/【音高换档器】命令，打开"效果-音高换档器"对话框，设置图4-39所示的参数。单击对话框左下角的"预览播放/停止"按钮 ，试听该段音频，发现此时所选音频的音调变得低沉，符合制作要求，单击 应用 按钮。

（4）在菜单栏中选择【效果】/【混响】/【室内混响】命令，打开"效果-室内

微课4.6

微课4.7

混响"对话框，设置图4-40所示的参数，制作出具有空间感的音频效果。

（5）使用"时间选择工具" █ 选取0:11.083—0:12.197的音频波形，在菜单栏中选择【效果】/【时间与变调】/【伸缩与变调（处理）】命令，打开"效果-伸缩与变调"对话框，设置预设为"升调"，其他参数的设置如图4-41所示。试听该段音频，此时所选音频的音调变得清亮，符合年轻男人声音的特点，单击 █应用█ 按钮。

（6）使用与步骤（3）和步骤（4）类似的方法变调0:14.000—0:15.102的音频波形，使用与步骤（5）类似的方法和参数先变调0:31.745—0:33.487的音频波形，再变调0:36.644—0:39.700的音频波形，注意这里使用伸缩与变调效果变调音频时，设置预设为"升调"，其他参数保持默认设置即可。试听音频，确认效果无误后将音频文件另存为"悬疑类音频节目中的人声.mp3"。

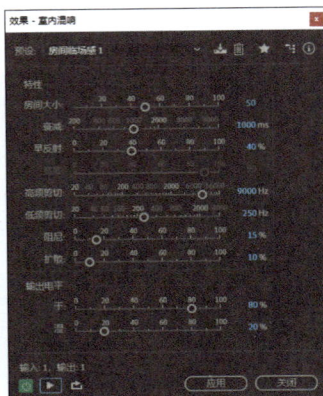

图4-39   图4-40   图4-41

4.7 混音和输出

在制作新媒体作品时，有时候单一的音频并不能完全满足需求，此时就需要在多轨编辑模式下通过自由组合和处理多音频素材，混合成为一个全新的音频，并将其完整输出。这为新媒体从业者提供了更大的自由度和创作空间，使其可以创作出更高质量和更具个性的音频作品。

4.7.1 创建多轨会话

混音操作在多轨编辑模式中进行，操作的前提是创建多轨会话。多轨会话主要用于至少两条音频轨道的编辑与处理，其工程文件（格式为XML）本身不包含任何音频数据，而是以链接的形式将硬盘上的其他音频文件添加到工程文件中。在菜单栏中选择【文件】/【新建】/【多轨会话】命令；或按【Ctrl + N】组合键；或在"文件"面板中单击"新建文件"按钮 █，在弹出的下拉列表中选择"新建多轨会话"选项，都可以打开"新建多轨会话"对话框，如图4-42所示，设置好相关参数后，单击 █确定█ 按钮。新建多轨会话后，"编辑器"面板将从波形模式切换到多轨模式。

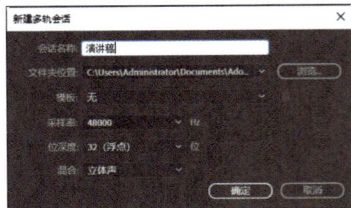

图4-42

4.7.2 管理轨道

创建多轨会话后，"编辑器"面板将自动打开创建的多轨会话，并默认出现6条音频轨道和1条主控轨道（多轨会话中的最后一条混合轨道也被称为主音轨），可根据需要自行调整这些轨道。

● **添加、复制和删除轨道。**在菜单栏中选择【多轨】/
【轨道】命令，弹出图4-43所示的子菜单，通过选择子菜
单中的相应命令，即可添加、复制和删除轨道。需要注意的
是，主控轨道不能被复制和删除。

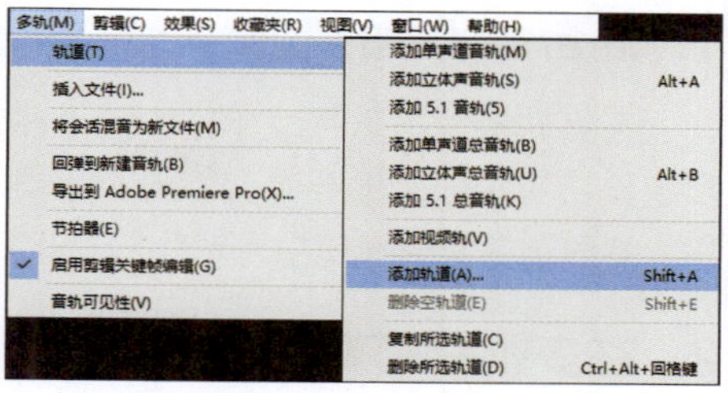

● **移动轨道。**选择"移动工具"，将鼠标指针定位
到轨道名称左侧，当鼠标指针变为形状时，向上或向下
拖动轨道，鼠标指针将变为形状，释放鼠标可移动轨道
位置。

图4-43

● **重命名轨道。**单击轨道控件中的轨道名称，将使其呈可编辑状态，输入新的名称后，按
【Enter】键可重命名轨道。

4.7.3　为多轨道插入内容

添加轨道后，如果轨道中没有文件，则该轨道就处于空白状态。在多轨模式中添加的内容统称为
剪辑，剪辑支持音频、视频和Premiere项目等文件。当需要插入这些内容时，可先将其导入"文件"
面板，再将其拖动到创建多轨会话的轨道中；或者选择轨道后，选择【多轨】/【插入文件】命令，打
开"导入文件"对话框，选择要插入的内容，单击 打开(O) 按钮，该内容将被插入所选轨道的播放指示器
右侧。

4.7.4　编辑多轨音频

在多轨模式下，双击轨道中的音频将切换至波形模式，从而可以编辑其中的单个音频。若需要使
用数量不一的音频素材合成多轨音频，则可编辑多轨音频，主要包括移动多轨音频和分割多轨音频。

1. 移动多轨音频

选择移动工具，在所需音频上单击以将其选中，然后拖曳鼠标，该音频将被移动到释放鼠标指
针的位置。若需要移动多个音频，可选择移动工具，按住【Ctrl】键的同时依次单击这些音频将它们
选中，然后拖曳鼠标进行移动操作。

2. 分割多轨音频

分割多轨音频是多轨模式特有的功能，是指将一个完整的音频分割成几段。Audition提供了分割
单个音频和多个音频的功能。

● **分割单个音频。**选择"切断所选剪辑工具"，将鼠标指针移至所需音频上，当鼠标指针变成
形状时单击（或按【Ctrl + K】组合键），该音频将从该位置被分割，分割后的每一段音频都可以被单
独选中与编辑。

● **分割多个音频。**选择"切断所有剪辑工具"，将鼠标指针移至某个音频上，当鼠标指针变成
形状时单击（或按【Ctrl + Alt + Shift + K】组合键），所有轨道中的音频都将从该位置被分割。

4.7.5　输出多轨音频

在多轨模式下输出音频可以采用两种方式，一是使用"将会话混音为新文件"命令混合会话中的
音频，以切换到波形模式中进行输出；二是在多轨模式下输出音频，以提升输出效率。

1. 混合会话中的音频

在多轨模式下选择菜单栏中的【多轨】/【将会话混音为新文件】命令，将打开图4-44所示的子菜单，在其中选择需要混音输出的音频范围命令，便可将对应范围内的音频混音为一个完整的音频文件，并显示在波形模式中，然后在波形模式中执行输出操作。

2. 在多轨模式下输出音频

在多轨模式下选择菜单栏中的【文件】/【导出】/【多轨混音】命令，将打开图4-45所示的子菜单，选择相应的命令可以输出时间选区内的音频、整个项目的音频和选择的音频。

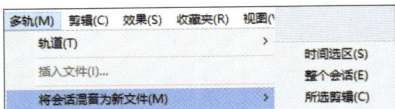
图4-44

图4-45

另外，在多轨模式下还具有更广泛的输出选择，如输出项目文件、输出项目文件为模板，以及输出音频到Adobe Premiere Pro，从而使输出的音频具有更广阔的应用空间。

● **输出项目文件。**在多轨模式中，选择菜单栏中的【文件】/【导出】/【会话】命令，打开"导出混音项目"对话框，在其中选择需要的文件名、保存位置和格式后，单击 **确定** 按钮便可输出格式为SESX的项目文件。

● **输出项目文件为模板。**若当前项目文件的设置为常用类型，还可以将该项目文件输出为模板，以便后续使用该模板制作其他音频。在菜单栏中选择【文件】/【导出】/【会话作为模板】命令，打开"将会话导出为模板"对话框，设置模板名称后，单击 **确定** 按钮。

● **输出音频到Adobe Premiere Pro。**若需要合成音频与视频，可在菜单栏中选择【文件】/【导出】/【导出到Adobe Premiere Pro】命令，打开"导出到Adobe Premiere Pro"对话框，设置参数后，单击 **导出** 按钮，可将音频输出为XML（Extensible Markup Language，可扩展标记语言）格式的文件，该文件能在Adobe Premiere Pro中使用。

> 💡 **小提示**
>
> 输出多轨音频时，在菜单栏中选择【多轨】/【回弹到新建音轨】命令，在打开的子菜单中选择不同的命令，可以将多个轨道中的音频混合成一个新音频文件并放置在新建的回弹轨道中，而且不会切换到波形模式，仍然可以在多轨模式中输入多轨音频。

4.7.6 课堂案例——制作玉米卖点解说音频

【案例背景】某农产品商家准备在小红书平台发布一个玉米卖点短视频，现需要为该短视频制作解说音频，要求解说语音内容与短视频字幕同步，背景音乐活泼、轻快、音效生动、真实，音量层级清晰，能够提升短视频的吸引力。

【知识要点】新建多轨会话；插入文件，删除轨道；剪切音频；根据文本内容移动音频；在多轨模式下输出音频。

微课4.8

【素材位置】配套资源：素材文件\第4章\"玉米卖点解说音频素材"文件夹。

【效果位置】配套资源：效果文件\第4章\"玉米卖点解说音频"文件夹。

具体操作如下。

（1）启动Audition，按【Ctrl+N】组合键，新建一个名称为"玉米卖点解说音频"，采样率为

"44100"，位深度为"32"，混合为"立体声"的多轨会话。在菜单栏中选择【多轨】/【插入文件】命令，打开"导入文件"对话框，全选素材文件夹中的所有文件，单击 打开(O) 按钮。

（2）在弹出的提示框中单击 确定 按钮，插入文件后按【Shift + E】组合键删除所有空白轨道。分别单击轨道1、轨道2、轨道4左侧的"静音"按钮M，使轨道中的音频静音，如图4-46所示，这样便于试听解说语音。

（3）按空格键试听解说语音，同时对比查看"视频"面板中的字幕，发现视频中的"爆浆水果玉米"文字与音频、字幕不同步，可在相应语音出现时（0:07.559）暂停播放，然后只选中解说语音，再使用"切断所选剪辑工具" 分割该音频，如图4-47所示。

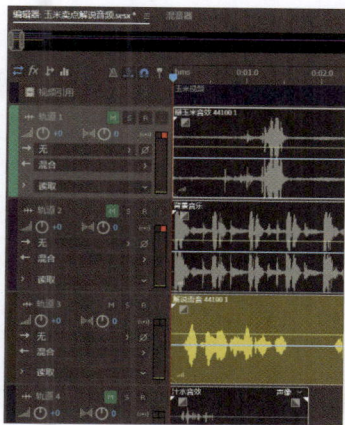
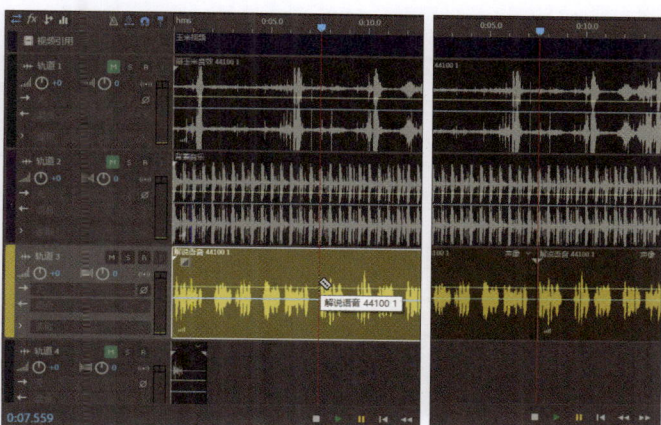

图4-46　　　　　　　　　　　　　　　图4-47

（4）按空格键继续查看"视频"面板中的字幕，当"爆浆水果玉米"文字出现时（0:08.700）暂停播放，选择"移动工具" ，将剪切后的第2段解说语音移动到该位置。

（5）在0:10.584处剪切第2段解说语音，然后将第3段音频移动到0:11.962位置；在0:14.514处剪切第3段解说语音，然后将第4段音频移动到0:15.272位置，使音频内容与视频字幕对应。

（6）将播放指示器移动到视频引用轨道中的视频结束位置，然后分割轨道2中的背景音乐，再删除分割后的第2段音频。单击轨道2上的"静音"按钮 M 取消静音，然后试听音频，发现背景音乐音量比较大，可拖动轨道2轨道控件左侧的音量旋钮 ，调整当前轨道内音频的音量为"-12"，如图4-48所示。

（7）取消轨道4中的静音，将轨道4的音频移动到0:09.642处，使"爆浆水果玉米"语音与"爆浆汁水"音效同步出现。

（8）取消轨道1中的静音，单击轨道1上的"独奏"按钮 ，只播放当前轨道内的音频。试听音频，使用"时间选择工具" 选取其中一段完整的"掰玉米音效"片段，如图4-49所示。

（9）在菜单栏中选择【多轨】/【回弹到新建音轨】/【时间选区】命令，生成一个"回弹_1"轨道，如图4-50所示。选择轨道1，在菜单栏中选择【多轨】/【轨道】/【删除所选轨道】命令将其删除。

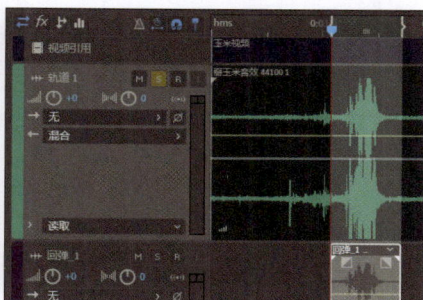

图4-48　　　　　　　　　图4-49　　　　　　　　　图4-50

（10）修改"回弹_1"轨道的名称为"掰玉米音效"，调整该轨道中音频的位置为0:06.922，使"人工新鲜采摘"语音与"掰玉米音效"同步出现。试听音频，发现该音效的声音比较大，可在轨道控件中调整音频音量为"-2.8"。

（11）再次试听音频，根据需求在轨道控件中调整其他轨道中的音量，这里调整轨道3中的音频音量为"+2.8"，轨道4中的音频音量为"+7.2"。选择轨道2中的音频，拖动淡化处理控件在该音频片段的开始和结束处制作淡入淡出效果，如图4-51所示。

（12）按【Ctrl+S】组合键保存文件，然后在菜单栏中选择【文件】/【导出】/【多轨混音】/【整个会话】命令，打开"导出多轨混音"对话框，设置图4-52所示的参数，单击 按钮输出整个会话内的音频。

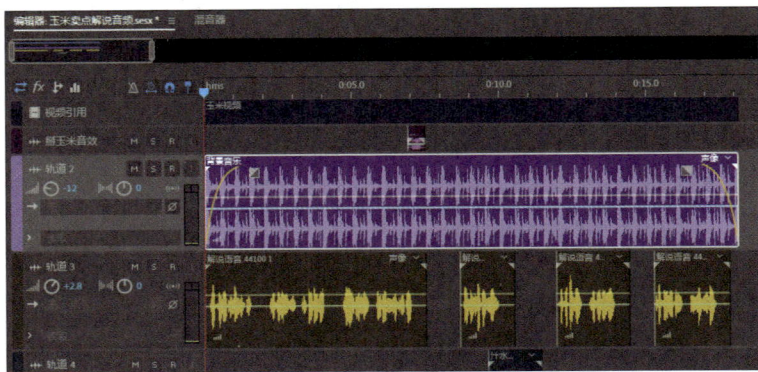

图4-51   图4-52

4.8　综合实训——制作茶叶促销广告配乐和配音

【实训背景】中国的茶文化源远流长，可以追溯到几千年前。如今，茶在中国被视为一种文化符号和精神象征，代表着深厚的文化底蕴和健康、悠闲的生活态度，也常被用作待客之物和交流情感的载体。某茶叶品牌计划制作一个促销广告用于在短视频平台推广，需要为促销广告制作配乐和配音。要求以古筝声作为配乐的引子，并与背景音乐衔接起来，人物音色要给人温暖、亲近的感觉，口齿清晰，整体音量恰当，语速适中，且尽可能模拟出自然环境的空间感，让用户有身临其境的感觉。

【实训目的】借助实训增进学生对Audition的熟悉程度，增强学生的实际音频编辑能力。

【素材位置】配套资源：素材文件\第4章\"茶叶促销广告素材"文件夹。

【效果位置】配套资源：效果文件\第4章\"茶叶促销广告配乐和配音"文件夹。

　具体操作如下。

（1）将外部输入设备安装到计算机上，启动Audition，在"首选项"对话框的"音频硬件"选项卡中核实"默认输入"下拉列表中的选项是否已变为外部输入设备的名称。

微课4.9

（2）新建一个名称为"茶叶促销广告配乐和配音"，采样率为"44100"的多轨会话，在新建的多轨会话中修改轨道1的名称为"配音"。

（3）打开"茶叶促销广告宣传语.txt"文档，单击轨道1左侧的"录制准备"按钮，使其呈状态，如图4-53所示。再单击"录制"按钮录制音频，按照文档内容开始读文字，录制完成后，单击"停止"按钮。

（4）录制完毕，试听音频，发现音频中有部分噪声，可双击"配音"轨道中的音频，进入波形模式，选取配音中有噪声的部分，然后按【Shift+P】组合键捕捉噪声样本，全选所有音频，按

【Ctrl+Shift+P】组合键打开"效果-降噪"对话框，调整相应参数，对音频进行降噪处理（若配音中没有瑕疵则不用进行此操作）。

（5）返回"编辑器"面板，为该配音音频分别添加"伸缩与变调"和"延迟"效果（具体参数可根据录音效果来设置），使声音变得清亮、悦耳，更加符合品牌要求。

（6）在"文件"面板中双击"茶叶促销广告配乐和配音"多轨会话进入多轨模式，然后导入提供的音视频素材，将音频素材分别拖动到不同的轨道中，并删除所有空白轨道，如图4-54所示，调整音频的音量。

（7）新建视频轨道，将视频素材拖动到该轨道中，然后选择视频轨道下方的空白音频轨道并删除，再根据视频中的字幕来移动配音轨道中的音频，使字幕和音频对应。在0:02.523位置分割轨道2中的音频，删除分割后的后半段音频，使用淡化处理控件在前半段音频中制作淡出效果，如图4-55所示。

图4-53 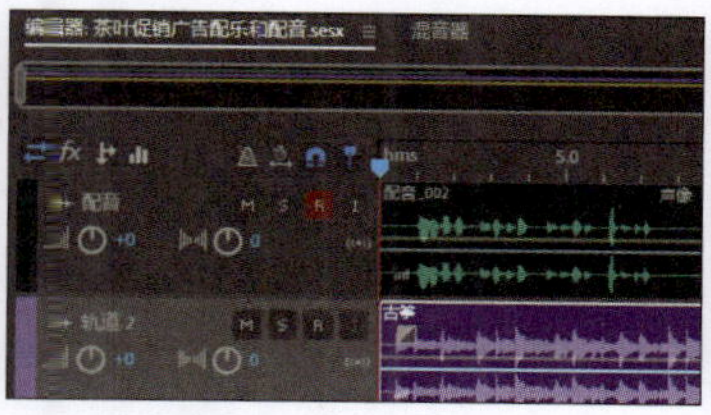   图4-54 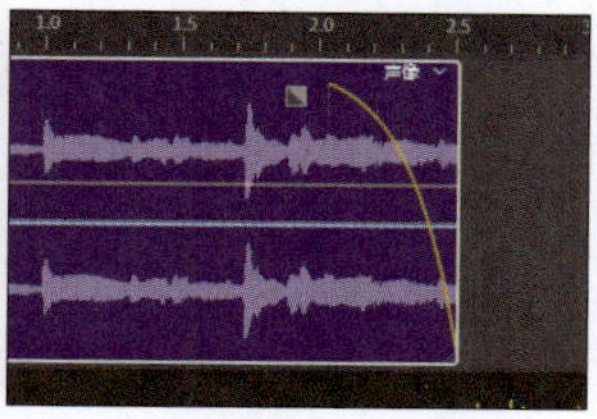   图4-55

（8）在视频引用轨道中的视频结束位置分割轨道3中的背景音乐，再删除分割后的后半段音频，使用淡化处理控件在前半段音频中制作淡出效果。最后输出会话文件，并导出为MP3格式的音频文件。

思考与练习

1. 名词解释

音频三要素   波形编码方式   MF3格式

2. 选择题

（1）【单选】在菜单栏中选择【文件】/【新建】/【音频文件】命令，或按（   ）组合键，可以打开"新建音频文件"对话框。

A.【Ctrl+N】   B.【Ctrl+Shift+N】

C.【Shift+N】   D.【Ctrl+Alt+N】

（2）【单选】如果需要去除音频中因录音环境产生的噪声，可使用"降噪/恢复"子菜单中的（   ）命令来处理。

A. 移除声音   B. 爆音降噪器（处理）

C. 杂音降噪器（处理）   D. 降噪（处理）

（3）【多选】音频文件的常见格式主要有（   ）。

A. WAV（*.wav）格式   B. AAC（*.aac）格式

C. MP3（*.mp3）格式   D. APE（*.ape）格式

（4）【多选】从听觉角度讲，音频具有（   ）3个要素。

A. 音调   B. 音色

C. 响度   D. 音量

3. 思考题

（1）简单描述外录、内录的特点，以及它们各自的优势与劣势是什么。

（2）如何在Audition中有效去除录音中的噪声？

（3）如何在不影响其他轨道的情况下，单独编辑和调整一个轨道中的音频？

（4）在多轨模式中，Audition提供了哪些工具可以用来分割音频？

4. 实操题

（1）某甜品品牌新开了一家门店，为了让更多的消费者快速了解该品牌并吸引潜在消费者，该品牌计划制作一个符合品牌形象的品牌介绍音频，在门店内循环播放，通过听觉媒介向广大消费者传递品牌的理念和产品特色。在制作中，需要先根据提供的文字信息录制介绍音频并添加合适的音频效果，要求给人温暖、亲近的感觉，且无明显噪声、节奏流畅，然后添加提供的背景音乐和音效，以提升音频的沉浸感（配套资源：素材文件\第4章\"甜品品牌音频素材"文件夹、效果文件\第4章\"甜品品牌介绍音频"文件夹）。

（2）为某电台节目合成一个开场音频，要求音频内容由提供的背景音乐和语音音频组成，音频的音量层次清晰，节奏明快，能带给用户轻松、愉快的心情（配套资源：素材文件\第4章\"电台节目开场音频素材"文件夹、效果文件\第4章\"电台节目开场音频"文件夹）。

第 **5** 章

动画制作

学习目标

1. 掌握动画制作的基础知识。
2. 掌握Animate的基础知识。
3. 掌握基本动画、高级动画、交互动画的制作方法。

技能目标

1. 掌握Animate的基本操作。
2. 能够使用Animate提高制作动画的效率。
3. 能够使用Animate制作不同用途的动画。

素养目标

1. 培养对动画艺术的审美能力及敏感度。
2. 在动画作品中传递积极向上的价值观，提升个人素养。

本章导读

在各种新媒体平台中，动画应用广泛，如网页广告、动态表情包制作等，其题材多样、风格多变，受到大量用户的喜爱。新媒体从业者要制作动画，就需要运用专业的动画制作软件。Animate作为一款常用的动画制作软件，能为动画制作提供强大的技术支持。

引导案例

2024年3月，上好佳联名太二酸菜鱼推出了酸菜鱼口味的薯片，并为此精心制作了一个新品上市动画广告，该广告的主角是一个对酸菜鱼口味的薯片味道充满好奇的人物动画形象，通过主角对酸菜鱼口味薯片味道的追问，以及咕咕鸟（上好佳品牌吉祥物）主播的巧妙回应（不直接回答，而是引发更多疑问），引发了一系列幽默、有趣的情节，同时激发观众的好奇心，引导观众对新产品产生兴趣和期待。在动画广告中，无论是主角与主播的丰富表情和生动动作，还是诸如植物随风轻摇、鸟类自由飞翔等细节元素的动态效果，都展现得极为流畅、自然，营造出了真实、生动的氛围。另外，该动画广告还应用渐变、闪烁、缩放等效果增强了画面的表现力和吸引力。图5-1所示为该动画广告的部分画面。

图5-1

点评： 该动画广告在动画设计方面，非常注重角色与场景设计、细节处理、动态效果的流畅度和画面风格的展现，成功地将产品特性与品牌形象融合在一起，营造了新颖、有趣且富有吸引力的视觉效果。

5.1　动画基础

动画制作是一个完整、综合的过程，新媒体从业者不仅需要了解动画的概念和原理、常见类型及制作流程，还需要熟悉动画制作软件（如Animate），才能根据软件特点来实现各种创意和想法，提升动画作品的表现力和视觉效果。

微课5.1

5.1.1　动画的概念和原理

动画可以将现实或非现实中的物体、人物等以动态变化的形式展现出来，能更加直观地表达复杂的概念、情感和故事等，因此从诞生以来便受到人们的喜爱。然而要想制作出引人入胜的动画作品，新媒体从业者需要先了解动画的概念和原理，深入理解动画的本质。

1.　动画的概念

"动画"（Animation）一词源自拉丁文字根"anima"（意思为"灵魂"）。因此，我们可以将动画理解为：动画可以为原本静止无生命的事物赋予生命，这是一种创造生命运动的艺术。人们通过动画能更直观地表现和抒发感情，可以将现实中不可能看到的事件、人物等转换为动画形式进行展现，从而激发出人们的想象力和创造力。

2.　动画的原理

动画的原理与电影、电视一样，都是基于人眼的视觉暂留（Persistence of Vision）原理产生的。视觉暂留是光对视网膜所产生的视觉在光停止作用后，仍保留一段时间的现象，其具体应用是电影的拍摄和放映，视觉暂留是动画、电影等视觉媒体形成和传播的根据。人眼具有"视觉暂留"的特性，人眼在看到一幅画或一个物体后，在1/24s内不会消失。利用这一特性，在一个动画还没有消失前播放下一个动画，就会给人流畅的视觉变化效果。

5.1.2 动画常见类型

动画的类型较多，不同的分类方式也会有不同的动画类型，这里按艺术形式将动画分为以下3种常见类型。

1. 平面动画

平面动画早期是在纸面上绘制的，以纸面绘画为主，是较为常见和古老的动画形式。常见的平面动画包括单线平涂动画、水墨动画和剪纸动画3种。

● **单线平涂动画。** 单线平涂动画是指绘制动画时先勾勒线条，再在线条围成的区域内填色的动画，如《白雪公主》《大闹天宫》《猫和老鼠》《樱桃小丸子》等都属于单线平涂动画。

● **水墨动画。** 水墨动画是指将传统的中国水墨画引入动画制作，使动画形成虚实结合的意境，如《小蝌蚪找妈妈》《山水情》《牧笛》等都属于水墨动画。图5-2所示为上海美术电影制片厂制作的《小蝌蚪找妈妈》动画，其采用了水墨绘画的方式，展现青蛙跃入水中的过程，视觉效果生动，为青蛙赋予了生命力。

图5-2

● **剪纸动画。** 剪纸动画是将剪纸艺术运用到动画设计中形成的一种动画类型，如《渔童》《山羊和狼》《济公斗蟋蟀》《葫芦兄弟》《人参娃娃》等都属于剪纸动画。

课堂讨论

你还知道哪些比较出名的平面动画？

2. 立体动画

立体动画又称动作中止动画，是通过连续拍摄静态图像的方式来制作的动画，静态图像中的物体多为实物，并不是单纯地在纸张上作画所得。常见的立体动画主要包括偶动画、实物动画和真人合成动画3种类型。

● **偶动画。** 偶动画又被称为人偶动画，是指由黏土偶、木偶或混合材料制作的角色来展现的动画，该动画常使用定格动画方式拍摄，可将偶动画理解为早期的三维动画，如《神笔马良》《曹冲称象》《三个邻居》都属于偶动画。

● **实物动画。** 实物动画是指使用日常生活中的物品作为设计对象制作的动画，如使用牙膏、杯子、衣服、水果、蔬菜等实物对象制作的动画。在制作该动画时，其制作者往往很重视物件的质感特性，如《毛线玉石》《桌面大战》等都属于实物动画。实物动画与偶动画的区别是实物动画保持动画的原貌，而偶动画则依据作者心目中的形象塑造。

● **真人合成动画。** 真人合成动画是指采用动画的特技与实拍的演员场景合成制作的动画，通常分为真人与平面动画相结合合式动画（如《谁陷害了兔子罗杰》《欢乐满人间》等）、真人与立体动画相结合式动画（如《飞天巨桃历险记》）、真人与计算机三维动画形象相结合式动画（《精灵鼠小弟》）3种形式。

3. 计算机合成动画

计算机合成动画即使用计算机软件（如Animate、3ds Max、Cinema 4D等）合成的动画，通常分为二维动画和三维动画两种类型。

● **二维动画。**二维动画是指计算机辅助动画，又称关键帧动画。其画面构图比较简单，通常由线条、矩形、圆弧及样条曲线等基本图元构成，色彩则使用大面积着色的方式上色。本书介绍的Animate即一款二维动画制作软件。

● **三维动画。**三维动画又称3D动画，主要通过三维动画软件（如3ds Max、ZBrush、Maya、Blender、Cinema 4D等）以模拟真实物体的方式将复杂、抽象的形象或内容采用集中、简化、生动的形式表现出来。

5.1.3 动画制作流程

动画的制作流程一般包括以下环节。

1. 前期策划

在制作动画之前，应明确制作动画的目的、所要针对的用户群、动画的风格和色调等，然后根据用户的需求制作一套完整的设计方案，并构思动画。一部动画往往不能面面俱到，需要有一个侧重点，所以从哪方面反映主题需要先在策划中体现出来。在构思时需要对动画中出现的角色、背景、音乐及动画剧情的设计等要素做具体的安排，包括角色设定、场景描述和情节发展等，以便于绘制原画。

2. 收集与编辑素材

根据前期的策划有目的地收集素材，若收集不到所需的图形素材，还可采用绘制的方式自行制作。素材收集完毕，可以先按制作需求使用软件或者工具编辑素材，以便于后期制作，比如使用Photoshop对图片素材进行抠图处理。

3. 制作动画

制作动画是动画设计中较为重要的一步，在制作动画时要注意动画中的每一个环节，要随时预览画面，以便及时观察动画效果，发现和处理动画中的不足并及时调整与修改。本书讲解的Animate即为动画制作软件，使用该软件能轻松完成动画的制作。

4. 后期调试与优化

动画制作完毕，应对动画进行全方位的调试，调试的目的是使整个动画看起来更加流畅、紧凑，且能按期望的效果播放。调试动画主要是针对动画对象的细节、分镜头和动画片段的衔接、声音与动画播放是否同步等进行调整，以保证动画作品的最终效果与质量。

5. 测试动画

动画制作完成并优化、调试后，应对动画的播放效果及下载速度等进行测试，因为计算机软硬件配置和应用平台大都不相同，所以在测试时应在不同配置的计算机上测试动画，然后根据测试结果对动画进行调整和修改，使其在不同的计算机和应用平台上均有很好的播放效果。

6. 发布动画

发布动画是动画设计过程的最后一步，新媒体从业者可以设置动画的格式、画面品质和声音。在发布动画时，新媒体从业者应根据动画的用途、使用环境等因素进行设置，而不是一味地追求较高的画面质量、声音品质，以避免文件过大影响动画的传输。

5.2　Animate的基础知识

Animate是一款简单、实用的动画制作软件，它对使用者的水平要求不高，简单易学，使用该软件生成的动画效果流畅、生动，画面风格多变。

微课5.2

5.2.1　Animate在新媒体中的应用

使用Animate制作的动画文件一般比较小，可以在不明显延长动画加载时间的情况下，将动画展现给用户。Animate作为一款专业的动画制作软件，其应用非常广泛，其在新媒体中的应用，主要体现在以下4个方面。

1. 交互式动画制作

Animate提供了强大的交互控件，而且可以将文件导出为HTML格式，因此很多新媒体从业者会使用Animate制作交互式动画。Animate让用户可以通过单击、选择、输入、拖动等方式操作，控制动画的运行过程与结果，通过良好的交互性给用户留下深刻的印象。比如，用户利用Animate可以制作出动态Banner、交互式UI元素、动态调研页面等。图5-3所示为某品牌官方网站的动态Banner，当用户将鼠标指针移动到Banner右侧的产品名称上时，网页将显示不同的页面内容。

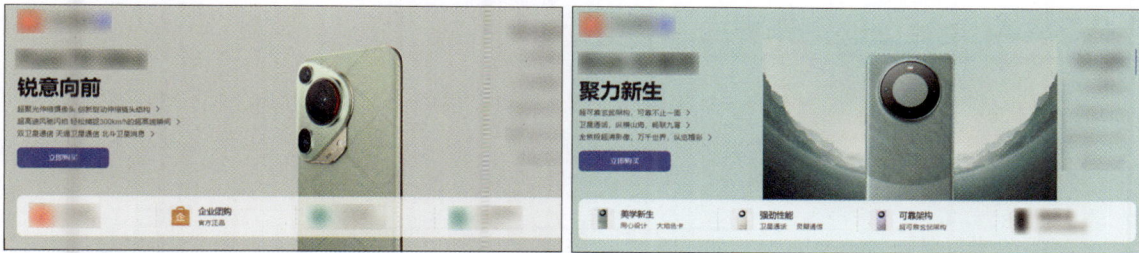

图5-3

2. 营销广告制作

Animate能够利用连续的图像帧来模拟运动，创造出独特的动态视觉效果，从而吸引人们的注意力。Animate还能导出视频格式的文件，可以满足在不同的新媒体平台中播放动画的需求，因此Animate也常被用来制作各种类型的营销广告，如Banner广告、开屏广告、弹窗广告等。图5-4所示为弹窗广告，当用户在浏览页面时，快速弹出的广告信息能够迅速吸引用户的注意力，同时该广告采用倒计时的形式使用户产生紧迫感，从而有效吸引用户参与活动。

3. 动图设计与制作

在新媒体平台，尤其是社交媒体中，动图以其独特的魅力极大地丰富了新媒体的表现形式，给用户带来新鲜的视觉体验，使用户更愿意参与互动，如点赞、评论和分享，从而提高信息传播的效率，扩大内容的传播范围。通过Animate，新媒体从业者可以根据不同新媒体平台用户的偏好和需求，定制个性化的动图，如表情包、动态二维码、页面引导动图、微信推文动图等，以提高用户的参与度和黏性。图5-4所示为某微信公众号文章中的动态表情包，可吸引用户与作者进行互动，提升用户体验。

图5-4

图5-5

4. 宣传动画制作

Animate还提供了绑定角色骨骼、切换场景和添加特效等功能，可以使制作的宣传动画更加生动有趣，从而增强动画的吸引力和提高传播效果。例如，对于一些需要展示数据或趋势的产品（如金融科技、数据分析等领域的产品）来说，Animate可以制作出直观、易懂的数据可视化动画来展示产品的功能和优势。图5-6所示为某产品的宣传动画，通过动画的形式增强了趣味性，动画中各种流行文化元素的结合可成功吸引年轻消费者对产品的关注。

图5-6

5.2.2 Animate的工作界面

Animate是 Adobe公司发布的一款矢量动画制作软件，使用它可实现动画的设计与制作。用户在Animate中新建文件后，可看到图5-7所示的工作界面。

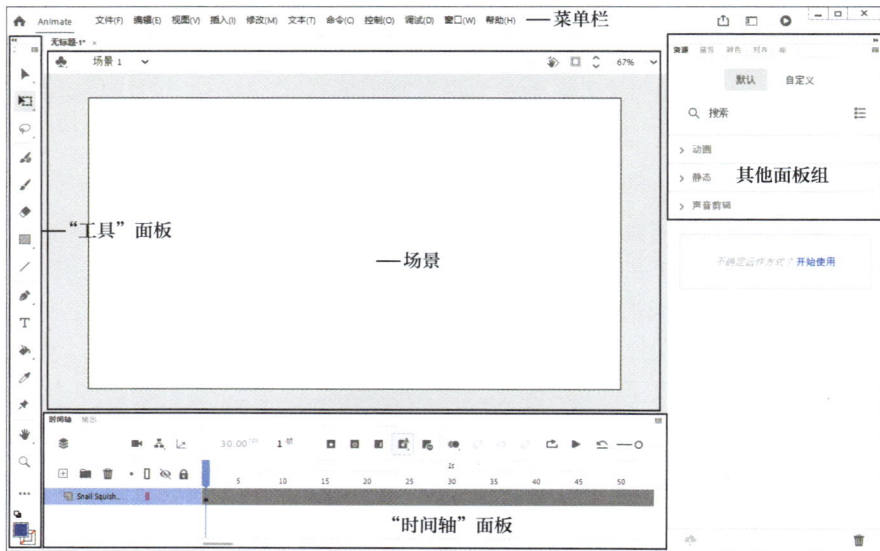

图5-7

1.　菜单栏

Animate的菜单栏包括文件、编辑、视图、插入、修改、文本、命令、控制、调试、窗口和帮助等菜单，单击某个菜单可弹出相应的命令，若命令后面有▸图标，则表明其下还有子菜单。

2.　场景

在Animate中，图形的绘制、编辑和动画的创作都必须在场景中进行，且一个动画可以包括多个场景（其作用类似于Premiere中的序列文件）。每一个场景都拥有各自的图层和属性，并且可以单独编辑。在菜单栏中选择【插入】/【场景】命令可新建场景，或按【Shift+F2】组合键打开"场景"面板，也可在其中添加、复制和删除场景。在不同场景中制作动画后，Animate将按照场景名称递增的顺序逐一播放场景中的内容。或者在菜单栏中选择【视图】/【转到】命令，在弹出的子菜单中选择对应的命令查看其他场景。

另外，场景中央的矩形区域为舞台，这里的"舞台"相当于实际表演中的舞台，舞台四周的黑色轮廓线表示轮廓视图，也是与粘贴板（舞台四周的灰色区域）的分界线。舞台的大小便是动画文件的尺寸，只有舞台中的内容才能在最终输出的动画文件中显示出来。舞台的默认颜色为白色，在"属性"面板中选择"文档"选项卡，单击"舞台"选项右侧的色块，在打开的调色区域中可重新选择舞台颜色。

3.　"工具"面板

Animate"工具"面板中的工具主要用于绘制和编辑各种图形、查看动画效果、设置画笔笔触和填充颜色等，其中大部分工具与Photoshop中同名工具的功能和使用方法基本一致。

4.　"时间轴"面板

使用Animate制作动画是通过在"时间轴"面板中编辑帧实现的。"时间轴"面板主要用于控制动画的播放顺序，其左侧为图层区，该区域用于控制和管理动画中的图层；右侧为帧控制区，该区域用于控制和管理动画中的帧，由播放标记、帧标尺、时间标尺等部分组成，如图5-8所示。

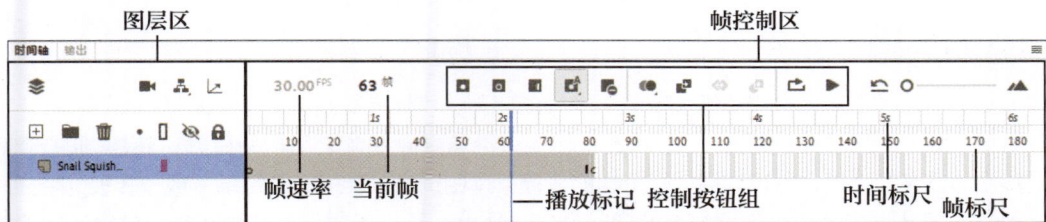

图5-8

5.　其他面板组

与其他Adobe系列软件一样，Animate的工作界面中也分布着数量众多的其他面板，除了前面所讲的"工具"面板和"时间轴"面板比较常用外，还有"属性"面板和"库"面板。"属性"面板用于设置绘制对象、所选工具、画面元素、帧等的属性参数，以更改选定内容所对应的属性；"库"面板主要用于存放和管理文件中的素材和元件，当需要某个素材或元件时，可直接从"库"面板中调用。

常用面板通常默认放置在工作界面右侧，并且自动与已显示的面板组合成一个选项卡组。同时显示所有常用面板会使工作界面变得凌乱不堪，此时可在"窗口"面板中选择相应命令来关闭对应面板，单击选项卡组右上角的▸▸按钮可以将面板折叠为图标，单击◂◂按钮可重新展开为面板。

5.2.3 帧

帧是动画的最小组成单位，一般来说，一帧就是一幅静止的画面，当帧的数量足够多且连续显示时，就形成了动画。

帧在Animate的"时间轴"面板中可视为帧标尺下方的一个个方块，用于放置图形、文字等内容，通过连续更改帧的内容便产生了动画。在Animate中，常见的帧有空白关键帧、关键帧和普通帧3种类型，如图5-9所示。在空白关键帧中添加内容后，该帧将变为关键帧，关键帧是动画中的一个重要概念，它指的是角色或物体在运动变化中关键动作所处的那一帧。普通帧则是延续前一个关键帧或空白关键帧中的内容，即本身不具备独立的内容。

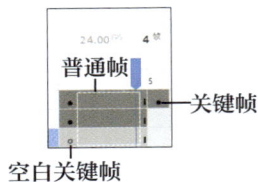

图 5-9

1. 创建帧

帧的基本操作一般在"时间轴"面板中进行，在时间轴面板中帧的顺序决定了帧内对象在最终动画中的显示顺序。创建新图层后，新图层的第1帧将被自动设置为空白关键帧。若需要在其他位置创建帧，则在其上单击鼠标右键，在弹出的快捷菜单中选择"插入帧"命令（快捷键为【F5】）、"插入关键帧"命令、"插入空白关键帧"命令，或通过在"时间轴"面板上方的按钮组 ■■■ 中单击相应按钮来创建。

2. 选择和删除帧

若需要选择单个帧，只需将鼠标指针移至所要选择的帧位置上再单击；若需要选择多个连续的帧，可单击帧范围的第1帧，并拖曳鼠标框选需要选择的帧；若需要选择多个不连续的帧，可单击其中一帧，然后按住【Ctrl】键单击其余的帧；若需要选择所有帧，可单击其中一帧，然后单击鼠标右键，在弹出的快捷菜单中选择"选择所有帧"命令，或按【Ctrl + Alt + A】组合键。

选择帧后，单击鼠标右键，在弹出的快捷菜单中选择"删除帧"命令，或按【Shift + F5】组合键可删除所选帧。

3. 移动和转换帧

移动帧的方法很简单，选择关键帧或含关键帧的序列，将其拖动到目标位置即可。

在Animate中，不同帧类型之间可以进行转换，不需要删除之后再新建帧。转换帧的方法为：在需要转换的普通帧上单击鼠标右键，在弹出的快捷菜单中选择"转换为关键帧"或"转换为空白关键帧"命令，可将普通帧转换为关键帧或空白关键帧。另外，用户若想将关键帧或空白关键帧转换为普通帧，可选择需转换的帧，单击鼠标右键，在弹出的快捷菜单中选择"清除关键帧"命令（快捷键为【Shift + F6】）或"清除帧"命令（快捷键为【Alt + Backspace】）。

5.2.4 元件

元件是指由多个独立的元素和动画合并而成的整体，每个元件都有单独的时间轴和舞台，以及多个图层。在Animate中，元件有影片剪辑元件 ■、按钮元件 ■ 和图形元件 ■ 3种类型。

● **影片剪辑元件**。影片剪辑元件拥有独立于主时间轴的时间轴，在其中可包含交互组件、图形、声音或其他影片剪辑实例。

● **按钮元件**。在按钮元件中可创建用于响应鼠标单击、滑过和其他动作的交互式按钮，包含弹起、指针经过、按下、点击4种状态。

● **图形元件**。图形元件主要用于创建可反复使用的或连接到主时间轴的动画片段，可以是静止的图片，也可以是由多个帧组成的动画，与主时间轴同步运行。

新建元件和编辑元件都是Animate中比较基础且重要的操作。

1. 新建元件

元件的产生有两种途径，一种是直接新建元件，另一种是通过转换来创建元件。

● **直接新建元件**。在菜单栏中选择【插入】/【新建元件】命令，或按【Ctrl+F8】组合键，打开"创建新元件"对话框，设置元件名称和类型，如图5-10所示，然后单击 确定 按钮，此时打开元件编辑窗口（该窗口是一个空白的场景），然后在该场景的舞台中添加元件内容。新建的元件将被放置在"库"面板中，将元件从"库"面板中拖动到舞台上，便可应用该元件创建实例。

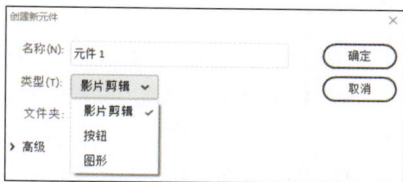

图5-10

● **通过转换来创建元件**。除了新建元件外，新媒体从业者还可以在场景中选择已经绘制或导入的图像，然后将其转换为元件。具体操作方法为：在舞台中选择素材后，单击鼠标右键，在弹出的快捷菜单中选择"转换为元件"命令（或按【F8】键），打开"转换为元件"对话框，输入新元件的名称和设置元件的类型后，单击 确定 按钮即可。

2. 编辑元件

编辑元件类型需要在"库"面板中选择要修改的元件，单击鼠标右键，在弹出的快捷菜单中选择"属性"命令，打开"元件属性"对话框，在"类型"下拉列表中选择元件类型选项后，单击 确定 按钮。

编辑元件内容需要在"库"面板中双击元件类型图标，或双击舞台中需要修改的元件，进入相应元件的编辑窗口，再调整其内容。

5.2.5 实例

元件的使用范围是动画的幕后区，即在"库"面板中叫元件，将其运用到舞台时，呈现的是该元件的实例。实例是位于舞台上或嵌套在另一个元件内的元件副本，可视为元件在舞台上的具体体现。Animate允许更改实例的颜色、大小、功能，且对实例的更改不会影响其元件，但编辑元件会更新它的所有实例。创建实例的方法很简单，只需在"库"面板中选择元件，将其拖动到场景中，释放鼠标即可完成实例的创建。

5.3 制作基本动画

Animate提供了多种常见的动画类型，其中逐帧动画是一切动画的基础，而补间动画则是"进阶"，它们共同构成了基本动画。

5.3.1 逐帧动画

逐帧动画是由多个连续帧组成，通过改变每帧的内容所形成的一种动画类型，如图5-11所示。常见的动态表情、GIF图、定格动画大都属于逐帧动画。

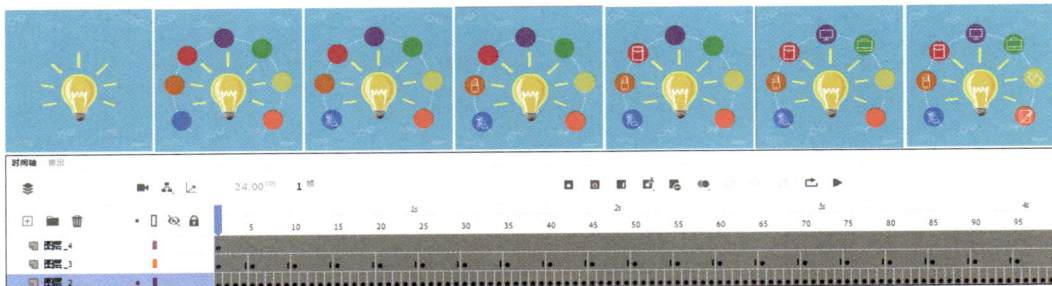

图 5-11

在 Animate 中，创建逐帧动画的方法有以下 4 种。

● **转换为逐帧动画**。选择要转换为逐帧动画的帧，然后单击鼠标右键，在弹出的快捷菜单中选择"转换为逐帧动画"命令，再在弹出的子菜单中选择所需命令，可将选择的帧转换为逐帧动画。

● **逐帧制作**。新建多个空白关键帧，然后在每个空白关键帧上添加有变化的内容。

● **导入 GIF 动画文件**。导入 GIF 动画文件到舞台后，Animate 会自动将 GIF 动画文件中的每张静态图像转换为关键帧，从而形成逐帧动画。

● **导入具有连续编号的图像素材**。使用"导入到舞台"命令选择具有连续编号的图像素材，可将剩余连续编号的图像素材一同导入，并且 Animate 会自动按照添加图像素材的顺序将图像素材转换为关键帧，从而形成逐帧动画。

5.3.2 补间动画

补间动画是一种通过指定对象的起始状态和结束状态，由 Animate 自动生成中间状态的动画类型。补间动画可进一步分为补间动画（狭义）、传统补间动画和形状补间动画 3 种形式。

1. 补间动画（狭义）

补间动画是通过为不同帧中的对象属性指定不同的值来创建的，一般应用于物体运动行为复杂（非单纯直线运动）的动画。具体创建方法为：在动画的开始关键帧中放入一个元件，在帧上单击鼠标右键，在弹出的快捷菜单中选择"创建补间动画"命令，然后在后面的帧上依次调整元件的位置、大小、旋转方向等属性，即可基于该元件制作补间动画。

2. 传统补间动画

传统补间动画又称运动渐变动画，其原理是通过不同性质的关键帧，使对象产生缩放、不透明度和色彩改变、旋转等方面的动画效果。具体创建方法为：在动画的开始关键帧和结束关键帧中放入同一个元件，在两个关键帧之间单击鼠标右键，在弹出的快捷菜单中选择"创建传统补间"命令，然后调整两个关键帧中对象的大小和旋转等属性，即可基于该元件制作一个传统补间动画。

3. 形状补间动画

形状补间动画是通过矢量图形（是指基于几何学进行内容运算，以向量形式记录的图形）的形状变化，实现从一个图形过渡到另一个图形的渐变过程。该动画与补间动画和传统补间动画的区别在于，形状补间动画不需要将素材转换为元件，只需保证素材为矢量图形。具体创建方法为：在动画的开始关键帧和结束关键帧中绘制不同的图形，然后在两个关键帧之间单击鼠标右键，在弹出的快捷菜单中选择"创建补间形状"命令，即可基于这两个图形制作一个形状补间动画。

另外，在创建补间动画时，新媒体从业者也可以通过"时间轴"面板帧控制区中的"插入传统补间"按钮 📭、"插入补间动画"按钮 ↔、"插入形状补间"按钮 📭 进行创建。不论创建哪种类型的补间动画，选择补间动画的任意一帧，在"属性"面板的"帧"选项卡中都将出现"补间"栏，用于设置补间动画属性。

> 💡 **小提示**
>
> 为了使用户更快地制作出动画效果，Animate 提供了一些较常见的动画预设，使用它们就能快速地创建出动画效果，减少部分工作量。此外，使用动画预设也会使初学者制作出更优质的动画效果。使用动画预设的方法为：在菜单栏中选择【窗口】/【动画预设】命令，打开"动画预设"面板，在"默认预设"文件夹中可看到常用的动画效果，先选择使用对象，再选择需要的动画效果，单击 应用 按钮即可。

5.3.3　课堂案例1——制作动态表情包

【案例背景】某微信公众号撰写了一篇"特价新品即将上市"的推文，准备在其中添加动态表情包，以增加推文的趣味性和互动性。

【知识要点】新建Animate文件；导入素材；调整素材大小；选择帧；插入帧和关键帧；输入并设置文字；创建补间动画；预览、保存和导出动画。

【素材位置】配套资源:素材文件\第5章\表情包.psd。

【效果位置】配套资源:效果文件\第5章\动态表情包.fla、效果文件\第5章\动态表情包.swf。

效果预览

微课5.3

具体操作如下。

（1）启动Animate，在菜单栏中选择【文件】/【新建】命令，打开"新建文档"对话框，选择"社交"选项卡，再选择"预设"栏的"方形"选项，平台类型为"ActionScript 3.0"，单击 创建 按钮，如图5-12所示。

（2）在菜单栏中选择【文件】/【导入】/【导入到舞台】命令，打开"导入"对话框，先选择文件格式为"所有文件"，再选择"表情包.psd"素材文件，如图5-13所示，单击 打开(O) 按钮。

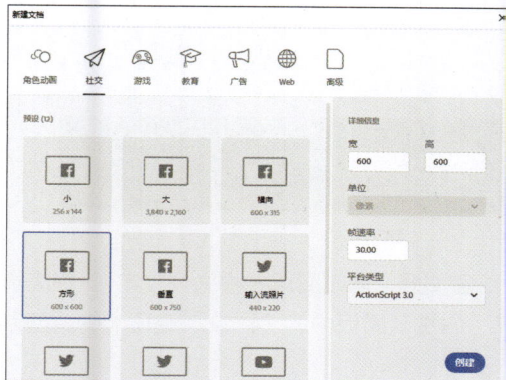

图5-12

图5-13

（3）在打开的提示框中将图层转换为"Animate图层"，其余参数保持默认设置，单击 导入 按钮将素材导入舞台中，然后缩小显示场景。按住【Ctrl+A】组合键全选所有素材，选择"任意变形工具" ⯐，按住【Shift】键拖动素材边角，等比例缩小素材，然后将其移至舞台中心，效果如图5-14所示，这样更便于查看。

（4）在"时间轴"面板中选择图层1，单击"删除"按钮🗑删除该图层。选择所有图层的第60帧，按【F5】键插入帧，如图5-15所示。

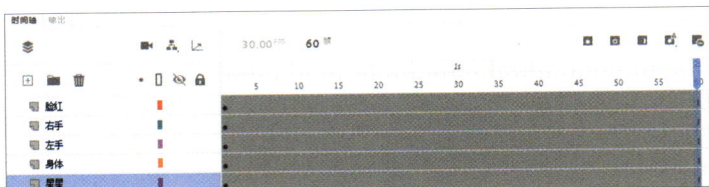

图5-14　　　　　　　　　　　　　　　　图5-15

（5）按住【Shift】键不放，依次选择除"身体"图层外其余所有图层的第5帧，按【F6】键插入关键帧。选择"星星"图层的第5帧，按住【Shift】键不放，然后缩小该素材，如图5-16所示。

（6）选择"左手"图层的第5帧，将鼠标指针移动到左手素材的右侧边界框上，当鼠标指针变为↗形状时拖曳鼠标，使其变形，然后适当调整位置，效果如图5-17所示。使用类似的方法继续在第5帧处调整右手素材的形状和位置。

（7）选择"脸红"图层的第5帧，按住【Shift】键不放，然后缩小该素材，如图5-18所示。

图5-16　　　　　　　　图5-17　　　　　　　　图5-18

（8）按住【Shift】键不放，选择关键帧所有图层的前5帧关键帧（包括第5帧），效果如图5-19所示。

（9）按住【Alt】键不放，依次在第10帧、第20帧、第30帧、第40帧、第50帧处向右拖动关键帧，对关键帧进行复制，如图5-20所示。

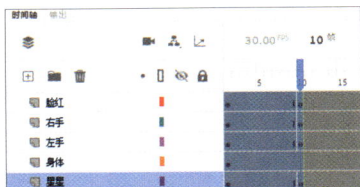
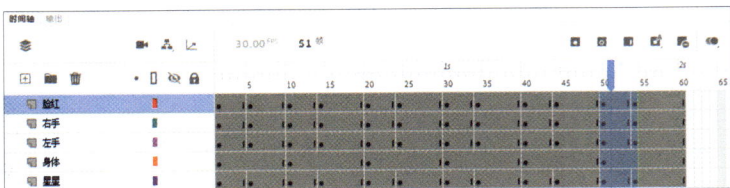

图5-19　　　　　　　　　　　　　　　　图5-20

（10）在"时间轴"面板中单击"新建图层"按钮⊞新建图层，修改图层名称为"文字"。在表情包左下角使用"文本工具" T 输入文字"期待～～"，在"属性"面板中的"对象"选项卡中调整字体为"方正兰亭黑简体"，大小为"60pt"。

（11）选择"文字"图层的第1帧，单击鼠标右键，在弹出的快捷菜单中选择"创建补间动画"命令，然后依次每隔5帧上下移动文字位置，直至第50帧，如图5-21所示。

（12）按【Ctrl + S】组合键打开"另存为"对话框，设置保存位置后，再设置文件名称为"动态表情包"，单击 保存(S) 按钮。按【Ctrl + Alt + Shift + S】组合键打开"导出影片"对话框，设置与动画文件一致的保存位置，文件保存类型为"SWF影片（*.swf）"，单击 保存(S) 按钮，导出后查看效果，如图5-22所示。

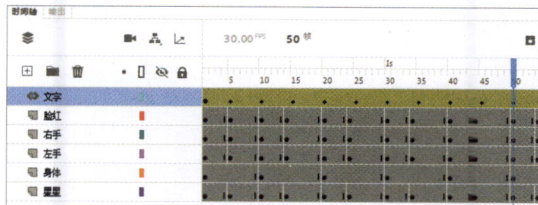

图 5-21

图 5-22

5.3.4 课堂案例2——制作毕业旅行动态推文封面

【案例背景】某团队撰写了一篇关于毕业旅行的推文，为了提高该推文的视觉吸引力，并与推文标题高度相关，决定将推文封面制作成动画效果，并用于推文首屏（打开推文后的第一张图片）。制作时，可以采用火车行驶和树林移动动画作为展现点，展现出"旅行"这一主题，再加上逐渐显示的主题文字，让整个动画更具有吸引力。

【知识要点】转换元件；创建传统补间动画；设置动画属性；调整素材不透明度。

【素材位置】配套资源：素材文件\第5章\"推文素材"文件夹。

效果预览

【效果位置】配套资源：效果文件\第5章\毕业旅行推文动画.fla、效果文件\第5章\毕业旅行推文动画.swf。

具体操作如下。

（1）启动Animate，在菜单栏中选择【文件】/【新建】命令，打开"新建文档"对话框，设置宽和高分别为"900""383"，单位为"像素"，平台类型为"ActionScript 3.0"，帧速率为"30.00"，单击 创建 按钮。

微课5.4

（2）在"属性"面板的"文档"选项卡的"文档设置"栏中单击"舞台"选项后的色块，在打开的色板中设置舞台的背景颜色为"#D2F6FF"，如图5-23所示。

（3）在"时间轴"面板中单击"新建图层"按钮 ⊞ 新建图层，将"云朵.png"素材文件导入舞台中，调整其大小和位置，效果如图5-24所示。

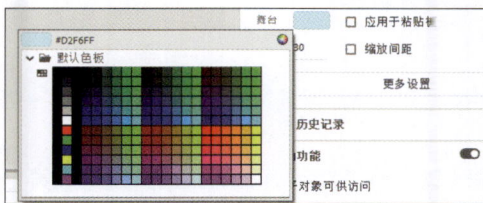

图 5-23

图 5-24

（4）新建两个图层，并依次导入"丛林风景.png""卡通火车.png"素材文件，然后分别调整素材至合适的大小和位置，如图5-25所示。

图 5-25

（5）选择火车素材，按【F8】键，打开"转换为元件"对话框，在"名称"文本框中输入"火车"，在"类型"下拉列表中选择"影片剪辑"选项，如图5-26所示，然后单击 确定 按钮。

（6）在"图层_4"图层的第30帧处按【F6】键插入关键帧。将播放标记停留在第1帧处，然后使用"选择工具" ▶ 将火车素材拖动到丛林风景素材的后方，在"时间轴"面板中选择"图层_4"图层的任意过渡帧，单击鼠标右键，在弹出的快捷菜单中选择"创建传统补间"命令，创建传统补间动画，如图5-27所示。

图5-26

图5-27

（7）为了延长火车行驶动作，在"图层_4"图层的第60帧处按【F5】键插入普通帧，完成火车行驶动效的制作。

（8）将播放标记停留在第0帧处，将丛林风景素材转换为名称为"丛林风景"，"类型"为"影片剪辑"的元件。在"图层_3"图层的第60帧处按【F6】键插入关键帧。

（9）将播放标记停留在第1帧处，然后使用"选择工具" ▶ 调整丛林风景素材的位置，如图5-28所示，在"图层_3"图层上创建传统补间动画。

（10）选择"图层_4"图层的任意一帧，然后打开"属性"面板，展开"补间"栏，设置"效果"选项后的缓动强度为"100"，如图5-29所示，制作出火车行驶速度先快后慢的动画效果。

图5-28

图5-29

（11）为了让背景中的白云与动画在同一个场景中体现出来，可选择"图层_2"图层，在第60帧处按【F5】键插入普通帧。

（12）选择"图层_4"图层，新建图层，选择第1帧，将"文字.png"素材文件导入舞台中，使用"任意变形工具" ▦ 调整素材的大小和位置，效果如图5-30所示，然后将文字素材转换为名称为"文字"，"类型"为"影片剪辑"的元件。

💡 小提示

在"属性"面板的"补间"栏中，当缓动强度大于0时，表示动画开始时速度快，结束时速度慢；当缓动强度小于0时，表示动画开始时速度慢，结束时速度快。另外，Animate默认的缓动效果为"Classic EaseOut"，选择该效果，可在打开的面板中设置其他预设的缓动效果，或者单击"编辑缓动"按钮 ✎ ，在打开的"自定义缓动"对话框中手动设置缓动效果，使动画效果符合自己的需求。

（13）选择"图层_5"图层的第1帧，打开"属性"面板，选择"帧"选项卡，在"色彩效果"栏中选择"Alpha"选项，并在其下方拖动相应滑块，调整参数为"0%"，如图5-31所示，使素材变得完全透明。

（14）选择"图层_5"图层的第30帧，按【F6】键创建关键帧，然后调整"Alpha"选项的参数为"100%"，使素材显示出来。在"图层_5"图层前30帧中任意选择一帧，单击鼠标右键，在弹出的快捷菜单中选择"创建传统补间"命令。

（15）新建图层，选择"图层_6"图层的第30帧，使用"文本工具"T在文字素材下方输入英文"HAPPY GRADUATION TRAVEL"，在"属性"面板的"对象"选项卡中调整文字字体为"宋体"，字距为"3"，文本颜色为"#000000"，字号为"22 pt"，调整文字位置如图5-32所示。

| 图5-30 | 图5-31 | 图5-32 |

（16）按【Enter】键预览动画效果，如图5-33所示。最后保存为文件名为"毕业旅行推文动画"的文件，并导出为SWF格式的动画。

图5-33

5.4　制作高级动画

在动画的制作要点中，若需要让某个元件沿着特定的路径（引导线）运动，可以使用引导动画来实现。若需要对某部分区域形成遮罩效果，则可使用遮罩动画来满足制作需求。

5.4.1　引导动画

引导动画是一种动画对象沿着引导层中绘制的运动路径（引导线）运动的动画。它由引导层和被引导层两个图层组成，其中，引导层中的内容为引导线，且在最终发布时不会显示出来；被引导层用于放置动画对象，对象的动画类型一般是传统补间动画，如图5-34所示。

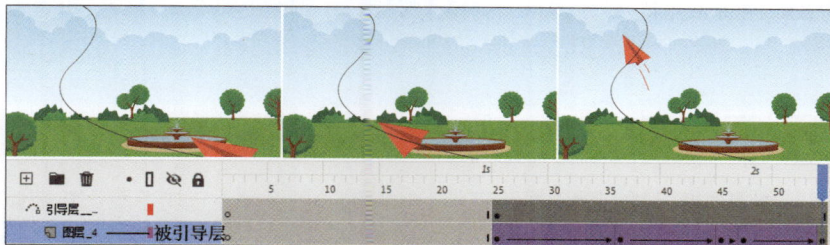

图5-34

1. 创建引导层

引导层有普通引导层和运动引导层两种形态，其创建方法略有不同。

（1）创建普通引导层。

普通引导层名称前有✖符号，用于为其他图层提供辅助绘图和绘图定位。例如，新媒体从业者可以在该图层中放置一些参考的图像、文本说明、元件位置参考对象等。选择需要转换为普通引导层的图层，单击鼠标右键，在弹出的快捷菜单中选择"引导层"命令，可将该图层转换为引导层，图层名称将保持原状，但名称前有✖符号，如图5-35所示。

（2）创建运动引导层。

运动引导层名称前有⌒符号，用于设置图像运动路径的导向，使动画层中的图像沿着路径运动。创建运动引导层有以下两种方式。

● **将普通引导层转换成运动引导层。** 创建普通引导层后，可将其他已有图层拖动到普通引导层下方，使其自动转换为被引导层，此时普通引导层将自动转换为运动引导层，图层名称前的符号将变为⌒，如图5-36所示。

● **直接创建运动引导层。** 选择需要创建运动引导层的图层，单击鼠标右键，在弹出的快捷菜单中选择"添加传统运动引导层"命令，可直接为该图层创建一个运动引导层，同时所选图层将转换为被引导层，如图5-37所示。

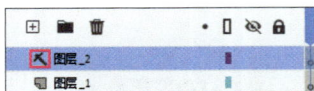  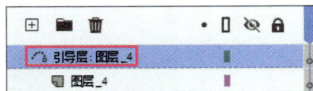

图5-35　　　　　　　图5-36　　　　　　　图5-37

默认情况下，新创建的运动引导层会自动显示在用于创建该运动引导层的普通图层的上方。移动运动引导层，其下方的所有普通图层将随之移动，以保持它们之间的引导和被引导的关系。被引导层可以有多层，允许多个对象沿着同一条引导线运动，一个引导层也允许有多条引导线，但一个引导层中的对象只能在一条引导线上运动。

> **课堂讨论**
>
> 普通引导层可以转换成运动引导层，那么运动引导层可以转换成普通引导层吗？

2. 绘制引导线

引导层创建完毕，就需要新媒体从业者自行使用"铅笔工具" ✏、"钢笔工具" ✒ 等能够绘制笔触的工具绘制引导线；然后在被引导层中的开始关键帧和结束关键帧两处，将动画对象分别放置在引导线的两端，并且动画对象的中心点（即选择该对象时，出现在中间的空心圆）要牢牢吸附在引导线上（吸附成功时，空心圆会略微变大）；最后为两处关键帧创建传统补间动画，即可完成一个引导动画。

需要注意的是，绘制的引导线应为从头到尾不中断、不封闭的笔触，其转折不宜过多，不宜出现交叉、重叠等情况，以免Animate无法准确判断动画对象的运动路径。

5.4.2 遮罩动画

遮罩动画是一种通过遮罩控制动画显示范围和轮廓的动画类型。它由遮罩层和被遮罩层组成，其中，遮罩层用于控制动画显示的范围及形状，如遮罩层中是一个圆形，人们只能看到这个圆形中的动画效果，由于遮罩层的作用是控制形状，因此在该层中主要是绘制具有一定形状的矢量图形，而该形状的描边和填充颜色则无关紧要；遮罩层下方的图层被称为被遮罩层，被遮罩层用于放置动画内容，如图5-38所示。

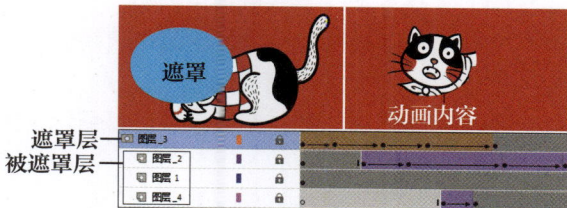

图5-38

1. 绘制遮罩形状

在创建遮罩层之前，需要绘制遮罩的形状，除了将导入的图像、矢量图形作为遮罩外，新媒体从业者还可以使用形状工具组内的工具来绘制。

形状工具组包含"矩形工具"▇、"基本矩形工具"▇、"椭圆工具"●、"基本椭圆工具"●和"多角星形工具"●，分别用于绘制矩形、圆角矩形、椭圆、圆和多边形。新媒体从业者可以在"属性"面板的"工具"选项卡中修改形状属性，使绘制的形状更加精确。

2. 创建遮罩层和被遮罩层

绘制好遮罩后，可以创建遮罩层和被遮罩层。其操作方法为：选择需要成为遮罩层的图层，单击鼠标右键，在弹出的快捷菜单中选择"遮罩层"命令，该图层将自动转换为遮罩层，而位于该图层下方的图层将自动转换为被遮罩层，同时Animate会自动锁定转换后的遮罩层和被遮罩层，如图5-39所示。

需要注意的是，遮罩动画中的遮罩层只能有一个，而被遮罩层可以有多个，若需要新增被遮罩层，可将其他图层拖动到遮罩层的下方，便可将该图层转换为被遮罩层，如图5-40所示。

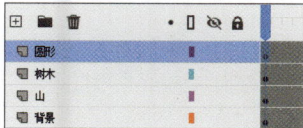

图5-39

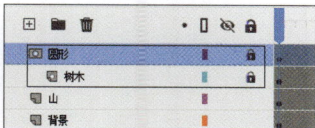

图5-40

若需要将遮罩层转换为普通图层，可在遮罩层上单击鼠标右键，在弹出的快捷菜单中选择"遮罩层"命令，将该图层转换为普通图层；若需要取消遮罩动画，可在遮罩层上单击鼠标右键，在弹出的快捷菜单中选择"删除图层"命令。

5.4.3 课堂案例1——制作旅游动态Banner

【案例背景】某在线旅游平台决定采用动态Banner作为新的推广方式，旨在通过生动的动态效果吸引用户的注意力，提高用户的参与度和转化率。要求大小为1200像素×500像素，时长为4s左右。

【知识要点】创建引导层；绘制引导线；创建传统补间动画。

【素材位置】配套资源：素材文件\第5章\"旅游Banner"文件夹。

【效果位置】配套资源：效果文件\第5章\旅游动态Banner.fla、效果文件\第5章\旅游动态Banner.swf。

具体操作如下。

（1）启动Animate，新建宽为"1200"，高为"500"，单位为"像素"，平台类型为"ActionScript 3.0"，帧速率为"24.00"的文件。

效果预览

（2）在菜单栏中选择【文件】/【导入】/【导入到库】命令，打开"导入到库"对话框，选择"旅游Banner"文件夹中的所有素材，单击 打开(O) 按钮。

（3）新建两个图层，在"库"面板中依次将"背景.png""主题文字""装饰"素材拖动到3个图层中，在舞台中调整至合适的位置，效果如图5-41所示，然后根据素材名称修改相应的图层名称，如图5-42所示。

微课5.5

（4）在"时间轴"面板所有素材的第100帧处按【F5】键插入普通帧。单击"库"面板底部的"新建元件"按钮⊞，打开"创建新元件"对话框，设置名称为"动态太阳"，类型为"图形"，如图5-43所示。

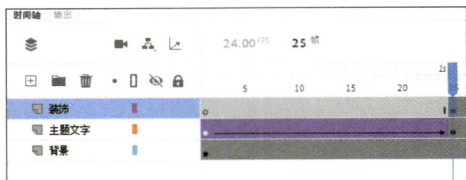

图5-41　　　　　　　　　图5-42　　　　　　　　　图5-43

（5）单击 确定 按钮进入元件编辑窗口，使用"选择工具"▶在"库"面板中选中"太阳.png"素材，拖动该素材到舞台中，为"动态太阳"元件添加内容。然后将舞台中的"太阳.png"素材转换为"太阳"图形元件。

（6）在第20帧处插入关键帧，然后使用"任意变形工具"▥旋转"太阳"图形元件，选择该图层前20帧中的任意一帧，单击鼠标右键，在弹出的快捷菜单中选择"创建传统补间"命令。

（7）单击舞台左上角的 ← 按钮返回场景1，为"主题文字"图层制作第0帧～第25帧，不透明度0%～100%的传统补间动画，并将"装饰"图层的第1帧移动到第25帧，如图5-44所示。

（8）选择"装饰"图层的第25帧，将"库"面板的"动态太阳"元件拖动到舞台中"游"字的上方，如图5-45所示。

（9）新建并重命名图层为"飞机"，选择该图层的第25帧，将"飞机.png"素材拖动到舞台上，并转换为同名称的图形元件。选择飞机图层，单击鼠标右键，在弹出的快捷菜单中选择"添加传统运动引导层"命令，为该图层添加引导层，并使该图层成为动画层，如图5-46所示。

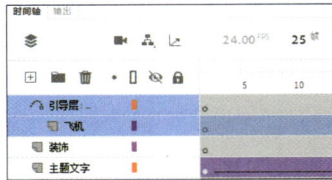

图5-44　　　　　　　　　图5-45　　　　　　　　　图5-46

（10）新建并重命名图层为"线条"，在第25帧将"库"面板中的"线条.png"素材拖动到舞台中，调整至合适的位置。选择引导层的第25帧，选择"传统画笔工具"✏，在"属性"面板的"工具"选项卡中设置画笔大小为"8"，拖曳鼠标，在舞台中根据"线条.png"素材中的线条样式绘制引导线，如图5-47所示。

（11）使用"选择工具"▶选中"飞机"图层，分别在第25帧和第100帧处调整"飞机"素材的位置（注意在选择飞机素材时，需要将鼠标指针移动到机头位置，这样才能使素材的中心点出现在机头），如图5-48所示，使这两帧分别成为飞行位置的起始和结束处。

（12）选择"飞机"图层的第26帧，创建传统补间动画，按【Enter】键预览动画，发现飞机飞行时的动作不够真实。在第35帧处插入关键帧，使用"任意变形工具" 旋转该图形，如图5-49所示。

图5-47　　　　　　　　　　图5-48　　　　　　　　　　图5-49

（13）使用同样的方法依次在第40帧、第50帧、第60帧、第70帧、第75帧、第82帧处插入关键帧并调整图形的旋转方向，如图5-50所示。

图5-50

（14）新建并重命名图层为"文字"，在第25帧处插入关键帧，将"库"面板中的"古石城.png""镇海角.png""火山岛.png""沙滩.png"素材依次拖入舞台，调整素材位置如图5-51所示。

（15）依次在第40帧、第58帧、第85帧处插入关键帧，然后将"线条"图层移动到"飞机"图层的下方，如图5-52所示。在第25帧处删除"文字"图层中除"古石城.png"素材外的其余所有素材；在第40帧处删除"火山岛.png""沙滩.png"素材，在第58帧处删除"沙滩.png"素材，制作出文字逐渐出现的动画效果。

图5-51　　　　　　　　　　　　　　　图5-52

（16）按【Ctrl+Enter】组合键预览动画（注意在预览动画后，会自动在源文件相同位置导出SWF格式的文件），查看完整的动画效果，如图5-53所示。最后保存为文件名为"旅游动态Banner"的文件。

图5-53

5.4.4　课堂案例2——制作主播招聘动态海报

【案例背景】某直播团队决定制作一个创新而富有吸引力的主播招聘海报动画，以生动有趣的方式向外界展示平台的文化、特点和需求，以及作为主播在平台上能够获得的成长空间和机遇，从而吸引更多主播加入其团队。

【知识要点】绘制遮罩形状；创建遮罩层和被遮罩层；创建遮罩动画。

【素材位置】配套资源：素材文件\第5章\主播招聘海报.jpg。

【效果位置】配套资源：效果文件\第5章\主播招聘海报动画.fla、效果文件\第5章\主播招聘海报动画.swf。

效果预览

微课5.6

具体操作如下。

（1）启动Animate，新建宽为"1080"，高为"1920"，单位为"像素"，平台类型为"ActionScript 3.0"，帧速率为"24.00"的文件。

（2）将"主播招聘海报.jpg"素材文件导入舞台，并调整其大小和位置，使其刚好能够覆盖舞台。修改图层名称为"海报"，然后新建名称为"遮罩"的图层。

（3）选择"椭圆工具" ，在"属性"面板的"工具"选项卡中设置填充颜色为"#000000"，不透明度为"100%"，并在舞台上按住【Shift】键拖曳鼠标绘制圆形，如图5-54所示。

（4）将圆形转换为名称为"圆形"，类型为"图形"的元件。

（5）在"时间轴"面板中拖曳鼠标选中所有图层的第80帧，单击鼠标右键，在弹出的快捷菜单中选择"插入帧"命令。

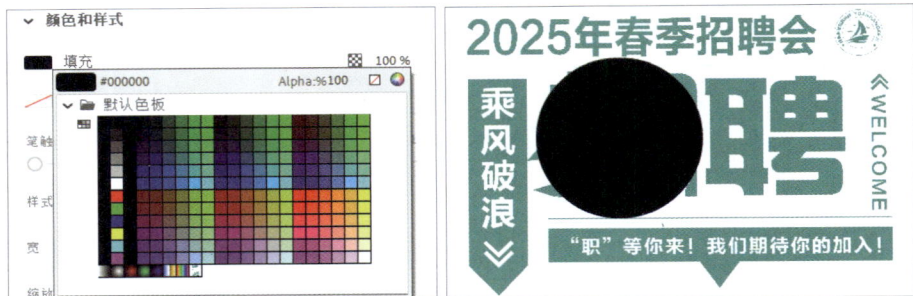

图5-54

（6）选择"遮罩"图层，选中第15帧，按【F6】键转换为关键帧。使用"选择工具" 移动"圆形"元件的位置，如图5-55所示。

（7）依次在第30帧、第45帧处插入关键帧，并依次移动"圆形"元件的位置，如图5-56所示。

图5-55

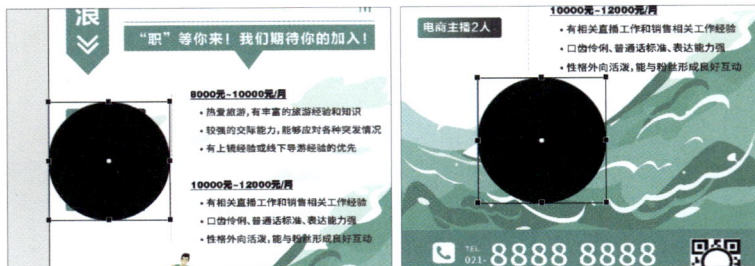

图5-56

（8）选中"遮罩"图层的第45帧，按住【Alt】键并拖动关键帧复制到第46帧的位置。选择第46帧，使用"选择工具" 移动"圆形"元件的位置，如图5-57所示，然后按【Ctrl+B】组合键将元件打散为形状。

（9）在"时间轴"面板中选中"遮罩"图层的第65帧，按【F7】键转换为空白关键帧。选择"矩形工具" ■，在舞台空白区域内拖曳鼠标绘制能完全覆盖招聘海报的矩形。

（10）在"遮罩"图层的第1帧上单击鼠标右键，在弹出的快捷菜单中选择"创建传统补间"命令，在第1帧～第15帧建立传统补间动画。使用类似的方法依次在第15帧～第30帧、第30帧～第45帧建立传统补间动画。

（11）在"遮罩"图层的第46帧上单击鼠标右键，在弹出的快捷菜单中选择"创建补间形状"命令，在第46帧～第65帧建立形状补间动画。

（12）单击"遮罩"图层的第1帧～第15帧的传统补间动画，打开"属性"面板，展开"补间"栏，单击"效果"选项，在展开的面板中双击选择图5-58所示的缓动类型。为剩余的传统补间动画添加相同的缓动效果。

（13）单击"遮罩"图层的第46帧～第65帧的形状补间动画，在"属性"面板中设置图5-59所示的缓动类型。

图5-57
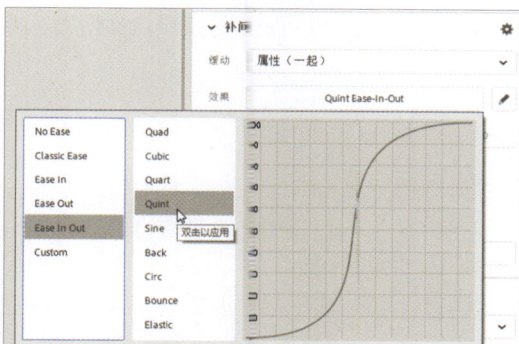
图5-58
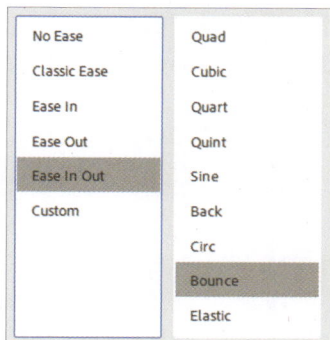
图5-59

（14）在"遮罩"图层上单击鼠标右键，在弹出的快捷菜单中选择"遮罩层"命令，将其更改为遮罩层。

（15）按【Enter】键预览动画效果，如图5-60所示。最后保存为文件名为"主播招聘海报动画"的文件，并导出为SWF格式的文件。

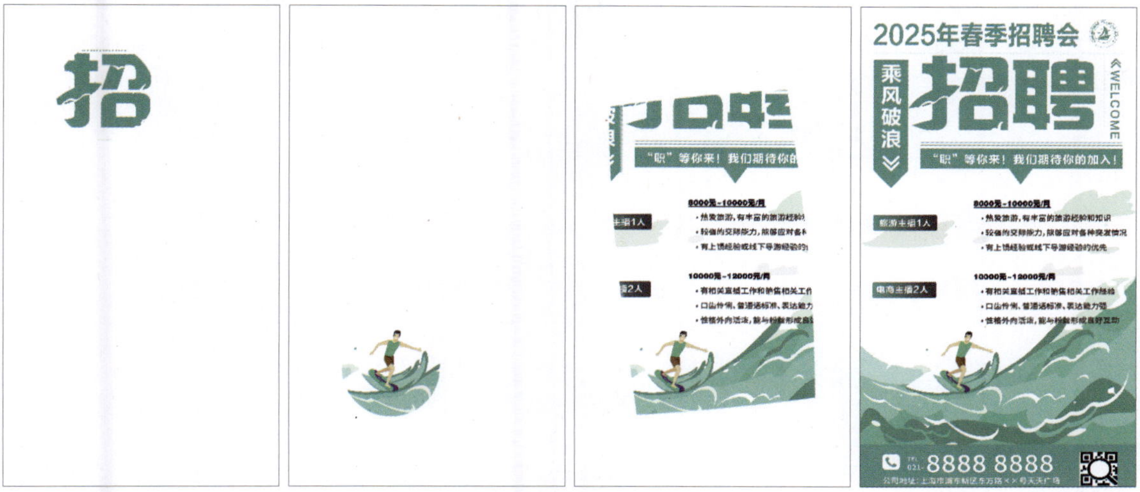

图5-60

5.5 制作交互动画

交互动画与其他动画比较明显的区别就在于交互动画具有互动性，需要用户直接参与。在Animate中，要制作带有交互动作的动画，可以使用"动作"面板和"代码片断"面板来进行操作。

5.5.1 ActionScript与JavaScript

交互动画的核心在于为动画文件中的元素添加脚本。脚本是使用某种特定的脚本语言，依据一定的格式编写的可执行文件。在Animate中通用的脚本语言有ActionScript与JavaScript。

1. ActionScript

ActionScript是一种强大的面向对象的脚本语言，其功能强大，类库丰富，目前已经更新到Action Script 3.0。要使用ActionScript 3.0脚本语言制作交互式动画，需要在Animate中创建文档时，在"新建文档"对话框右侧的"平台类型"下拉列表中选择平台类型为"ActionScript 3.0"，该平台主要面向计算机端，在此平台可以发布传统的SWF动画。

2. JavaScript

JavaScript是一种基于对象和事件驱动并具有相对安全性的客户端脚本语言，也是一种广泛用于客户端Web开发的脚本语言，常用来给HTML网页添加各式各样的动态功能。要使用JavaScript脚本语言制作交互式动画，需要在Animate中创建文档时，在"新建文档"对话框右侧的"平台类型"下拉列表中选择平台类型为"HTML5 Canvas"，该平台主要面向移动端，在此平台可以发布H5网页动画。

5.5.2 "动作"面板

不管是选择ActionScript还是JavaScript脚本语言，要制作交互动画都需要使用"动作"面板。通过"动作"面板可以为互动对象添加由脚本语言组成的命令集，使其形成动画效果。

在菜单栏中选择【窗口】/【动作】命令，或按【F9】键，打开图5-61所示的"动作"面板（为了便于查看，这里的"动作"面板已经输入了部分代码），该面板由脚本导航器、使用向导添加、按钮组和脚本编辑窗口4个部分组成。

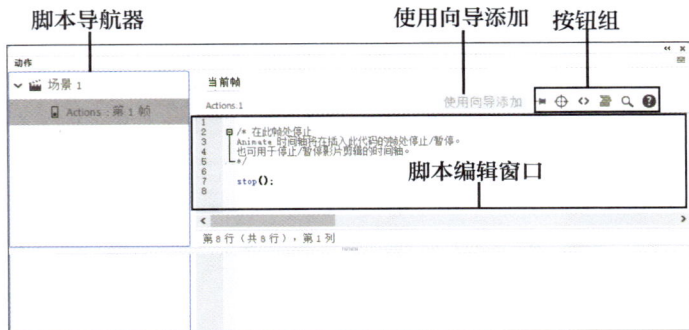

图5-61

● **脚本导航器**。用于显示当前文件中哪些帧添加了脚本，可通过脚本导航器在这些帧之间来回切换。

● 使用向导添加 。单击该按钮可使用一个简单易用的向导添加动作，而无须编写脚本，但该按钮仅可用于HTML5 Canvas文件类型。

● **按钮组。**"固定脚本"按钮 用于将脚本编辑窗口中的各个脚本固定为标签，然后相应地移动它们；"插入实例路径和名称"按钮 用于插入实例的路径或实例的名称；"代码片断"按钮 用于打开"代码片断"面板；"代码格式"按钮 用于将输入的代码按照一定的格式书写；"查找"按钮 用于查找或替换脚本语言；"帮助"按钮 用于打开"帮助"面板。

● **脚本编辑窗口。**编辑脚本的主要区域。将鼠标指针移至脚本编辑窗口，单击将插入光标，然后输入脚本。

使用"动作"面板添加脚本时，需要先选择一个关键帧，然后在脚本编辑窗口中输入脚本，该帧上方将出现一个 α 符号。当动画播放到该帧时，Animate将会运行帧中的脚本。

5.5.3 "代码片断"面板

在菜单栏中选择【窗口】/【代码片断】命令，或在"动作"面板中单击"代码片断"按钮 ，都将打开"代码片断"面板，其中有"ActionScript""HTML5 Canvas"两个选项组，如图5-62所示。单击对应的选项组，在打开的下拉列表中双击对应的脚本语言选项，可将相应代码片段添加到"动作"面板中，然后可在"动作"面板中查看新添加的代码片段，并根据代码片段开头的注释说明替换必要的项。

图5-62

"代码片断"面板中的其他参数作用如下。

1. 添加到当前帧

选择脚本语言选项后，单击"添加到当前帧"按钮 ，可为当前帧中的对象添加对应的代码片段。需要注意的是，若帧中的对象不是元件实例，则单击该按钮时，Animate将自动把该对象转换为影片剪辑元件；若帧中的对象没有实例名称，则单击该按钮时，Animate将自动为该对象添加一个实例名称。

2. 复制到剪贴板

选择脚本语言选项后，单击"复制到剪贴板"按钮 ，可将代码片段粘贴到剪贴板上，常用于将预设的代码片段转移到外部文件中。

3. 选项

单击"选项" ⚙️下拉列表右侧的 ▾按钮，在打开的下拉列表中可以选择"创建新代码片断""编辑代码片断 XML""删除代码片断"等选项。

需要注意的是，在使用代码片段前，要将舞台上的所选对象转换为影片剪辑元件，否则在应用代码片段时，Animate 将自动转换；然后需要在"属性"面板中的"对象"选项卡中为所选元件实例命名（命名一般由英文单词组成，采用大小写混排方式，注意避免使用特殊字符和空格），如图 5-63 所示，否则在应用代码片段时，Animate 将自动添加一个实例名称，所以必须要有实例名称才能在脚本中调用。因为代码只能放置在关键帧中，为了便于脚本的管理，可以建立一个 Actions 图层来放置脚本。如果没有建立 Actions 图层，则 Animate 会在第一次插入代码片段时，自动在图层顶部新建一个名为 Actions 的图层，同时 Actions 图层相应帧的上方也会出现一个 α 符号。

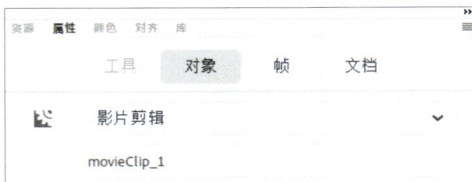

图 5-63

💡 **小提示**

制作交互动画时需注意，使用高级图层会对代码产生一定的限制。为防代码报错，我们可以在菜单栏中选择【修改】/【文档】命令，打开"文档设置"对话框，取消选中"使用高级图层"复选框，然后单击 确定 按钮关闭高级图层。

5.5.4　组件

组件是带有参数的影片剪辑元件，包含多种类型的资源，使用这些资源可以提供更强的交互能力和动画效果。

在菜单栏中选择【窗口】/【组件】命令，打开"组件"面板，该面板包括多种内置的组件。当平台类型为"ActionScript 3.0"时，"组件"面板分为"User Intreface"组件（即用户界面组件）和"Video"组件两类（见图 5-64）；当平台类型为"HTML5 Canvas"时，"组件"面板如图 5-65 所示，其中组件类型名称变为"用户界面"和"视频"，且新增了一个"jQuery UI"组件（是一个以 jQuery 为基础的开源 JavaScript 网页用户界面代码库），其他组中的组件类型也略微有所区别。

总的来说，Animate 中的大多数交互操作都是通过"User Intreface"组件或者"用户界面"组件来实现的，其中比较常用的组件如下。

● **Button（按钮组件）**。该组件可以执行鼠标和键盘的交互事件，常用于制作"提交"等按钮。

● **CheckBox（复选框组件）**。该组件可以用于选择多个选项。

● **ComboBox（下拉菜单组件）**。该组件可以提供多个选项供用户选择。

图 5-64

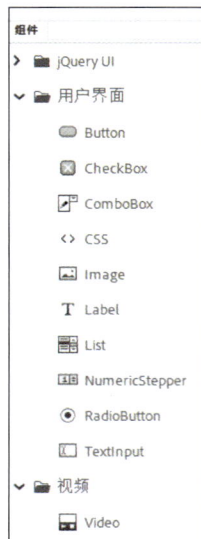

图 5-65

- **Label（文本标签组件）**。该组件将显示单个文本行，一个Label组件就是一行文本，而且Label组件没有边框，常用于显示对象的名称、属性等。
- **List（列表框组件）**。该组件将显示一个可滚动的单选或多选列表框，可以显示图形和文本。
- **NumericStepper（数值框组件）**。该组件将显示一个数值框，可以设置数值框中的默认值、最大值和最小值。
- **ProgressBar（进度条组件）**。该组件将显示任务进度或加载状态。
- **RadioButton（单选项组件）**。该组件将显示一个单选项，通常会将多个RadioButton组件组成一个单选项组，选中其中一个单选项后，同一个组中的其他单选项将自动取消选中状态。
- **ScrollPane（滚动条组件）**。该组件用于在某个大小固定的文本框中显示更多的文本内容。滚动条是动态文本框与输入文本框的组合，在动态文本框和输入文本框中添加水平滚动条和竖直滚动条，用户可以通过拖动滚动条来显示更多的内容。
- **Slider（滑块组件）**。该组件将显示一个滑块，用于通过滑动来调整数值或控制音频/视频播放进度。
- **TextArea（文本域组件）**。该组件将显示一个文本框，允许用户输入任意长度的文本，常用于需要输入多行文本的场景。当用户在文本框中输入文本后，文本会自动换行，当超出文本框范围时，文本框会自动生成滑动条，通过滑动条可以改变文字的显示范围。
- **TextInput（文本输入框组件）**。该组件将显示一个文本框，用于输入较短的文本或数据，常用于需要输入单行文本（如用户名、密码等）的场景。

> **小提示**
>
> "Video"组件或"视频"组件主要用于对播放器中的播放状态和播放进度等属性进行交互操作，如播放、暂停、停止等。

在"组件"面板中双击要添加的组件或将其拖动到舞台中，都可以添加组件，同时在"库"面板中也会增加该组件及其关联的资源，若要再次使用相同的组件，可以直接从"库"面板中添加。若要从舞台删除一个组件，只需选择该组件按【Delete】键。若要从Animate文件中删除该组件，则必须从"库"面板中删除该组件及其相关联的资源。

另外，在添加组件后，还可以通过设置组件参数来更改组件的外观和行为。具体操作方法为：在菜单栏中选择【窗口】/【组件参数】命令，或单击"属性"面板中的"显示参数"按钮，打开"组件参数"对话框，在其中可以设置组件的相关参数。图5-66所示为TextInput组件的"组件参数"面板。

图5-66

5.5.5　课堂案例——制作产品问卷调查交互动画

【案例背景】为了更好地了解用户需求，优化产品体验，提高用户满意度，某公司决定制作一个产品问卷调查交互动画，以此来收集对公司的新品——智能门锁的用户反馈。这样不仅可以使问卷更加生动有趣，还可以增加用户与问卷之间的互动，让用户积极参与并认真回答每一个问题。

效果预览

【知识要点】添加并编辑组件；设置实例名称；在"动作"面板中输入脚本语言；使用"代码片断"面板添加代码。

【素材位置】配套资源：素材文件\第5章\"产品问卷调查素材"文件夹。

微课5.7

【效果位置】配套资源：效果文件\第5章\产品问卷调查交互动画.fla、效果文件\第5章\产品问卷调查交互动画.html。

具体操作如下。

（1）启动Animate，新建宽为"750"，高为"1334"，单位为"像素"，帧速率为"24.00"，平台类型为"HTML5 Canvas"的动画文件。

（2）导入"问卷背景.png"素材到舞台，使素材与舞台基本重合，然后修改"图层_1"图层的名称为"背景"。在舞台上方输入文字"客户问卷调研"，在"属性"面板中的"对象"选项卡中的"静态文本"下拉列表中选择"动态文本"选项，设置字体为"汉仪综艺体简"，文本颜色为"#ffffff"，大小为"90 pt"，在"滤镜"栏中单击"添加滤镜"按钮 ＋，在打开的下拉列表中选择"投影"选项，设置投影颜色为"#306aff"，其他参数设置如图5-67所示。

（3）在文字下方输入其他文字，设置文字字体为"思源黑体 CN"，文本颜色为"#ffffff"，效果如图5-68所示。

（4）在"背景"图层中导入"标题栏.png"素材，调整至合适的大小和位置，然后将该素材转换为图形元件。双击该元件，进入元件编辑窗口，新建图层并在该图层中绘制白色矩形，再将矩形所在图层移动到素材所在图层的下方，效果如图5-69所示。

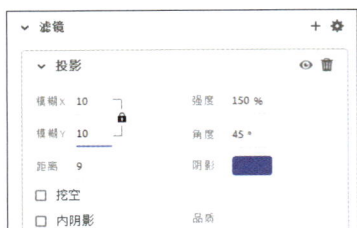

| 图5-67 | 图5-68 | 图5-69 |

（5）返回主场景，在"标题栏.png"素材和白色矩形中分别输入文字，字体均为"思源黑体CN"，其中白色矩形中的文本颜色为"#4281FF"，行距为"4"，效果如图5-70所示。

（6）新建一个名称为"按钮"的图层，使用"矩形工具" ▇ 在该图层第1帧处绘制一个填充颜色为"#ffffff"，圆角为"50"的圆角矩形，然后在其中输入"填写问卷"文字，如图5-71所示。

（7）将圆角矩形和文字转换为按钮元件。双击按钮元件，进入元件编辑窗口，在第2帧、第3帧、第4帧处分别插入关键帧，并依次调整圆角矩形的填充颜色为"#0046d2、#0055ff、#000066"。

（8）返回主场景，在"背景"图层中选择第2帧，插入关键帧，然后修改其中的文字信息，如图5-72所示。

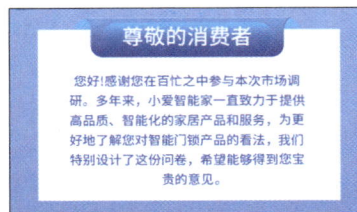
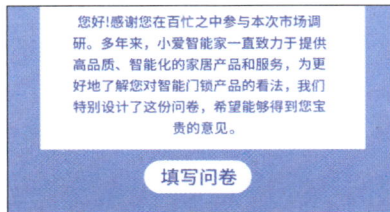
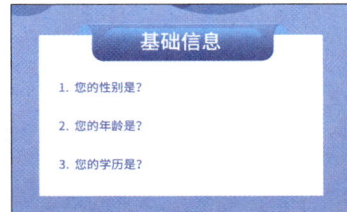

| 图5-70 | 图5-71 | 图5-72 |

（9）在"按钮"图层中选择第2帧，插入空白关键帧，然后绘制白色矩形和输入"下一页"文字，如图5-73所示。使用与步骤（7）类似的方法制作按钮元件。

（10）在"背景"图层中选择第3帧，创建关键帧，然后修改文字内容，如图5-74所示。

（11）在"库"面板中选择元件2，单击鼠标右键，在弹出的快捷菜单中选择"直接复制"命令，打开"直接复制元件"对话框，修改复制元件的名称为"元件4"，如图5-75所示，单击 确定 按钮。双击元件4，在元件编辑窗口中修改第1帧～第4帧中的文字为"提交"。

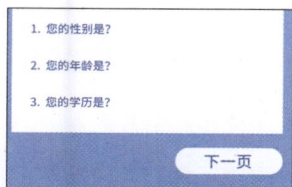

图 5-73　　　　　　　　　图 5-74　　　　　　　　　图 5-75

（12）使用类似的方法复制元件4为元件5，并修改元件5中的名称为"完成"。

（13）在"按钮""背景"图层中选择第2帧~第12帧，创建关键帧，然后依次修改背景图层中的文字内容，如图5-76所示。

图 5-76

（14）选择"按钮"图层的第11帧，将按钮移动到画面中心，然后单击鼠标右键，在弹出的快捷菜单中选择"交换元件"选项，打开"交换元件"对话框，选择"元件4"选项，如图5-77所示，单击 确定 按钮，效果如图5-78所示。

（15）选择"按钮"图层的第12帧，将按钮移动到画面中心，然后替换为元件5，效果如图5-79所示。

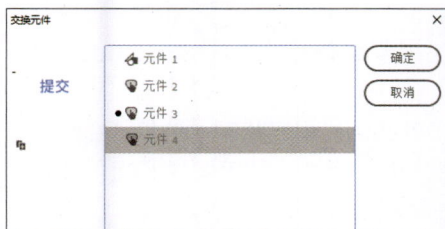　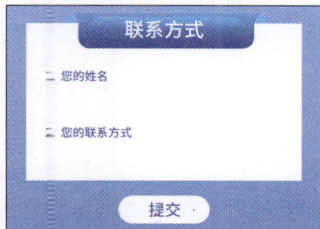　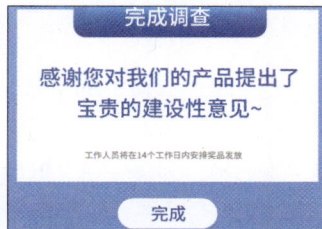

图 5-77　　　　　　　　　图 5-78　　　　　　　　　图 5-79

（16）选择"背景"图层，然后新建图层，修改新建图层的名称为"提问"。在"提问"图层的第2帧创建关键帧，打开"组件"面板，展开"用户界面"栏，选择RadioButton组件，将其拖动到第1

个问题右侧，然后使用"任意变形工具" 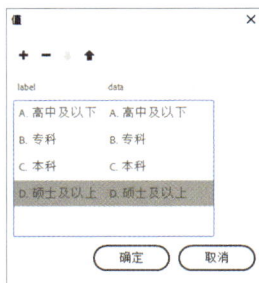 将组件放大，如图5-80所示。

（17）在菜单栏中选择【窗口】/【组件参数】命令，打开"组件参数"面板，修改参数如图5-81所示。使用复制元件的方式复制该组件，设置复制组件的名称为"RadioButton 女"，然后从"库"面板中拖动到舞台，在"组件参数"面板中修改该组件的标签均为"B. 女性"。

（18）在"组件"面板中将ComboBox组件拖动到第2个问题右侧，调整至合适的大小（可在"属性"面板的"对象"选项卡的"位置与大小"栏中设置组件为相同大小）。打开"组件参数"面板，单击"项目"选项后的 ✎ 按钮，打开"值"对话框，在其中单击 ⊞ 按钮，设置"label""data"均为"A. 18岁以下"。使用类似的方法再添加3个值，并分别设置不同的内容，如图5-82所示，单击 确定 按钮。

（19）添加ComboBox组件到第3个问题右侧，通过"组件参数"面板在"值"对话框中修改内容，如图5-83所示。

图5-80	图5-81	图5-82	图5-83

（20）在"库"面板中再复制两个RadioButton组件，修改名称分别为"RadioButton 是""RadioButton 否"。选择"提问"图层的第3帧，创建空白关键帧，将这两个组件拖动到舞台中，调整其大小和位置，如图5-84所示。在"组件参数"面板中依次修改左右两个组件的标签为"A. 是""B. 否"。

（21）选择"提问"图层的第4帧，创建空白关键帧，然后在其中添加CheckBox组件，在"组件参数"面板中修改内容，如图5-85所示，然后按住【Alt】键向下拖动复制3个组件，调整至合适的大小和位置，效果如图5-86所示（这里由于选项文字较多，因此需要使用"任意变形工具" 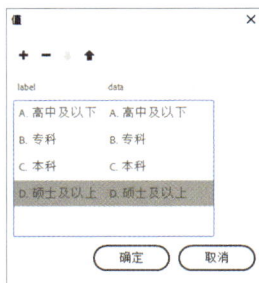 拖动组件边缘，增加其长度）。根据"提问.txt"素材中的内容分别修改复制组件参数。

图5-84	图5-85	图5-86

（22）在"库"面板中复制CheckBox组件，设置名称为"CheckBox 问题3"。选择"提问"图层的第5帧，创建空白关键帧，将"CheckBox 问题3"组件拖动到舞台中，然后按住【Alt】键向下拖动复制3个组件，调整其大小和位置，并根据"提问.txt"素材中的内容修改组件参数。

（23）在"库"面板中再复制CheckBox组件，设置名称为"CheckBox 问题4"。选择"提问"图层的第6帧，创建空白关键帧，将"CheckBox 问题4"组件拖动到舞台中，然后按住【Alt】键向下拖动复制3个组件，调整其大小和位置，并根据"提问.txt"素材中的内容修改组件参数。

（24）在"库"面板中再复制CheckBox组件，设置名称为"CheckBox 问题5"。选择"提问"

图层的第7帧，创建空白关键帧，将"CheckBox 问题5"组件拖动到舞台中，然后按住【Alt】键拖动复制3个组件，调整其大小和位置，如图5-87所示，并根据"提问.txt"素材中的内容修改组件参数。

（25）在"库"面板中复制两个RadioButton组件，设置名称分别为"RadioButton 是（问题6）""RadioButton 否（问题6）"。选择"提问"图层的第8帧，创建空白关键帧，然后将这两个组件拖动到舞台中，调整其大小和位置。在"组件参数"面板中依次修改左右两个组件的标签为"A. 是""B. 否"。

（26）为"提问"图层的第9帧添加两个RadioButton组件。选择"提问"图层的第10帧，创建空白关键帧，并添加TextInput组件，然后调整至合适的大小和位置，效果如图5-88所示。

（27）选择"提问"图层的第11帧，再复制一个TextInput组件，并调整至合适的大小和位置，效果如图5-89所示。选择"提问"图层的第12帧，删除所有组件。

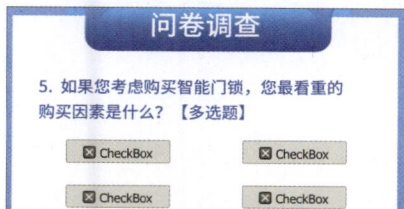

图5-87

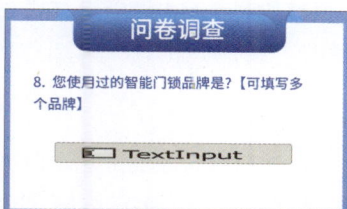

图5-88

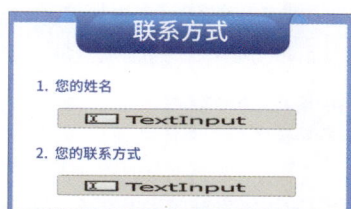

图5-89

（28）选择"填写问卷"按钮，在"属性"面板的"对象"选项卡中设置实例名称为"btn1"。设置第2帧中"下一页"按钮的实例名称为"prevButton2"，设置第3帧中"下一页"按钮的实例名称为"prevButton3"，以此类推，直至设置第10帧中"下一页"按钮的实例名称为"prevButton10"。设置第11帧中"提交"按钮的实例名称为"btn11"，设置第12帧中"完成"按钮的实例名称为"btn12"。

（29）选择"背景"图层的第1帧，按【F9】键打开"动作"面板，单击 使用向导添加 按钮，在"第1步"区域中依次选择"Stop""This timeline"代码（选中的代码呈灰色），如图5-90所示。单击 下一步 按钮，在"第2步"区域中选择"With this frame"代码，如图5-91所示，单击 完成并添加 按钮。此时预览动画发现画面停留在第1帧，不会自动播放其他帧的画面。

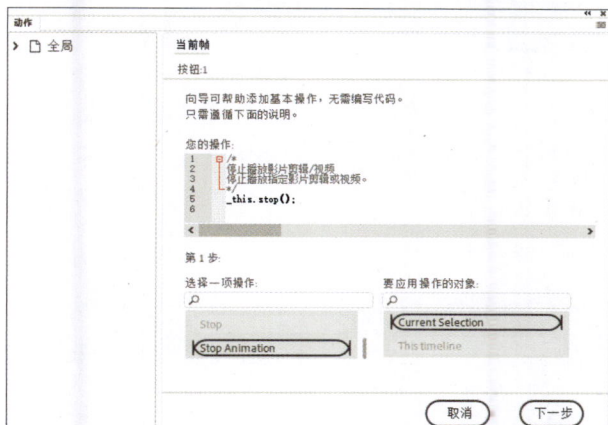

图5-90

图5-91

（30）选择"填写问卷"按钮，单击"动作"面板中的"代码片断"按钮<>，打开"代码片断"面板，依次展开"HTML5 Canvas""时间轴导航"文件夹，双击"单击以转到帧并停止"选项，再将"动作"面板"gotoAndStop(5)"代码中的"5"改为"1"，如图5-92所示，以指定该按钮能够跳转到下一页面。

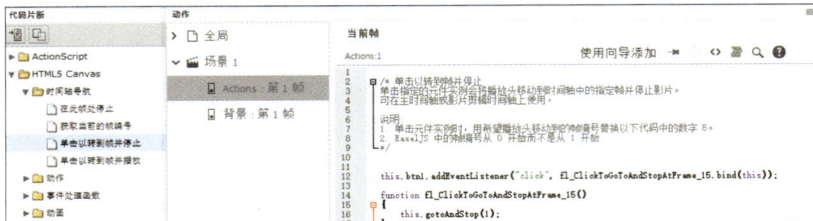

图5-92

（31）选择"按钮"图层第2帧的"下一页"按钮，在"代码片断"面板中双击"单击以转到帧并停止"选项，并将"动作"面板的"gotoAndStop(5)"代码中的"5"改为"2"。

（32）使用类似的方法依次为"按钮"图层第3帧～第10帧中的"下一页"按钮，以及第11帧中的"提交"按钮添加相同的代码，并修改"gotoAndStop(5)"代码中的参数（参数需修改为跳转到的目标帧数减1）。为第12帧中的"完成"实例添加"在此帧处停止"代码。

> **💡 小提示**
>
> 由于JavaScript中的数组索引是从0开始的，因此在为动画文件添加代码时，新媒体从业者需要将代码中的编号加上1才能在代码中找到相应的帧。比如，执行this.gotoAndStop(5)代码时，实际停留在时间线的第6帧上。

（33）按【Ctrl + Enter】组合键预览动画，如图5-93所示，预览效果无误后保存文件，设置文件名称为"产品问卷调查交互动画"。

图5-93

> **👤 素养提升**
>
> 在新媒体时代，素养的提升已不再局限于传统领域的知识和技能范畴，而是进一步要求新媒体从业者具备跨领域的综合能力。新媒体从业者要制作出更加高级的交互动画，还需要掌握一定的编程基础知识，系统学习编程语言，这不仅是对个人技能的拓展，还是对专业素养的全面提升。

5.6　综合实训——制作生鲜广告动画

【实训背景】某生鲜品牌为筹备线上店铺开业活动，准备在网店中添加具有动态效果的广告动画，通过创新的表现方式吸引消费者了解本店的优惠活动，提升销售额。要求广告动画的尺寸为"1280像素×720像素"，时长为5s左右，动画效果具有创意性。广告画面中各元素需与平面设计图布局基本一致，各个元素的动画效果不会相互遮挡，信息表达清晰、明了。另外，广告动画还需要与用户进行交互。

【实训目的】借助实训增进学生对Animate的熟悉程度，增强学生实际制作不同类型动画的能力。

【素材位置】配套资源：素材文件\第5章\"生鲜广告动画"文件夹。

【效果位置】配套资源：效果文件\第5章\生鲜广告动画.fla、效果文件\第5章\生鲜广告动画.swf。具体操作如下。

（1）启动Animate，新建尺寸为1280像素×720像素，帧速率为24帧/秒，平台类型为"ActionScript 3.0"的文件。

（2）导入"生鲜广告.psd"文件，再将导入舞台的各个元素分别转换为与图层名称相同的图形元件，此时"库"面板中的效果如图5-94所示。选择所有图层的第121帧，按【F5】键创建帧。

效果预览

微课5.8

（3）修改"图层1"的名称为"遮罩"，然后将其移动到"背景"图层上方。选择"遮罩"图层的第1帧，在舞台中绘制圆形（绘制时可暂时隐藏非遮罩所需图层），如图5-95所示，再将该圆形转换为图形元件。

（4）选择"遮罩"图层的第40帧，将圆形移动到舞台中间，并放大圆形使其覆盖整个画面，如图5-96所示。然后创建传统补间动画，将"遮罩"图层转换为遮罩层。

图5-94

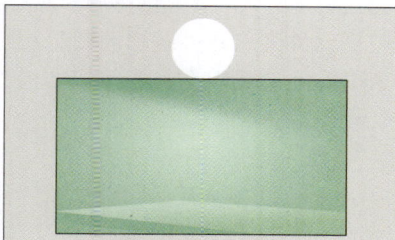

图5-95　　　　　　　图5-96

（5）选择除遮罩层和被遮罩层外的其余所有图层，在第60帧创建关键帧。选择除柠檬、橘子、猕猴桃图像所在图层外的其余所有图层的第40帧，分别调整图像的位置，并删除第1帧，使第40帧为起始帧，此时舞台和"时间轴"面板如图5-97所示。

图5-97

（6）选择柠檬、橘子、猕猴桃图像所在图层的第40帧，将图像缩小并进行移动，如图5-98所示。然后调整不透明度为"0%"，同样删除这3个图层的第1帧，使第40帧为起始帧，然后在第49帧处调整这3个图层中图像的不透明度为"100%"，并将其放大，如图5-99所示。然后创建传统补间动画，如图5-100所示。

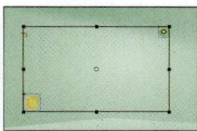

图5-98

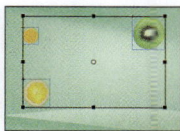

图5-99

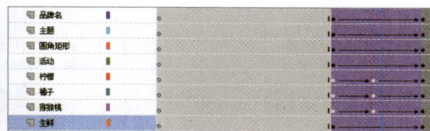

图5-100

（7）双击"活动"图形元件进入元件编辑模式，按【Ctrl+B】组合键打散文本，在第40帧创建关键帧，选择前40帧的任意一帧，单击鼠标右键，在弹出的快捷菜单中选择【转换为逐帧动画】/【每三帧设为关键帧】命令。然后框选每个关键帧中需要删除的内容，按【Delete】键删除，使文本逐字出现，再在第121帧处插入帧以延长持续时间。

（8）返回主场景，删除"活动"图层中的传统补间动画。导入"叶子.png""叶子1.png""叶子2.png"素材到"库"面板中，并依次将3个叶子创建为同名的图形元件，然后在不同的图形元件中分别新建引导层，绘制引导线，制作叶子飘落效果。在主场景中新建3个图层，分别将这3个元件放在不同的图层中，调整至合适的位置。

（9）选择"活动"图层的第40帧，单击鼠标右键，在弹出的快捷菜单中选择"清除关键帧"命令，将其转换为普通帧。

（10）新建"按钮"图层，选择该图层的第120帧，然后绘制填充颜色为"#EF2423"的矩形，在"属性"面板中设置矩形的圆角半径均为"20"，在矩形中输入文字"立即领券"。

（11）将"按钮"图层中的元素转换为"按钮"元件，双击打开该元件，依次在第2帧~第4帧中设置矩形的填充颜色分别为"#990000""#005700""#996800"。返回主场景，将"弹窗广告.psd"导入"库"面板。新建"弹窗"图层，选择该图层的最后一帧，将"弹窗广告.psd资源"文件中的"背景"图像拖动到舞台中，调整至合适的大小，然后将其转换为名称为"弹窗"的影片剪辑元件。

（12）双击"弹窗"影片剪辑元件进入元件编辑窗口，新建图层，将"按钮"图像拖动到舞台中，调整至合适的大小。再次新建图层，绘制黑色矩形以覆盖整个舞台，并调整矩形的不透明度为"50%"，然后调整图层顺序，效果如图5-101所示。

（13）返回主场景，修改"按钮"图层的实例名称为"btn1"。选择"按钮"图层的第120帧，打开"动作"面板和"代码片断"面板，在"代码片断"面板中双击添加"在此帧处停止"代码，然后选中舞台中的按钮，添加"单击以转到下一帧并停止"代码，此时"动作"面板中的代码如图5-102所示。

图5-101

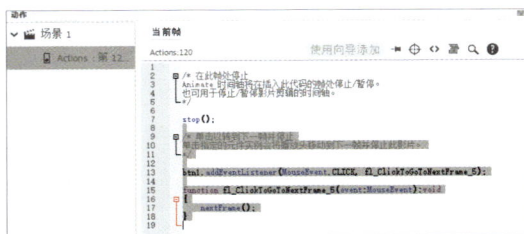
图5-102

（14）按【Ctrl + Enter】组合键预览动画（如果预览时动画代码有误，可关闭高级图层），如图5-103所示。预览效果无误后保存文件，设置文件名称为"生鲜广告动画"。

图5-103

思考与练习

1. 名词解释

二维动画　　帧　　元件

2. 选择题

（1）【单选】（　　）名称前有↖符号，用于为其他图层提供辅助绘图和绘图定位。

A. 运动引导层　　　　B. 普通引导层　　　　C. 遮罩层　　　　D. 被遮罩层

（2）【单选】（　　）是由多个连续帧组成，通过改变每帧的内容所形成的一种动画类型。

A. 逐帧动画　　　　B. 引导动画　　　　C. 补间动画　　　　D. 遮罩动画

（3）【多选】平面动画早期是在纸面上绘制的，以纸面绘画为主。常见的平面动画主要分为（　　）几种类型。

A. 单线平涂动画　　B. 剪纸动画　　　　C. 偶动画　　　　D. 水墨动画

（4）【多选】在Animate中，元件的类型包括（　　）。

A. 动画元件　　　　B. 图形元件　　　　C. 影片剪辑元件　　D. 按钮元件

（5）【多选】在Animate中，通用的脚本语言主要有（　　）。

A. Python　　　　B. JavaScript　　　　C. ActionScript　　D. Ruby

3. 思考题

（1）动画的原理是怎样的？

（2）计算机合成动画的常见类型有哪些？分别可以使用哪些软件来制作？

（3）传统补间动画和形状补间动画之间有什么区别？请简单举例。

4. 实操题

（1）海上旅行网需要制作一个用于网站宣传的动态标志，要求标志的大小为800像素×800像素，帧速率为24帧/秒，时长在4s左右，其效果不但要形象美观，还需在动图展现上将海上行驶的场景体现出来，以贴合网站主题，除此之外还要显示网站名称（配套资源：效果文件\第5章\旅行网动态标志.fla、效果文件\第5章\旅行网动态标志.swf）。

效果预览

（2）使用提供的素材为某篮球社社团制作一个篮球比赛宣传动画，用于吸引感兴趣的用户报名观看比赛。要求大小为640像素×900像素，帧速率为24帧/秒，时长在6s左右，平台类型为ActionScript 3.0，动态形式丰富，画面美观，信息清晰，主题突出，并利用代码制作出用户报名时产生的动态交互效果（配套资源：素材文件\第5章\"篮球比赛宣传素材"文件夹、效果文件\第5章\篮球比赛宣传动画.fla、效果文件\第5章\篮球比赛宣传动画.swf）。

效果预览

第 6 章

H5设计与制作

学习目标

1. 熟悉H5的类型、设计原则和设计风格。
2. 掌握H5的设计与制作流程。
3. 熟悉常用的H5设计工具。

技能目标

1. 能够根据不同的需求选择合适的H5类型模板。
2. 能够根据设计要求设计出对应风格的H5。
3. 能够选择合适的H5设计工具，快速完成H5的设计。

素养目标

1. 培养敏锐的用户洞察力及良好的美学感知能力。
2. 培养创造性思维，提升设计能力，合理利用工具提高工作效率。

本章导读

    H5作为新媒体技术的重要组成部分，不仅优化了新媒体的传播和交互模式，促进了信息传播的个性化和社交化，还极大地推动了新媒体行业的创新与发展，成为当前支撑新媒体发展的重要力量。

引导案例

云游千里，大美中国，诗画如歌。2024年2月，上海禾喵广告传播有限公司数字概念艺术家以传统书画为题材，使用AIGC制作出"云游大美中国"H5（见图6-1），展现我国的自然风光和人文历史。整个H5从优秀传统文化中取材，采用水墨画的形式构建画面，以山川绘中国，以烟波述意境，以流水驱动前进，颇有烟波浩渺、轻舟已过万重山之味。该H5的整体互动方式较为简单，根据页面提示长按页面即可欣赏美景。在整个过程中，用户犹如搭乘一叶扁舟，顺水行舟，穿行于山川之中，两岸青山由远及近、由近及隐，忽而白鹤齐鸣奔赴长空，感觉像做了一回徐霞客，具有很强的代入感。

图6-1

点评： 该H5将传统与现代、技术与艺术巧妙结合，带给用户全新的视觉盛宴和文化体验。其独特的创意和设计方式为创新H5设计提供了参考。

6.1　H5基础知识

H5是第5代超文本标记语言的简称，是一种网页内容构建标准，具备跨平台兼容性、高度互动性和出色的视觉表现力。在新媒体领域，H5也指使用该技术制作的H5页面。基于H5技术的特性，H5页面能够有效吸引用户参与互动，有力推动各类线上活动的开展，并增强用户黏性。

微课6.1

6.1.1　H5的类型

H5的类型丰富多样，涵盖了图文、动画、游戏等多种形式。H5的内容既可以是简单的画面展示，又可以是富有创意的动画演绎，还可以是互动体验性强的网页游戏。每一种类型的H5都独具特色，能给用户带来不同的体验。

1. 展示型H5

展示型H5主要用来展示各种信息，类似于演示文稿，互动性较弱，但胜在画面视觉效果好，能够通过画面打动用户。展示型H5一般用于宣传推广某个事物或活动。例如，南通日报社发布的"看得见的幸福"H5（见图6-2），从便民、城市更新、健康、教育、生态、乡村振兴、养老等方面展示了南通近几年取得的成就以及新面貌，有效地宣传了"新"南通。

图6-2

2. 场景型H5

场景型H5一般是通过文字、图像和音乐等媒介打造某种特定的沉浸式场景，通过场景来讲故事，具有很强的代入感。一些场景型H5还会在其中设置多种互动方式，让用户自主选择故事的发展方向，增强趣味性和身临其境之感。例如，网易新闻联合推出的"中轴历游记"H5（见图6-3），将北京中轴线上的特色景点搬到了线上，打造了一系列沉浸式"打卡"点。

图6-3

3. 测验型H5

测验型H5通常是选取热度高或具有悬念性的话题作为测试内容，并设置问题和答案，通过做题的形式引导用户互动。测验型H5的强互动性和趣味性使得其容易引起二次传播，在话题的带动下，也容易引起广泛讨论。例如，网易哒哒推出的"测测你的动物型人格"H5（见图6-4），就以热度较高的MBTI（Myers-Briggs Type Indicator，迈尔斯－布里格斯类型指标）性格测试为设计灵感，将测试结果与动物相关联，既充满人文关怀，又带有一定的趣味性。

图6-4

4. 技术型H5

技术型H5以技术优势取胜，通常通过酷炫的技术来增强画面效果和视觉体验，常见的技术型H5包括全景VR、3D画面、重力感应以及多屏互动等形式。例如，"元宇宙展馆"H5运用VR、AR等技术，打造线上元宇宙展馆，致敬中国航天。

5. 游戏型H5

游戏型H5即使用H5技术制作的各种网页游戏，因其具有强互动性和易分享性，能够引起用户的长时间和反复性互动，也容易被二次传播。例如，来宾融媒推出的"两会"H5就是一个小型游戏，该游戏通过种植甘蔗的方式让用户参与互动，在甘蔗成长的过程中展示我国各方面的发展成就。

📖 **课堂讨论**

在日常生活中，你在哪些场景中看到过H5？

6.1.2　H5的设计原则

H5的设计不仅是技术的展示，还是艺术与用户体验的结合。新媒体从业者要设计一个优秀的H5作品，需要遵循以下原则。

● **一致性原则**。一致性主要体现在3个方面，首先，前后页面的版式、文字样式、图像的颜色和风格等要保持一致；其次，页面中文案的语言风格要保持一致；最后，音乐的风格要与H5风格统一。

● **简洁性原则**。简洁性即化繁为简，去除冗余，只留下核心内容，提高信息传达的高效性和直接性，避免给用户带来过多的认知负担。

● **条理性原则**。一般来说，H5内容的展示应当具有逻辑性，使条理清晰。在设计时，新媒体从业者可以循序渐进，先展示比较简单的内容，然后依次展示复杂的内容，以降低用户的信息接收难度。此外，新媒体从业者也可以分点并列展示。通常，一个页面只展示一件事或一个点。

● **切身性原则**。H5的设计应从用户的角度出发，联系生活实际，从用户熟悉的生活和热点事件中寻找创意和灵感，并以此进行内容设计，引起用户的共鸣。

6.1.3 H5的设计风格

H5的设计风格多样，既可以简约、清爽，又可以科幻、酷炫，亦可如水墨丹青，给用户以视觉上和心灵上的享受。

1. 简约风格

简约风格的H5一般运用极少的色彩和简化的互动来精简画面，最大限度地减少干扰因素，常用于传递信息或表达情感。这种风格要求新媒体从业者有敏锐的洞察力，能够很好地把握内容重心，通过适当的留白处理手法与娴熟的排版能力，营造出细腻、别致的视觉效果。例如，"广告人时间当铺"H5（见图6-5）就采用了简约风格，大部分页面以黑灰为主色，体现广告人创作的艰辛以及不妥协的奋斗精神。

图6-5

2. 扁平化风格

扁平化风格的H5常常会去除繁杂的装饰，强调抽象和符号化，一般画面简约，多采用几何图形构成画面中的元素。例如，"梦想之城|长沙全力建设全球研发中心城市"H5就是采用扁平化风格，如图6-6所示。

图6-6

3. 卡通手绘风格

卡通手绘风格是H5中较为常见的风格，即通过卡通元素或手绘元素来表现主题，既轻松又有趣。例如，前文的"测测你的动物型人格"H5就是卡通手绘风格的H5。

4. 科技风格

科技风格即画面中有较多具有科技感的视觉元素，如机器人、科技产品等，多见于汽车或互联网领域。例如，南方财经全媒体集团的"科创走廊挺起产业'脊梁'"H5（见图6-7）整体就以蓝色为主，运用人工智能与数字经济试验区、智能机器人等科技元素，展示了广深港、广珠澳两条科技创新走廊如何助力广东现代化产业发展。

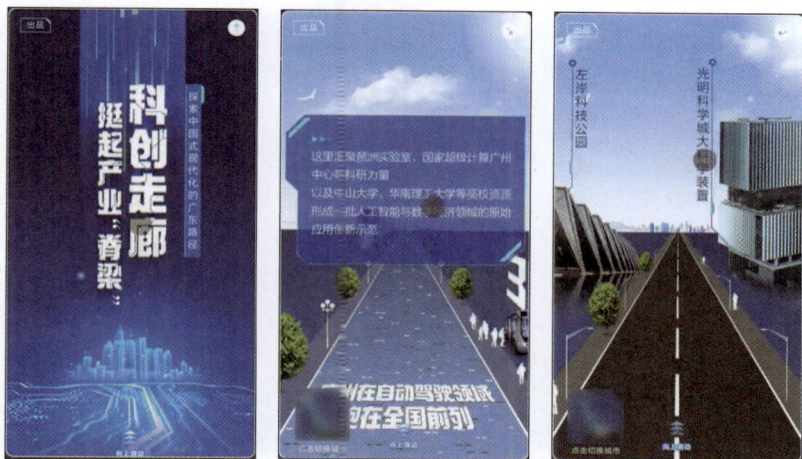

图6-7

5. 水墨风格

水墨风格的H5与水墨画相似，富有中国古风韵味，常用于宣传武侠类型的游戏以及与传统诗书画相关的内容。例如，央视新闻、百度飞桨联合推出的"AI画笔 连接爱"H5（见图6-8）让《富春山居图》具备立体的影效，展现了水墨画独具的意境美。

图6-8

6.2　设计与制作H5

一个令人满意的H5作品的诞生不是偶然的。从创意构思到最终呈现，每一步都需精心设计。除了要选对H5的类型、把握好风格以外，新媒体从业者还需要厘清制作流程，选好、用好工具。

微课6.2

6.2.1　设计与制作H5的流程

设计与制作H5通常有一个清晰的流程，一般是先明确设计目标，再根据设计目标进行内容策划，以内容为基点开始收集素材，接着展开H5页面和相关交互操作设计，最后生成和发布H5。

1. 明确设计目标

有了明确的设计目标才有了设计的方向，才能制作出符合主题、出色的H5作品。在明确设计目标的过程中，新媒体从业者需要想清楚以下3个问题，以更好地确定目标。

- 使用H5做什么？
- 通过H5传达什么？
- 用什么来设计与制作H5，是直接套用模板还是使用图像工具自行设计？

2. 内容策划

明确设计目标后，即可根据目标进行内容的策划。在具体策划时，新媒体从业者可以从内容、交互和视觉3个方面进行策划。

- **内容**。这里的内容主要是指文案内容和图像内容。就文案内容而言，需要明确文案的叙述点和叙述逻辑；图像内容一般是与文案内容配套的，新媒体从业者需要明确不同页面搭配使用的图像。
- **交互**。交互即与用户的交互方式。在策划时，新媒体从业者需要考虑清楚是采用简单点击还是长按页面、是问答还是移动画面等方式，以及是一种交互方式还是多种交互方式综合使用。
- **视觉**。视觉主要是指画面的冲击力，新媒体从业者可以从画面的色彩、动画效果等方面来考虑。

3. 收集素材

完成内容策划后，即可着手收集需要使用的素材。为方便设计，新媒体从业者在收集素材时应尽量收集所有可能使用的素材，包括文字信息、图像、视频和音频等。

- **文字信息的收集**。H5设计中会用到各种文字信息，如企业信息、活动信息、游戏文字、产品信息等，这些一般是与文案内容相关的。文字信息的收集应保证信息的广泛性、准确性、及时性、系统性等，以使信息更符合设计需求。
- **图片、视频和音频的收集**。图片、视频和音频是H5设计过程中常用的素材，一般通过3个渠道获取：自身资源库提取、网络收集、实物拍摄和录制。其中，可供网络收集的素材网站较多，常见的有千图网、摄图网、爱给网等。需要注意的是，一些素材网站中的图片、视频和音频不能直接使用，需注册会员或购买后才能使用。

4. 页面设计

收集足够的素材之后，新媒体从业者就可以正式开启H5页面的设计。常见的设计方法有以下两种。

- **使用模板设计**。很多在线H5设计工具都提供了模板，可以直接套用，然后将前面收集到的素材添加到编辑器中，并替换模板内容，就可以快速完成H5的设计。这样设计出来的H5不但内容完整，而且可保证美观度，但是也可能存在设计不合理、不完全符合需求等缺点。
- **自主设计**。如果讲究原创性和个性化，且新媒体从业者本身具有较强的设计能力，使用在线H5设计工具自行创建H5也不失为一个好方法。例如，在MAKA首页单击"创建"超链接，打开编辑页面，自行添加文字、图片等，并进行调整布局等操作，就可构建原创的页面。

5. 交互设计

使用模板设计的H5大多已经包含交互效果，不用额外添加交互效果，但一般还需要自行设置动画、音频、互动方式等效果。

6. 生成和发布

新媒体从业者完成H5的交互设计后，即可预览效果，对效果满意后，便可在发布页面中通过二维码或链接的方式生成与发布H5。

6.2.2　常用的H5设计工具

设计与制作H5时，有很多工具可供选择，既有简单、易操作的H5工具，又有专业性强的H5工具，新媒体从业者可以根据实际情况进行选择。

1. 简易H5设计工具

若新媒体从业者属于H5初学者，他就可以使用一些模板化的设计工具高效地完成H5的设计。

● **人人秀**。人人秀定位为初学者都可顺畅使用的H5设计工具，其特点是操作简单，互动功能强大，有抽奖、答题、红包、投票等自主推广功能，支持发布到微信、小程序、抖音等多个渠道，但其免费版功能较少，不能嵌入视频和添加特效。

● **兔展**。兔展是H5的先行者，早在2014年就开始提供H5制作服务。兔展的H5编辑制作页面简单、易上手，模板多样，动画效果添加便捷，而且其免费版有较多的功能，足以制作完成较简单的H5页面，但是其模板的精美度较低，自主推广功能较少。图6-9所示为兔展的首页。

图6-9

● **易企秀**。易企秀也是比较早发展起来的H5设计工具，有多种动态模板，用户可以自行上传模板，模板分类标签详细，使用易企秀提供的模板可以轻松地制作精美的H5页面。但其功能相对单一，稍微复杂的模式都需要自己制作。

● **MAKA**。MAKA是一款操作简单的H5设计工具，提供了大量的制作模板，可以替换模板中的图片、更改其中的文字进行制作。图6-10所示为MAKA的首页。

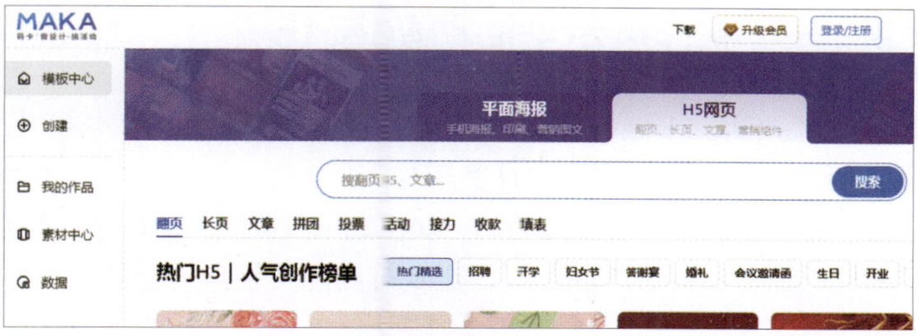

图6-10

● **凡科微传单**。凡科微传单是一款免费的在线H5设计工具，同样提供了大量的模板，还提供了画中画、一镜到底等趣味功能，只需复制模板并拖动修改，便可轻松完成H5的制作和发布。

2. 专业H5设计工具

若新媒体从业者的H5设计经验丰富，则可以使用专业的H5设计工具，以便满足更高的设计需求，如更好的浏览体验、更优越的用户体验、更高质量的页面设计等。

● **iH5**。iH5定位为一款专业的H5在线制作工具，其优势在于强大的编辑能力，能用HTML5编程实现的效果基本都能用iH5制作出来。iH5支持图片、音频、视频和网页的上传，能够制作多种动画，并提供多种方式的人机互动，而且其免费版也完全开放了编辑功能。图6-11所示为iH5的编辑页面。

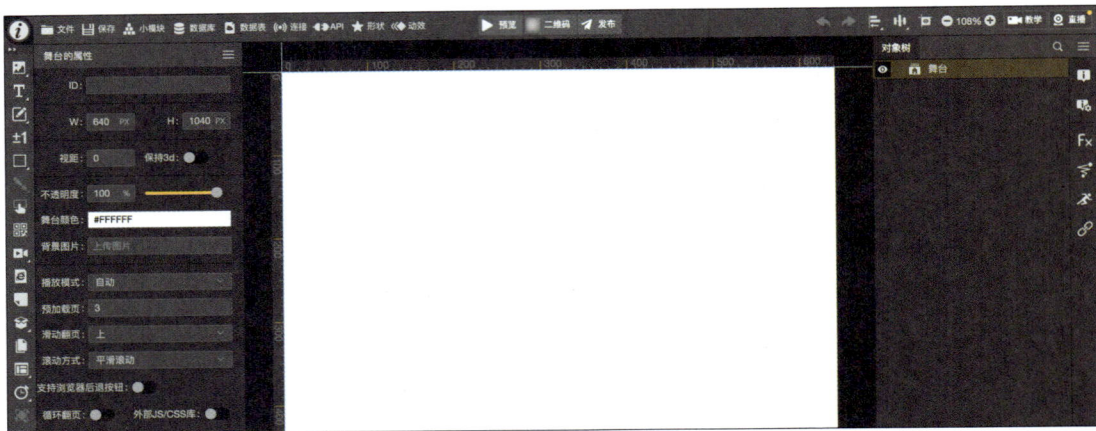

图6-11

● **木疙瘩**。木疙瘩是一款专业级的H5融媒体内容制作平台，具备强大的动画功能。木疙瘩提供了H5专业版编辑器、H5简约版编辑器、H5模板编辑器3种不同的编辑器，其中，H5专业版编辑器的操作和功能与Flash类似，适合专业人士使用；H5简约版编辑器的操作与PowerPoint类似，支持导入PPT文件进行二次编辑，适合有一定基础的人士；H5模板编辑器支持在模板内改动素材、文案等，适合新手人士使用。

● **意派Epub360**。意派Epub360是一款专业级H5制作工具，除了具有丰富的动画设定、触发器设定功能外，还配置了许多强大的交互组件，可满足不同场景的需求。另外，意派Epub360提供了多种创意形式，如视频H5、一镜到底、全景VR、快闪、答题测试、模拟效果等，极大地丰富了用户的创作空间。

> **课堂讨论**
>
> 如果想在H5页面中增添多个互动效果，你可以使用哪些H5设计工具？

6.2.3 课堂案例1——制作展示型活动宣传H5

【案例背景】某音乐平台推出"听见·无声"活动，需要邀请用户分享最能代表自己喜、怒、哀、乐的一首音乐，以号召用户关注自己的内心，从音乐中汲取力量。活动时间为6月15日—7月15日，在活动期间，音乐平台每日会在微博举行抽奖活动，随机抽取5位用户赠送平台年度会员，用户带话题"#听见·无声#"并参与评论，即可参与抽奖。在正式推出前，平台准备利用MAKA制作一个简约风格的展示型H5，提升活动推广效果。

【知识要点】使用MAKA的模板制作展示型H5。

【素材位置】配套资源:素材文件\第6章\背景.png、素材文件\第6章\小音符.png。

具体操作如下。

（1）打开MAKA官网并登录，在首页搜索框中输入"H5音乐"，在搜索结果页的"品类"栏中选择"翻页H5"选项，选择图6-12所示的模板。

图6-12

（2）打开预览页面，根据提示预览效果，然后单击页面右侧的 立即编辑 按钮，打开编辑页面。

（3）在编辑区中选择背景图，单击编辑区右侧的 替换图片 按钮，将自动打开右侧的"上传"面板，单击 上传图片 按钮，打开"打开"对话框，选择"背景.png""小音符.png"，如图6-13所示，单击 打开(O) 按钮。

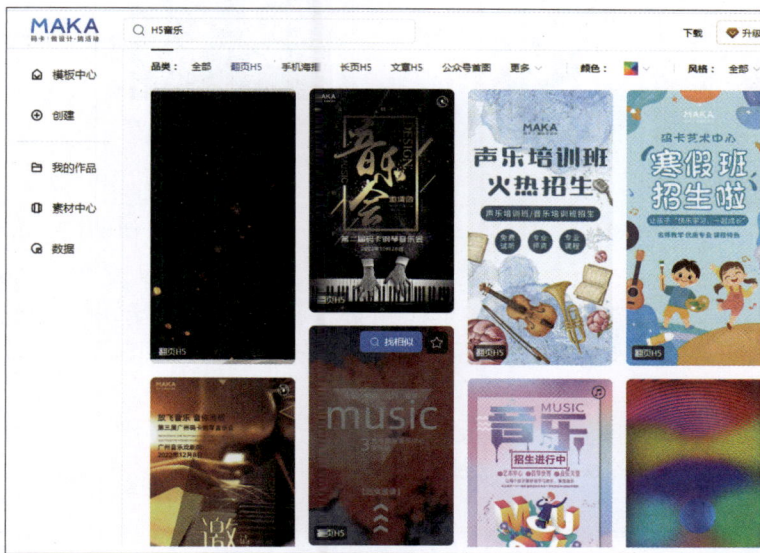

图6-13

（4）在"上传"面板中选择"背景.png"，将自动替换原来的背景图，替换背景图前后的对比效果如图6-14所示。

（5）选择第一行文字，单击编辑区顶部的"删除"按钮 进行删除。双击music文字，将内容修改为"听见·无声"，并拖动调整框使文字呈竖排显示，适当调整文字位置；再次选择该文字，在右侧的"文本"选项卡中设置字体为"柳体"，设置文本颜色为"#363836"，字号为"98px"，单击"加粗"按钮 B 使其加粗显示，并设置行间距为"1.3倍"，如图6-15所示。

图6-14

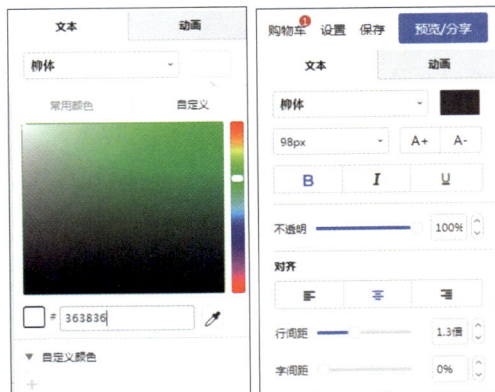

图6-15

（6）选择"【巡演邀请】"文字，将内容更改为"点击进入回忆"，并设置文本颜色为"#363836"；选择该文字下方的第一个倒V形状，打开"矢量图"选项卡，单击颜色按钮，设置填充颜色为"#363836"；使用类似的方法设置另外两个倒V形状，效果如图6-16所示，单击编辑区空白处完成操作。

（7）单击"图层管理"右侧的下拉按钮 ，依次单击"玛卡国际音乐中心""支乐队""3"文字以及底部倒数第2个图层左侧的 按钮，隐藏图层，如图6-17所示。

图6-16

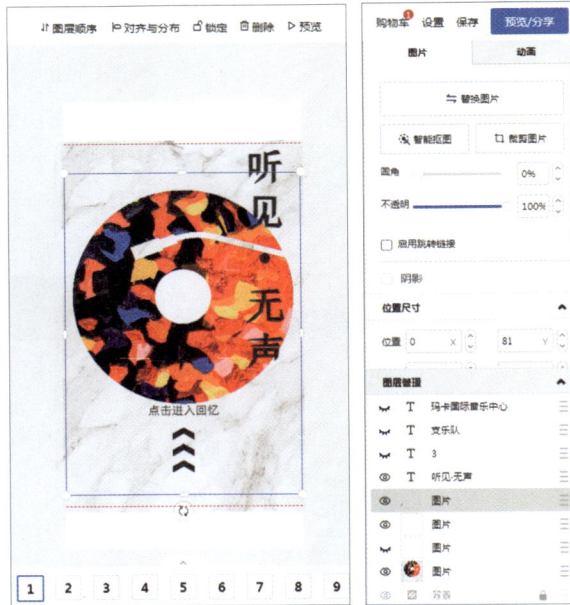

图6-17

（8）单击编辑区下方的 按钮，打开第2页，按照与步骤（4）类似的方法替换背景图，再将小图替换为"小音符.png"。使用与步骤（7）类似的方法隐藏底部倒数第2个图层，替换前后的对比效果如图6-18所示。

（9）选择插入的"小音符.png"，按【Ctrl+C】组合键复制，再按【Ctrl+V】组合键粘贴；拖动调整框调整两个音符的大小，并适当调整位置，如图6-19所示。

图6-18　　　　　　　　　　　　　　　　　　图6-19

（10）选择左下角的音符，单击鼠标右键，在弹出的快捷菜单中选择"裁剪"命令，打开裁剪页面，如图6-20所示，拖动裁剪框的上下边框，使其与图像的上下边框对齐，单击■按钮完成裁剪。

（11）单击选中"图片"选项卡中的"阴影"复选框，并适当移动该音符，使其调整框的右边框大致位于唱片的中心线位置上，如图6-21所示。

图6-20　　　　　　　　　　　　　　　　　　图6-21

（12）更改"关于我们"文字内容为"你是否有过"，设置字体为"柳体"，文本颜色为"#996632"；更改"'草莓音乐节'是……"文字内容为"因为一首歌而欣喜　因为一首歌而哭泣　因为一首歌而甜蜜　因为一首歌而充满力量"（在每个空格处按【Enter】键换行），设置字体为"柳体"，文本颜色为"#996632"，字间距为"22%"，并移动至合适的位置，如图6-22所示。

（13）单击编辑区下方的²按钮，单击鼠标右键，在打开的按钮组中单击"删除该页面"按钮圆，在打开的提示框中单击 删除 按钮。使用类似的方法删除第3、4、5、7、8、9页。此时自动选中²按钮，单击鼠标右键，在打开的按钮组中单击"复制该页面"按钮圆，如图6-23所示。

（14）此时自动打开复制的页面，分别更改文字内容为"听者无声　心有声""我们从音乐中　听见他人的故事　看见他人的人生　也仿佛　听见　自己呢喃的心声"，并适当调整位置，如图6-24所示。

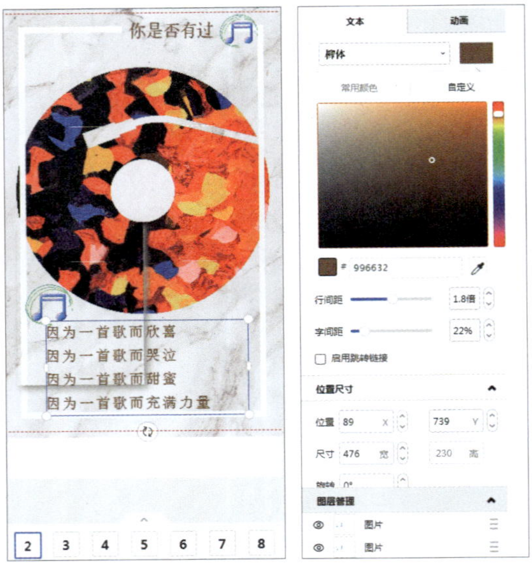

图 6-22

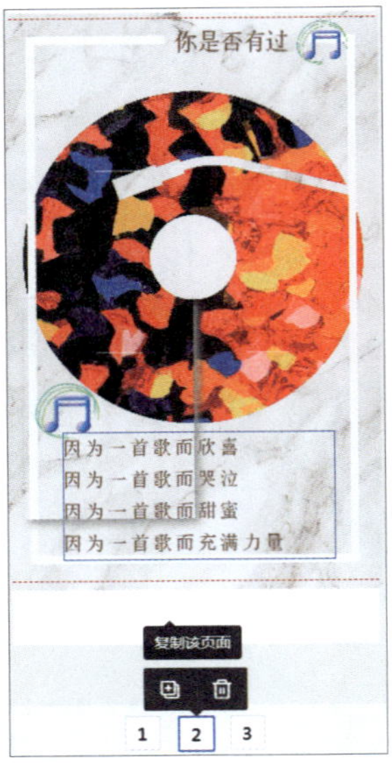

图 6-23

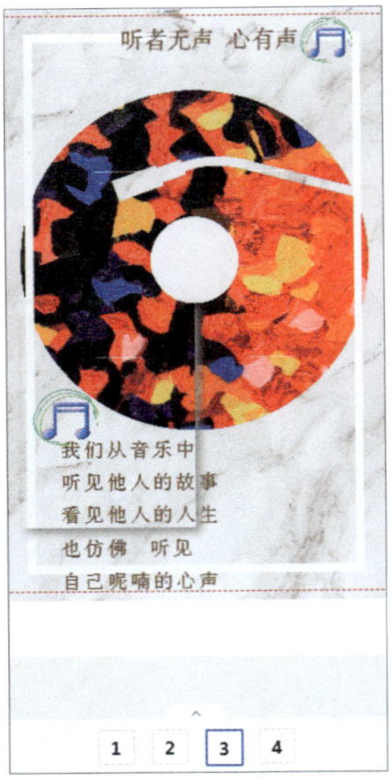

图 6-24

（15）单击编辑区下方的 ◄ 按钮，打开第4页，将背景图替换为"背景.png"，隐藏"点赞"图层和底部倒数第2个图层。更改"支持乐队"为"与声交友"，更改"给乐队点个赞"为"总有一首歌 能表达你的心声 6月15日—7月15日 参与微博#听见·无声#话题讨论并带话题 分享最能代表你喜、怒、哀、乐的一首歌 即有机会参与每日的随机抽奖，获取平台年度会员"，并设置字体为"柳体"，文本颜色为"#996632"。

（16）选择左侧的"素材"选项卡，在搜索栏中输入形状，按【Enter】键，选择图6-25所示的形状，调整其大小和位置；单击右侧"矢量图"选项卡中的 ▬▬ 按钮，在"常用颜色"选项卡中单击■按钮设置填充颜色为"#ffffff"（即白色），并单击选中"阴影"复选框，效果如图6-26所示。

图 6-25

图 6-26

（17）将鼠标指针放在"图层管理"栏中右侧的 ≡ 按钮上，待鼠标指针变为 ✛ 形状时，拖动半圆形所在图层置于"总有一首歌……"所在图层下方，如图6-27所示。

（18）选择"我要接力"文字并向下移动；在"接力"选项卡中删除原引导文案，设置按钮文本为"点击分享"，点击反馈为"已分享"，取消选中"设置分享后动态作品标题"复选框，如图6-28所示。

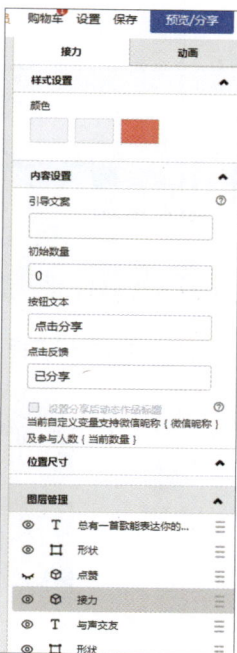

图6-27　　　　　　　　　　　　　　图6-28

（19）单击 预览/分享 按钮，在打开的页面中设置作品封面、标题和简介，然后绑定手机号，并发布H5。最终效果如图6-29所示。

图6-29

6.2.4　课堂案例2——制作测试型H5与用户互动

【案例背景】为了增强用户互动，拉近与用户的距离，某音乐平台计划推出一款主题为"你是哪种音乐型人格"测试型H5。为了精心打造这款H5，音乐平台特别选用了互动功能更为丰富的易企秀进行设计，预计设置首页、答题页、结果解析页3类页面，以及3道测试题，每个答题页都有一道测试题。

【知识要点】使用易企秀创建测试型H5。

【素材位置】配套资源:素材文件\第6章\H5各页面文案.docx、素材文件\第6章\测试型H5素材.psd。

效果预览

微课6.4

149

具体操作如下。

（1）登录易企秀官方网站，进入易企秀首页，默认打开"H5"选项卡，单击其中的"创建作品"按钮 ⊕ ，如图6-30所示，打开H5编辑页面。

图6-30

（2）单击编辑区右侧的"导入PSD"按钮 **Ps** ，打开"PSD上传"对话框，单击 +上传原图PSD文件 按钮，在弹出的"打开"对话框中选择"测试型H5素材.psd"文件，如图6-31所示，单击 打开(O) 按钮。待上传完成后，可看到文件已出现在编辑区。

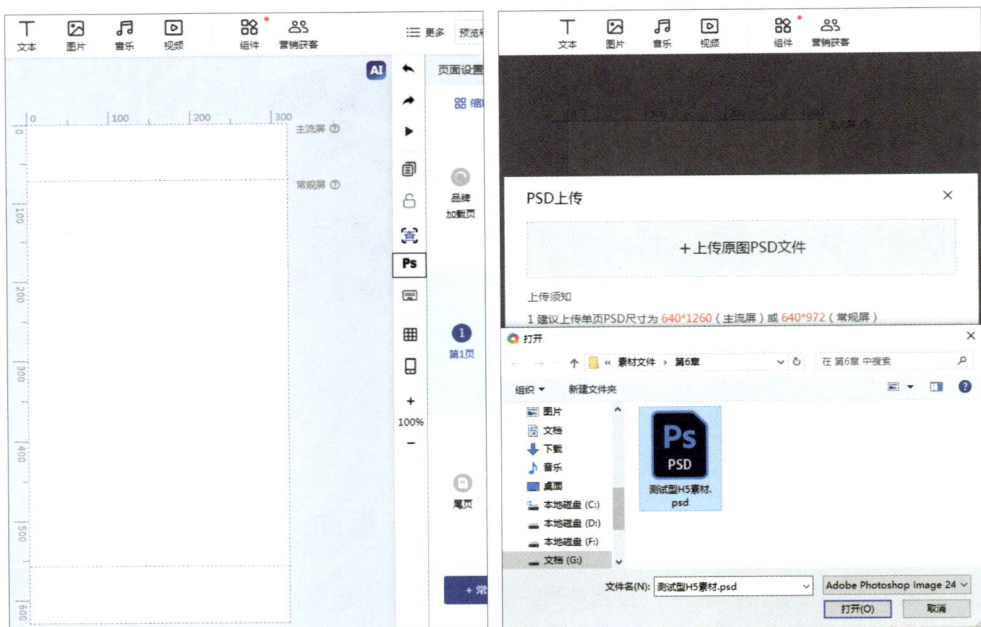

图6-31

（3）保持所有图层的选中状态，向下拖动，使得背景图层的上边框与常规屏的上边框齐平，如图6-32所示。

（4）保持所有图层的选中状态，在打开的"多选操作"对话框中单击"动画"选项卡，单击 +添加动画 按钮，在打开的"进入"选项卡中选择"光速向左"选项，如图6-33所示。

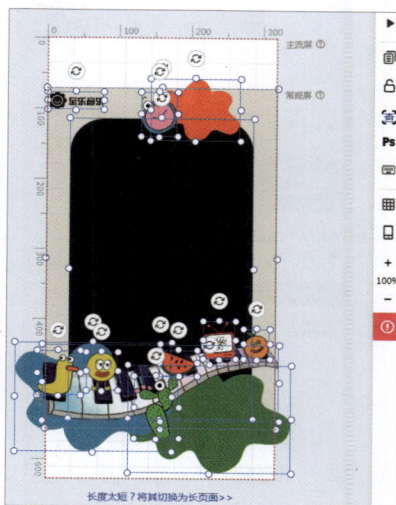

图6-32

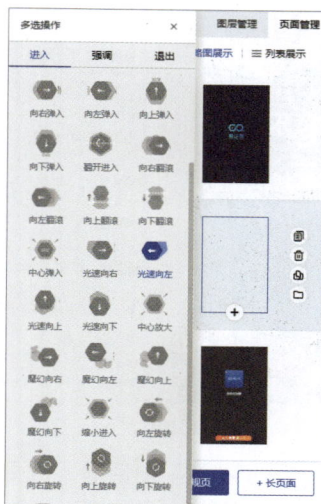

图6-33

（5）选择闹钟图像，使用与步骤（4）类似的方法为其设置"自由轨迹"强调动画，单击 [编辑轨迹] 按钮，绘制轨迹，设置次数为"2次"，单击选中"循环播放"复选框，如图6-34所示。

（6）单击"图层管理"选项卡，按住【Shift】键不放依次选择"小黄鸭""橘子""电视机""西瓜""小黄人"图层；单击"多项操作"对话框中的"动画"选项卡，为这些图层设置"上滑"强调动画，再设置时间为"0.5s"，次数为"3次"，单击选中"循环播放"复选框，如图6-35所示。

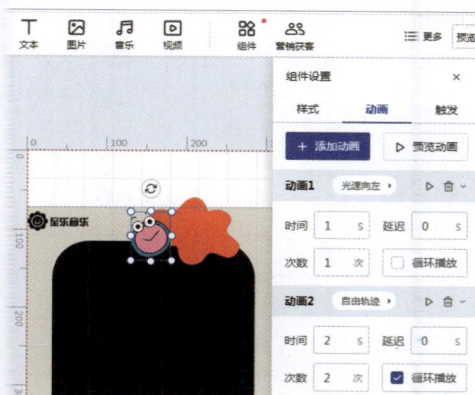

图6-34

图6-35

（7）选择"仙人掌"图层，为其设置"摇晃"强调动画，时间为"0.5s"，次数为"3次"，单击选中"循环播放"复选框。按住【Shift】键不放，选择除"Shape拷贝"图层、"Background"图层外的所有图层，单击"分组"按钮 □ 建立分组。

（8）单击"文本"按钮 T 添加文本框，在其中输入主标题；在打开的"组件设置"对话框中单击 标题1 按钮，在"样式"下拉列表中选择"仓耳渔阳体W04"选项，单击字号右侧的 ᴬ 按钮，设置字号为"28px"，单击文本颜色右侧的 ▭◎ 按钮，在打开的面板中设置文本颜色为"#FFFFFF"（即白色）。

（9）使用同样的方法添加副标题，并设置相同的样式、文本颜色，设置其标题样式为"标题2"，字号为"22px"，单击"对齐方式"按钮 ≡，设置对齐方式为"居中对齐"，单击"行间距"按钮 ≡，设置行间距为"1.5"，单击"字间距"按钮 ≡，设置字间距为"4"。适当调整主标题和副标题的位置，效果如图6-36所示。

（10　单击"营销获客"按钮 ⅖，在打开的列表中选择"营销"栏中的"答题"选项，如图6-37所示。

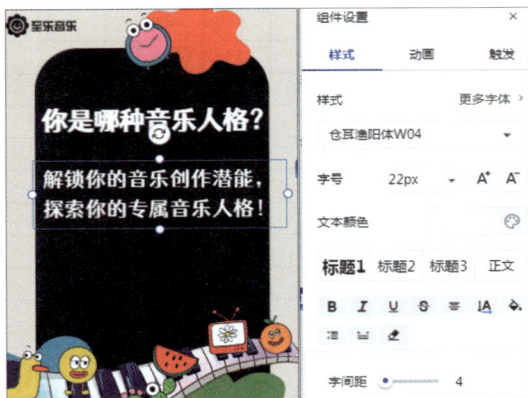

图6-36

图6-37

（11）打开"添加答题"对话框，如图6-38所示，单击 确定 按钮插入答题组件，在当前页添加开始答题页组件、答题页组件（自动添加在第2页）和答题结果页组件（自动添加在第3页）。

（12）在当前页选择"答题人数""剩余答题次数""已答题人数"文本框，按【Delete】键删除，仅保留"开始答题"组件，选择该组件，在"组件设置"对话框中设置按钮名称为"开始解锁"，背景颜色为"#7F9FF8"，边框弧度为"6"，展开"尺寸与位置"栏，单击"水平居中对齐"按钮 ，设置位置为"103、310"，如图6-39所示。

图6-38

图6-39

（13）单击"图层管理"选项卡，按住【Shift】键不放，选择分组1和"Shape拷贝"图层、"Background"图层，按【Ctrl+C】组合键复制图层和分组；单击"页面管理"选项卡，选择第2页并打开，按【Ctrl+V】组合键粘贴图层，在"图层管理"选项卡中将复制的图层移动到答题相关图层下方，如图6-40所示。

（14）单击"倒计时1"图层左侧对应的 按钮隐藏该图层。选择"题目序号1"图层，在"组件设置"对话框的"样式"栏中设置文字颜色为"#ffffff"，数字颜色为"#64AD16"，如图6-41所示。

图6-40

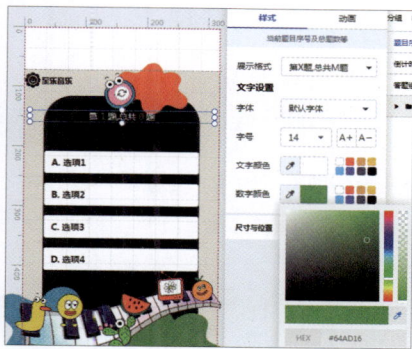

图6-41

（15）选择"答题组件1"图层，单击"组件设置"对话框的"样式"栏中的 编辑答题 按钮，打开"编辑答题"对话框，在"题目设置"选项卡中单击"添加题目"按钮，如图6-42所示。

（16）此时打开"添加题目"对话框，按照"H5各页面文案"文档中的内容，在"标题"文本框中输入第一道测试题题目，单击"选项及答案"文本框右侧的 ＋添加 按钮，输入选项A及答案。继续添加选项B、C、D及答案，如图6-43所示，单击 保存 按钮保存设置。使用类似的方法添加第2、第3道测试题题目、选项及答案。

图6-42

图6-43

（17）单击"编辑答题"对话框中的"高级设置"选项卡，取消选中"限制答题时间"复选框，单击选中"限制答题次数"复选框，默认"每天可答题1次"，单击选中"给选项添加编号"复选框，设置判断答题对错时机为"答题完成，提交时判断"，如图6-44所示。

图6-44

💡 **小提示**

如果设置选项及答案时已复制编号，则不需要在"高级设置"选项卡的"答题设置"栏中单击选中"给选项添加编号"复选框，以避免同一选项及答案出现两个编号。

（18）单击 **根据答题选项设置** 按钮，设置每一题选中了A选项、当答题者所选答案符合以上全部条件时跳转到第3页，如图6-45所示。单击 【 ＋ 添加更多 】按钮继续设置答案条件，当所选答案符合全部条件时跳转到第3页。

（19）关闭"编辑答题"对话框，在"页面管理"选项卡中选择有答题组件的第3页，单击页面缩略图右侧的"删除当前页"按钮🗑，在弹出的提示框中单击 坚持删除 按钮，删除第3页；单击第1页页面缩略图右侧的"复制当前页面"按钮🗐复制该页面，拖动复制页面的缩略图到第2页缩略图下方，用作第3页，如图6-46所示。

图6-45

图6-46

（20）选择第3页，在"图层管理"选项卡中隐藏分组1中除图片1外的所有图层。

（21）将两个文本框中的内容依次修改为"你的音乐人格是"和"坚持自我、不受外界干扰，喜欢在安静的环境中独立创作，善于挖掘内心情感。作品充满深情和个性，能够打动人心。"，在第2个文本框内容的第一个句号后按【Enter】键换行，设置字号为"14px"；单击"文本"按钮T添加文本框，输入"独立创作家"文字，并设置字号为"28px"，文本颜色为"#1FA10E"；设置按钮名称为"点击分享"，位置为"103、396"；适当调整各文本框的位置，效果如图6-47所示。

（22）在左侧列表中选择"装饰"选项，在"推荐"选项卡的搜索框中输入"音乐家"，按【Enter】键搜索，在"价格"下拉列表中选择"免费"选项，在搜索结果中选择图6-48所示的装饰元素，单击 立即使用 按钮插入该装饰元素并新建"图片2"图层。

（23）调整装饰元素的大小和位置；按照与步骤（22）类似的方法搜索"圆圈"，使用图6-49所示的装饰元素，调整其图层位置到"图片2"图层下方，并调整装饰元素的大小和位置，如图6-50所示。

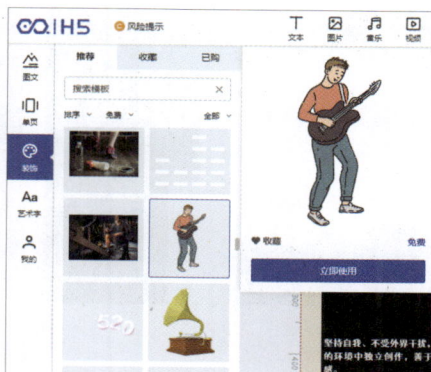

图6-47　　　　　　　　　　　　　　　　图6-48

图6-49　　　　　　　　　　　　　　　　图6-50

（24）复制3次第3页，用作第4页、第5页、第6页，接着更改第4页的文字内容为社交灵感师相关的内容、更改第5页的文字内容为自然音乐家相关的内容、更改第6页的文字内容为潮流引领者相关的内容，设置"社交灵感师"的文本颜色为"#7472F4"，设置"自然音乐家"的文本颜色为"#70F552"，设置"潮流引领者"的文本颜色为"#3AD4ED"，效果如图6-51所示。

图6-51

（25）返回第2页，使用与步骤（17）类似的方法，在"高级设置"选项卡中按照提供的结果依据设置跳转到第4页、第5页、第6页的条件。

（26）单击"音乐"按钮♫，打开"音乐库"对话框，在其中选择合适的音乐，单击 立即使用 按钮应用音乐。

（27）单击 预览和设置 按钮，可在左侧的预览栏中查看H5的效果，接着在右侧的"分享设置"对话框中设置标题和描述信息（见图6-52），单击底部的 发布 按钮发布H5。部分最终效果如图6-53所示。

图6-52

图6-53

6.3 综合实训——设计与制作公司招聘H5页面

【实训背景】卓韵文化传播有限公司拟招2名文创产品设计师和2名广告文案人员。在拟定招聘要求后，卓韵文化传播有限公司计划使用MAKA将其制作成H5，以便推广、传播招聘信息。该H5主要由招聘首页、公司简介、企业文化、福利待遇、招聘岗位、联系我们6个板块组成，每一个板块都需要有单独的页面。

【实训目的】借助实训增进学生对H5设计工具的熟悉程度，增强学生的实际设计和制作能力。

【素材位置】配套资源:素材文件\第6章\公司招聘信息.docx。

效果预览

微课6.5

具体操作如下。

（1）打开并登录MAKA官方网站，单击首页中的"创建"超链接，在"常用"栏中选择"翻页H5"选页，单击 创建 按钮，如图6-54所示。

（2）进入空白编辑页面，在左侧的"素材"选项卡中选择"素材"选项，在打开的列表中单击 图片 按钮，在打开的搜索框中输入"大海" 按【Enter】键，在搜索结果中选择合适的图片作为背景，如图6-55所示。

图6-54

图6-55

（3）在左侧的列表中选择"添加"选项卡，在打开的面板中单击 H 大标题 按钮，在编辑区添加文本框，双击该文本框输入"梦想起航"文字，单击 正文 按钮，添加"加入我们，共创辉煌""卓韵文化传播有限公司"文字。在右侧的"文本"先项卡中为"梦想起航"文字设置字体为"杨任东竹石体Bold"，字号为"96"，文本效果为"白蓝发光"，并设置阴影颜色为"#6FBEF9"，如图6-56所示；为"加入我们，共创辉煌""卓韵文化传播有限公司"文字设置字体为"杨任东竹石体Bold"，字号为"27"，调整文本框位置。

图6-56

（4）在左侧的列表中选择"素材"选项卡，在打开的面板中选择"基础形状"栏中的一个无填充的矩形方框，并在右侧的"图形"选项卡中设置方框的填充颜色为"#ffffff"，宽度为"264"，高度为"34"，将方框置于文字"加入我们，共创辉煌"的上方，呈框住文字的状态。

（5）单击编辑区右上角的"添加页面"按钮⊕新建页面2，单击界面左下角的"页面"按钮▯返回第1页，单击右侧"页面"选项卡中"背景"栏中的"应用到全部页面"超链接。

（6）切换到页面2，依次单击 H 大标题 按钮、 ☰ 正文 按钮，添加公司简介相关内容，并设置"公司简介"字体为"思源黑体-Bold"，字号为"40"，文本颜色为"#ffffff"；简介内容的字体为"思源黑体-Medium"，字号为"20"，文本颜色为"#5C5C5C"，行间距为"2"，字间距为"1"。适当调整文本框的位置。

（7）在左侧的列表中选择"素材"选项卡，在打开的面板中选择"几何图形"栏中第一行的第一个红色矩形，调整矩形大小，设置矩形的填充颜色为"#ffffff"，阴影角度为"45°"；单击编辑区底部的"图层"按钮❧，拖动形状图层至最底部，如图6-57所示。

图6-57

（8）使用与步骤（7）类似的方法为"公司简介"文字添加填充颜色为"#4492D8"的圆角矩形，并在矩形下方添加填充颜色为"#000000"的线条。

（9）在"素材"面板的搜索框中输入"商业"，搜索具有商业气息的图片，添加到编辑区，并放置到简介内容下方；在"图片"选项卡中为图片设置阴影（选择第一排的第一个），如图6-58所示。

图6-58

（10）单击编辑区右侧的"复制页面"按钮🔲复制页面3，更改"公司简介"为"企业文化"；更改简介内容为"自我提升，良性竞争"，设置字号为"23"，设置文本颜色为"#ffffff"；在文字下方添加填充颜色为"#4492D8"的矩形，调整矩形大小；按【Shift】键的同时选择"自我提升，良性竞争"图层和矩形图层，按【Ctrl+G】组合键组合图层；单击顶部的"对齐"按钮⚊⚊⚊，选择"左右居中"选项。

（11）单击编辑区顶部的"复制"按钮🔲复制两个组合图层，同样左右居中对齐，调整图层之间的上下间距；更改文字内容为另外两个企业文化；同样通过搜索"商业"素材的方式替换图片。

（12）使用与步骤（10）类似的方法新建页面4，更改"企业文化"文字内容为"福利待遇"，更改第一个组合图层中的文字为"出差补贴"，并调整文本框和矩形大小，删除另外两个组合图层；复制5个调整后的组合图层，并替换图片。

（13）使用与步骤（10）类似的方法新建页面5、页面6、页面7。在页面5中更改"福利待遇"文字内容为"招聘岗位"，删除组合图层；在左侧列表中选择"互动"选项卡，在打开的"互动组件"栏中选择"按钮组件"选项，并在右侧的"按钮"选项卡中设置点击触发为"页面　第6页"，按钮文本为"文创产品设计师"，颜色为"#4492D8"　如图6-59所示。

图6-59

（14）复制按钮组件，并设置点击触发为"页面　第7页"，按钮文本为"广告文案人员"，颜色为"#51A23C"；调整两个按钮组件的上下间距；在"图片"面板中选择一张商务图片替换图片。

（15）在页面6中删除按钮组件，更改"招聘岗位"文字内容为"文创产品设计师"，并设置字号为"30"；添加该岗位的具体招聘信息，设置招聘信息的字体为"思源黑体-Medium"，字号为"17"，文本颜色为"#ffffff"，行间距为"1.4"，字间距为"1"，在其下方添加填充颜色为"#4492D8"的矩形，删除图片，如图6-60所示。

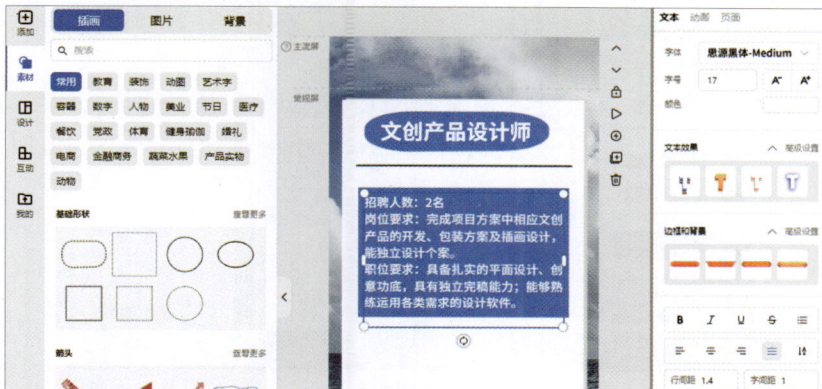

图6-60

（16）在页面7中使用与步骤（15）类似的方法设置广告文案人员岗位的具体招聘信息。

（17）复制页面7（即广告文案人员岗位具体的招聘信息页）得到页面8，更改"广告文案人员"文字内容为"联系我们"，并设置字号为"40"；删除具体的招聘信息。

（18）在左侧列表中选择"互动"选项卡，打开"表单"栏，选择"社会招聘"选项；在"表单"选项卡中设置风格主题为"商务蓝棕"，单击选中"每位用户只能填写1次"复选框，设置表单背景颜色为"#ffffff"，选框样式的线框颜色为"#A3A3A3"，背景颜色为"#ffffff"，按钮背景颜色为"#4492D8"，按钮文字颜色为"#ffffff"，如图6-61所示。

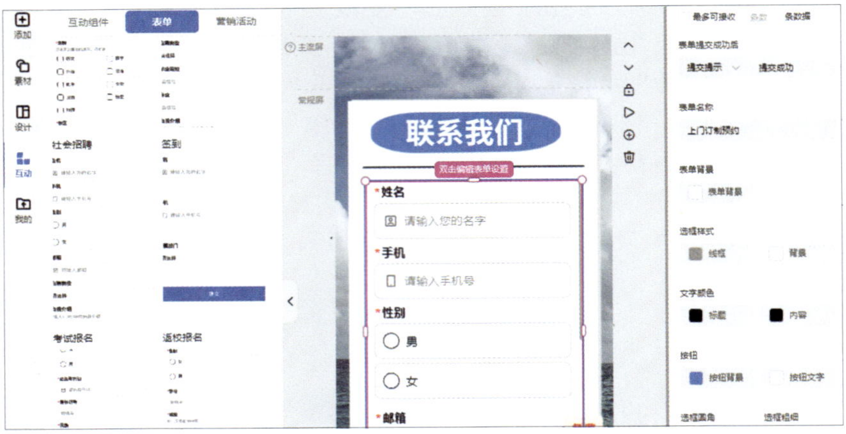

图6-61

（19）单击页面打开右侧的"动画"选项卡，在打开的"动画模板"栏中为每一页设置"上升"动画。单击"页面"选项卡，在"翻页设置"下拉列表中激活"自动翻页"功能。单击页面的 ● 音乐 添加音乐 按钮，在打开的列表中选择合适的音乐。最后单击 预览/分享 按钮，设置H5名称并发布。最终效果如图6-62所示。

图6-62

思考与练习

1. 名词解释

H5　　　展示型H5　　　易企秀　　　木疙瘩

2. 选择题

（1）【单选】为智能枕芯产品设计H5，采用哪种风格最好？（　　　）

A. 简约风格　　　　　　B. 扁平化风格

C. 水墨风格　　　　　　D. 科技风格

（2）【单选】页面中以问题和答案为主的H5是（　　　）。

A. 展示型H5　　　　　　B. 场景型H5

C. 测验型H5　　　　　　D. 技术型H5

（3）【多选】H5的设计原则有（　　　）。

A. 一致性原则　　　　　B. 简洁性原则

C. 条理性原则　　　　　D. 及时性原则

（4）【多选】简单易操作的H5设计工具有（　　　）。

A. 人人秀　　　　　　　B. 兔展

C. 易企秀　　　　　　　D. MAKA

3. 思考题

（1）与其他新媒体技术相比，H5具备哪些特性？

（2）H5的设计与制作过程是怎样的？

（3）使用模板设计H5与自主设计H5有什么区别？二者可以结合使用吗？

（4）在设计H5的过程中，如果要增加素材，可以采用哪些方法？

4. 实操题

（1）在网络中搜索关于西安著名旅游景点的图片和文字信息，并加以整理，在MAKA中使用旅游主题模板制作一个以"西安旅游地推荐"为核心内容的长页H5。在制作过程中，要使用搜索的图片和文字信息替换模板中的图片和文字，确保内容符合实际。

（2）某公司计划在中秋节前夕举办一场户外烧烤活动，并以H5分享方式拟邀全体员工参与。请使用文心一言围绕"玩味中秋 共享团圆"主题生成活动策划方案，包括活动描述、活动规则、活动时间；再使用易企秀为该活动制作H5（可以使用模板，也可以自主创建），并在H5最后一页添加报名登记相关的表单，以便收集参与信息。

第 **7** 章

AI工具应用

学习目标

1. 了解新媒体工作中常用的AI工具。
2. 掌握常用的AI工具的基本操作方法。

技能目标

1. 能够使用文心一格、美图设计室处理图像。
2. 能够使用喜马拉雅云剪辑、讯飞智作制作音频。
3. 能够使用剪映、腾讯智影编辑视频。

素养目标

1. 加强对新技术的了解和探索，并将其合理运用到新媒体作品中。
2. 提升操作能力，积极探索多种AI工具的结合使用。

本章导读

　　新媒体技术的飞速发展极大地丰富了人们的视觉和听觉体验，AI工具的出现则为新媒体技术注入了新的活力，推动了新媒体行业的技术性变革。AI工具也被越来越多地应用于多个领域，包括图像处理、音频制作、视频编辑。运用这些AI工具，新媒体从业者不仅能够更高效地完成新媒体制作任务，还能提升新媒体作品的质量和创新性。

引导案例

央视网利用AI工具生成了一条全国文旅宣传片《AI我中华》（见图7-1），片中巧妙融合AI特有的科幻和穿越元素，结合实景展示我国的文化精粹、自然风光、历史遗迹和现代发展。在制作过程中，新媒体从业者利用AI视频和图像生成技术创造出了既真实又具有艺术感的城市风景图，极具代表性和视觉冲击力；同时利用AI配音技术生成宣传片中的配音，并确保语音的自然流畅，与视频内容相契合。

图7-1

点评： 央视网此次利用AIGC技术生成全国文旅宣传片《AI我中华》，充分展示了AI工具在视频制作、图像处理、文本生成等方面的强大能力，为传统的宣传片制作带来了革命性的创新，同时大大提高了宣传片的制作效率，标志着文旅宣传进入智能化时代。

素养提升

随着数字化、网络化、智能化的深入发展，AI技术将在多个领域和行业中发挥越来越重要的作用，包括但不限于医疗、教育、交通、娱乐等，随之而来也引发了一些法律法规、伦理、行业准则等方面的问题和争议。新媒体从业者在使用AI技术时，必须严格遵守《中华人民共和国网络安全法》等相关法律，严禁利用AI技术生成涉及政治人物、色情、恐怖等违反法律法规、损害社会公共利益，甚至引发社会不稳定的不良内容。

7.1　AI图像处理

AI图像处理是指利用先进的AIGC技术实现自动化和智能化的图像处理，主要包括AI绘画、AI抠图、AI修图3个方面。

7.1.1　AI绘画

AI绘画是指利用AIGC技术辅助生成或绘制图像。目前，已经有很多AI绘画工具，这些工具可以根据用户提供的文字描述或参考图，自动生成符合要求的图像，大大提高了绘图的效率和便捷性。文心一格是百度基于文心大模型技术推出的生成式对话产品，能够为用户带来便捷、高效的AI艺术和创意辅助体验。

AI绘画是文心一格的一个非常重要的功能，登录其账号后，在主界面单击 立即创作 按钮，可进入文心一格的创作界面，左侧"AI创作"栏下方有5个模式，如图7-2所示。

图7-2

1. 推荐

"推荐"模式是比较简单的文生图模式，平台会利用AIGC技术基于用户输入的文字描述生成图像。

用户在使用该模式时，只需在输入框中输入提示词，然后在"画面类型"选项中选择合适的风格，如图7-3所示，在"比例"选项中选择生成作品的比例，在"数量"选项中选择生成的作品数量，然后单击 [立即生成] 按钮即可。

> 💡 **小提示**
>
> 　　在文心一格中生成图像时，如果输入的提示词不符合要求，可能得不到理想的效果。因此，新媒体从业者在输入提示词时最好采用"画面主体+修饰词"的形式，尽可能详细地描述所需生成的图像，包括颜色、形状、纹理等视觉元素，以及图像的整体氛围和风格，新媒体从业者在输入提示词时还要注意词序和权重，重要的词汇放在靠前的位置。例如，新媒体从业者若想要绘制一张"凤舞星河"的图像，可以输入"晶莹剔透的白色凤凰在银河中飞翔，金丝勾边，金银错，三维模型，CG渲染，宇宙空间，满天繁星"。

2. 自定义

　　"自定义"模式是文生图模式和图生图模式的结合体。新媒体从业者在使用该模式时，不仅可以输入提示词、选择生成的作品数量，还可以进行其他的一些自定义设置，如图7-4所示。

　　● **选择AI画师**。不同的AI画师可以生成不同风格的画面效果，功能类似于"画面类型"选项，可根据需求选择。

　　● **上传参考图**。文心一格可以基于参考图生成作品。具体操作方法为：单击 📷 按钮，打开"打开"对话框，在其中选择要上传的图片，完成后单击 [打开(Q)] 按钮；或者单击"我的模板""作品库"超链接，在打开的对话框中选择已在文心一格中创作的作品作为参考图。

　　● **尺寸**。可根据需要选择合适的比例和尺寸。

　　● **画面风格**。可根据提供的风格进行创作，如水彩画、油画、动漫等。单击该文本框，其中有不同风格的常见提示词，单击便可添加。若没有需要添加的提示词，可手动输入文字。另外，"修饰词""艺术家""不希望出现的内容"3个选项的使用方法与"画面风格"类似。

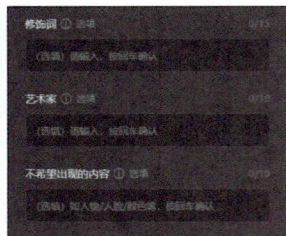

图7-3　　　　　　　　　　　　　　　图7-4

3. 商品图

　　"商品图"模式能够智能辨识并分离出商品主体，再利用AIGC技术创造出不同场景和氛围的商品图。选择该模式后，在"上传参考图"选项中单击➕按钮，在打开的对话框中上传一张商品图片作为参考图。然后在参考图中选择需要抠取的主体，在"上传参考图"选项下方选择生成商品图的比例和数量，在"场景"选项中既可以选择"推荐模板"选项卡中推荐的场景，如图7-5所示，单击 ⊘确定 按钮将自动抠图，又可以单击"自定义生成"选项卡，在其下方的文本框中输入场景提示词，以自动生成场景，如图7-6所示。

| 图7-5 | 图7-6 |

4. 艺术字和海报

"艺术字"模式能够生成充满艺术感的文字，让作品更加美观。该模式仅支持1～5个汉字，或者单次一个字母，且不能中英文同时使用。图7-7所示为使用"艺术字"模式生成的艺术字"夏"。"海报"模式能够生成海报效果。

这两种模式的使用方法与前面的其他模式大致相同，只需选择相应模式后，在右侧输入文字提示词，并设置相关参数（如生成数量、比例、排版布局等），如图7-8所示，最后单击 立即生成 按钮。需要注意的是，目前"海报"模式只能生成平面插画风格的海报。

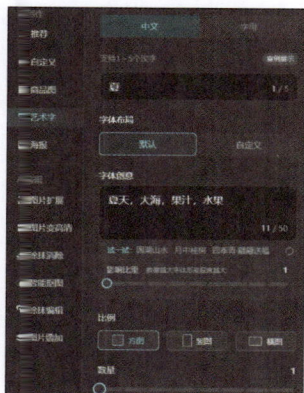

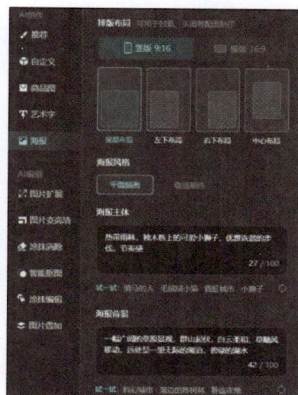

| 图7-7 | 图7-8 |

课堂讨论

你还知道哪些AI绘图工具？

7.1.2　AI抠图和修图

AI抠图和修图功能在很多AI绘图工具中基本都能实现，这里主要讲解文心一格和美图设计室的AI抠图和修图功能。

1．使用文心一格抠图和修图

图7-9

除了AI绘图外，文心一格还支持对生成作品（也可以是外部作品）的二次编辑。进入文心一格的创作界面后，可看到左侧"AI编辑"栏下方有6个功能，如图7-9所示。

（1）图片扩展。

"图片扩展"功能（功能选项卡见图7-10）支持图片向四周和分别向上、下、左、右等方位扩展延伸，并自动生成延伸部分的内容，确保图片整体和谐自然，同时还可以一键变成方图。图7-11所示为某图片向四周扩展前后的对比效果。

（2）图片变高清。

"图片变高清"功能不仅支持放大图片尺寸和自定义图片分辨率，还可以一键生成高清、超高清图片，使图片细节更清晰，如图7-12所示。

图7-10　　　　　　　　　　　图7-11　　　　　　　　　　　图7-12

（3）涂抹消除。

"涂抹消除"功能可以涂抹掉图片中不满意的部分，并重新调整生成涂抹区域的内容。

（4）智能抠图。

"智能抠图"功能可以一键抠图，然后生成无损透明背景图，也可以为抠图对象替换不同颜色的背景。

（5）涂抹编辑。

"涂抹编辑"功能支持对生成的图片细节进行二次编辑，可用于图片修复和图片修改。在操作时，新媒体从业者只需涂抹选中待修复或修改的区域，然后在文本框中输入需要重新生成内容的提示词，系统将按照提示词对该区域进行重新绘制（如果没有输入提示词将自动对涂抹区域进行修复），如图7-13所示。

图7-13

（6）图片叠加。

"图片叠加"功能支持多张图片的风格特征相融合，快速实现画作风格迁移、主体与场景融合、多角色特点融合等创意。使用该功能时，新媒体从业者需要先上传希望叠加融合的参考图，然后调整基础图和叠加图对图片的影响程度，还可以在文本框中叠加生成画作的提示词，系统将根据文本信息进行叠加融合，使生成的图片内容更加可控，如图7-14所示。

图7-14

2. 使用美图设计室抠图和修图

美图设计室是美图公司围绕"AI平面设计"与"AI电商设计"两大板块推出的智能设计服务，在AI抠图和修图方面展现出高度的可操作性和优异的效果，能满足不同用户的需求。进入"美图设计室"官方网站，在主界面中的"图像处理"选项卡中有多个功能可供选择，如图7-15所示，比较常用的功能有智能抠图、AI消除、变清晰、无损放大。

图7-15

（1）智能抠图。

选择"智能抠图"选项，进入抠图界面，单击 <kbd>上传图片</kbd> 按钮，打开"打开"对话框，在其中选择要抠取的图片（支持一次性上传30张），完成后单击 <kbd>打开(O)</kbd> 按钮；或者单击"上传文件夹"文字超链接，打开"选择要上传的文件夹"对话框，在其中选择文件夹，完成后单击 <kbd>打开(O)</kbd> 按钮。

上传成功后，系统将自动进行抠图，如图7-16所示，如果对抠图效果不满意，还可以单击 编辑图片 按钮，在打开的界面中系统会自动识别图片的内容类型，然后可以通过"保留"按钮 ⊕ 还原图片所需的部分，通过"去除"按钮 ⊖ 去除图片多余部分，通过"手动修补"按钮 ✎ 手动微调图像中需要去除和保留的部分，如图7-17所示。

图7-16

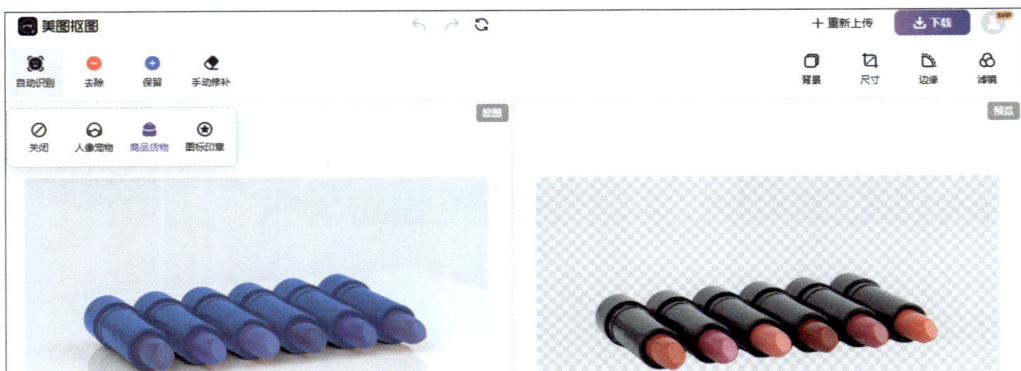

图7-17

（2）AI消除。

"AI消除"功能可以快速、准确地去除图片中的遮挡部分、缺陷和痕迹，以及杂物、水印、日期、文字等不需要的元素，并且不留痕迹地使图片看起来更加"干净"。进入"美图设计室"官方网站，在主界面中的"图像处理"选项卡中选择"AI消除"选项，进入操作界面，如图7-18所示。

图7-18

在该界面中上传需要消除的图片后，将自动进入编辑界面，在编辑界面中根据自身需求选择"涂抹"工具 ✎、"框选"工具 ▢、"圈选"工具 ◯，然后使用工具涂抹或选择图片中需要消除的区域，如图7-19所示，最后单击 开始消除 按钮完成消除操作，如图7-20所示。

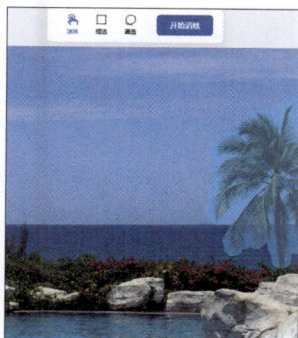

图7-19

图7-20

（3）变清晰。

"变清晰"功能可以提高图片分辨率，一键生成高清、超高清图片，使画面细节更清晰。选择"变清晰"选项，进入操作界面（见图7-21），在该界面中上传需要清晰化的图片，稍等片刻即可处理完成。

（4）无损放大。

"无损放大"功能可以将小尺寸图片放大，同时保持图片清晰不失真，并保留细节。选择"无损放大"选项，进入操作界面，在该界面中上传需要放大的图片，然后在界面左侧上方选择需要放大的倍数（可以是固定倍数，也可以是自定义边长），如图7-22所示，最后单击界面左侧下方的 放大图片 按钮即可完成处理。

图7-21

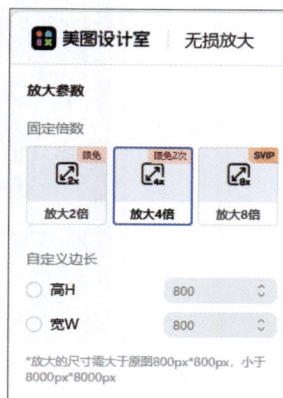

图7-22

小提示

除了抠图和修图功能外，美图工作室还提供了"AI商品图"功能，可以精准识别物品、图标、人像等，并智能匹配不同场景，使商品与场景高度融合，呈现出精细的光影和投影效果，营造出更加逼真的写实感，适合多种新媒体平台使用。图7-23所示为使用该功能制作的商品图。在"美图设计室"官方网站的主界面中选择"AI商品图"选项进入商品图界面，然后设置参数，单击 去生成 按钮即可。

图7-23

7.1.3 课堂案例1——使用文心一格生成品牌微博头像

【案例背景】某宠物用品品牌准备在微博平台打造一个专属账号，现需要设计一个既符合品牌形象又具备独特艺术风格的头像。为了提高效率，该品牌决定尝试使用文心一格快速生成微博头像。

【知识要点】进入"文心一格"官方网站；利用AI创作功能生成头像；利用AI编辑功能编辑头像。

【效果位置】配套资源：效果文件\第7章\品牌微博头像.jpg。

具体操作如下。

（1）进入"文心一格"官方网站，登录账号之后在主界面单击 立即创作 按钮，进入创作界面。单击左侧"AI创作"栏中的"推荐"选项卡，在文本框中输入与该品牌形象相关的提示词，比如"泰迪狗头像，彩色，有质感，正面特写，主体居中，占三分之二，细节丰富，毛发绒绒的，明亮的眼睛，微笑的嘴巴，温暖的色调，表情可爱。"等，然后选择画面类型为"智能推荐"，比例为"方图"，如图7-24所示。

（2）单击 立即生成 按钮，稍等片刻，在创作界面中间将显示生成的4张图片效果，如图7-25所示。

（3）选择一张比较满意的图片，然后可在此基础上进一步优化效果。这里单击第2张图片使其放大显示，然后单击图片下方的 作为参考图 按钮（将鼠标指针移动至图片上才会显示该按钮），在新界面左侧调整画面风格、修饰词等，如图7-26所示。

（4）再次单击 立即生成 按钮，生成的效果如图7-27所示。

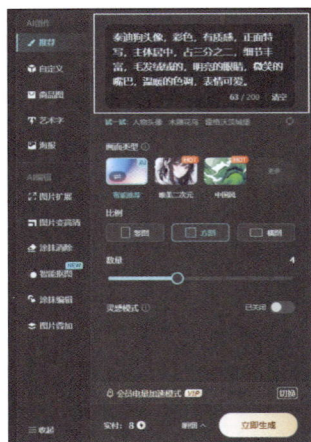
图7-24

图7-25

图7-26

图7-27

（5）这时生成的第1张图片效果更符合要求，单击该图片，将其放大显示，图片中小狗左侧耳朵颜色和右侧耳朵颜色不一致，需要重新绘制。将鼠标指针移动到图片下方的 去编辑 按钮上并单击，在打开的下拉列表中选择"涂抹编辑"选项，在打开的界面的文本框中输入"改变颜色"提示词，然后涂抹需要消除的部分，如图7-28所示。

（6）在创作界面左侧单击 立即生成 80 图创+2 按钮，在新生成的图片中选择一张效果较好的图片，然后在创作界面右侧单击"下载"按钮 将其下载，最终效果如图7-29所示。

图7-28

图7-29

7.1.4 课堂案例2——使用美图设计室处理微信朋友圈中的九宫格图片

【案例背景】某商家提供了一张料理机商品图，要求先消除图片中多余的部分，再对图片进行清晰化和抠图处理，制作为白底图。然后在抠图后的图片的基础上制作出8张相似风格的图片，便于商家将图片以九宫格的形式发布在微信朋友圈。

【知识要点】进入"美图设计室"官方网站；利用"AI消除"功能去除图片中的文字；利用"变清晰"功能清晰化图片；利用"智能抠图"功能抠图；利用"AI商品图"功能合成图片。

【素材位置】配套资源:素材文件\第7章\料理机.png。

【效果位置】配套资源:效果文件\第7章\"料理机图片效果"文件夹。

具体操作如下。

（1）进入"美图设计室"官方网站，登录账号之后在主界面中间的"图像处理"栏中选择"AI消除"选项进入操作界面。

（2）将提供的"料理机.png"素材拖动到操作界面的"上传图片"栏中，此时AI工具会自动识别图片中需要去除的部分，但由于这里并不需要去除自动识别的部分，所以在操作界面左侧单击 清空选区 按钮。

（3）在操作界面左侧选择"涂抹"工具 ，涂抹图片中需要去除的部分，如图7-30所示，单击操作界面左下角的 开始消除 按钮将其去除，效果如图7-31所示。

图7-30

图7-31

（4）涂抹画面左下角的阴影部分，单击 [开始消除] 按钮将其去除，无误后单击界面右上角的 [下载] 按钮，在下拉列表中选择格式为"JPG"，单击 [下载] 按钮下载修复好的图片。

（5）返回主界面，选择"变清晰"选项进入操作界面，将修复完成的商品图片拖动到操作界面的"上传图片"栏中，在打开的界面上方选择"超清"选项，在界面下方单击＋按钮放大图片，查看修复图片的前后对比效果，如图7-32所示。

（6）单击界面右上角的 [下载] 按钮，下载变清晰后的图片，效果如图7-33所示。

图7-32

图7-33

（7）返回主界面，选择"智能抠图"选项进入操作界面，将变清晰后的图片拖动到操作界面中的"上传图片"栏中，此时AI工具会自动进行抠图，如图7-34所示。

（8）由于这里并不需要产品周围的装饰，因此需要进一步精细抠图。先单击 [编辑图片] 按钮，再单击"手动修补"按钮 ◈，在画面左侧通过涂抹图片中的装饰部分将其去除，效果如图7-35所示。

图7-34

图7-35

（9）单击界面右上角的 [下载] 按钮，下载抠图后的图片。返回主界面，选择"AI商拍"栏中的"AI商品图"选项进入操作界面，将抠取后的图片拖动到操作界面右侧的空白处，在界面左侧选择"自定义"选项卡，然后在"添加描述"文本框中输入具象化的场景描述（包括环境、画面元素、画面风格、配色方案等），如"放在白色平台上，绿色植物、柔和的光影，室内场景"，然后在"背景风格参考"中上传步骤（6）中下载的清晰图片，如图7-36所示。

（10）单击 [去生成图8] 按钮，稍等片刻，界面右侧将出现与所选场景融合的商品图片，如图7-37所示。

（11）将鼠标指针移动到其中一张效果比较好的图片上，当出现 [↓] 按钮时单击该按钮，在打开的提示框中选择格式为"JPG格式"，单击 [下载] 按钮下载该图片。

（12）使用与步骤（9）类似的方法生成多张其他场景中的商品图片，注意风格尽量保持一致，效果如图7-38所示，然后下载8张符合要求的图片，以便发布到微信朋友圈中。

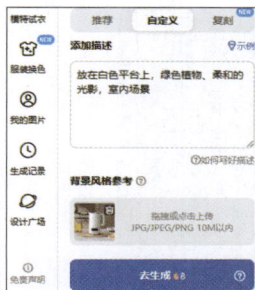

图7-36　　　　　　　图7-37　　　　　　　图7-38

7.2　AI音频制作

除了图像处理外，在音频制作领域，目前也有很多平台推出了相应的AI工具。这些AI工具可以实现AI音频剪辑和AI配音功能，通过这些功能，新媒体从业者可以更快、更好地制作新媒体音频作品。

7.2.1　AI音频剪辑

利用AI工具剪辑音频，不仅能提高剪辑音频的效率，还能大幅度提升音频的音质，让音频更加清晰有质感。喜马拉雅官方推出了在线音频剪辑工具——云剪辑，不需要下载安装软件，在线即可剪辑音频，并集合多种智能剪辑功能，为新媒体从业者提供更加智能和人性化的音频创作体验。

进入喜马拉雅官方网站并登录，在网站顶部选择"创作中心"选项，进入"创作中心"界面，在界面左侧展开"内容创作"栏，选择"云剪辑"选项，进入"云剪辑"界面，如图7-39所示。

图7-39

在"云剪辑"界面中单击 ⊕ 创建项目 按钮，进入音频剪辑界面，如图7-40所示。

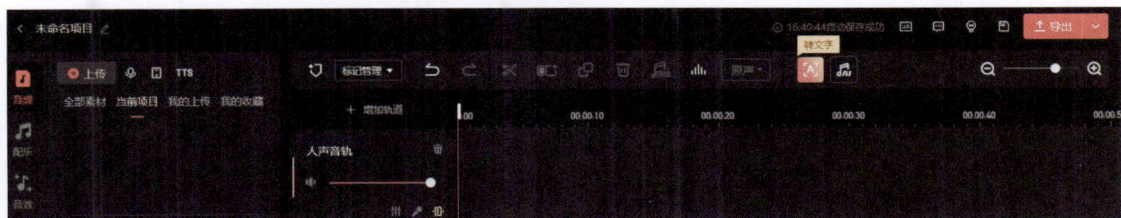

图7-40

在该界面左侧可通过本地上传、在线录音、手机导入、文字转音频4种方式添加音频素材，然后将音频素材拖动到界面中间的音频轨道中，再通过界面上方的各种工具进行添加标记、分割、复制、删除、自动降噪美化、AI转文字、AI配乐等编辑操作。

另外，通过喜马拉雅云剪辑工具的"AI快剪"功能还可以一键检测并删除音频中的语气词、重复词、口癖词等，以及智能调整音量和配乐，节省了大量时间。具体操作方法为：在"云剪辑"界面中单击 按钮，打开"AI快剪"对话框，在其中上传需要剪辑的音频文件，AI将对该音频文件进行初步的美化处理，如自动删除背景音和无声片段、均衡音量等，并打开图7-41所示的对话框显示处理结果。

173

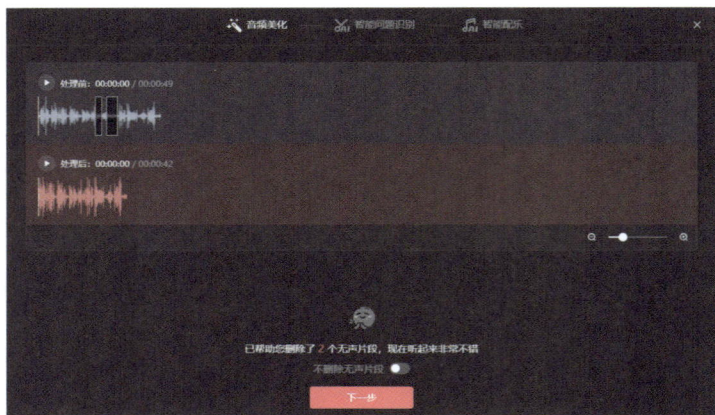

图7-41

单击 下一步 按钮，切换到"智能问题识别"选项卡，通过设置其下的参数，可对AI智能识别出的问题进行处理，甚至还能通过对照音频中的字幕来删除其中的音频片段，如图7-42所示。

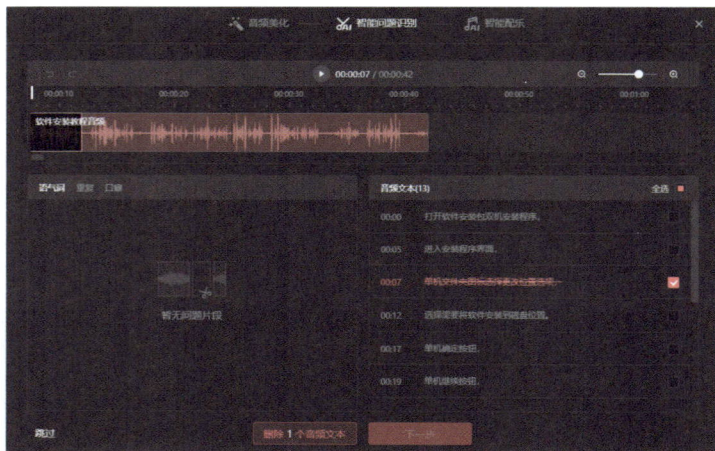

图7-42

单击 下一步 按钮（如果没有需要删除的问题片段可单击 跳过 按钮），切换到"智能配乐"选项卡，并自动为音频添加配乐，如图7-43所示。剪辑完成后，单击 高级剪辑 按钮，进入音频剪辑界面，可对音频进行更多操作；单击 立即发布 按钮合成最终的音频文件。

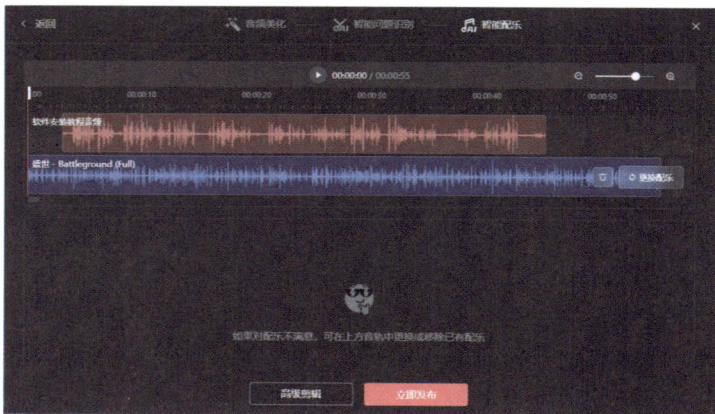

图7-43

7.2.2　AI配音

　　AI配音是目前很多AI音频工具都具备的功能，这里以讯飞智作为例进行讲解。讯飞智作是科大讯飞旗下的配音产品，提供合成配音、真人配音、音频采样、音频定制等一站式AI生成音频服务，支持多语种和多种声音风格，如温柔甜美、成熟知性、稳重磁性等，可以满足多样化的使用需求。

　　进入"讯飞智作"官方网站并登录账号，依次选择"讯飞配音"选项卡下方的"AI配音""主播列表"子选项，进入"主播列表"界面，如图7-44所示。设置"全部语种""全部性别""年龄"栏中的选项，可以筛选出符合要求的主播。单击主播头像，可在打开的界面中试听主播声音，如图7-45所示。

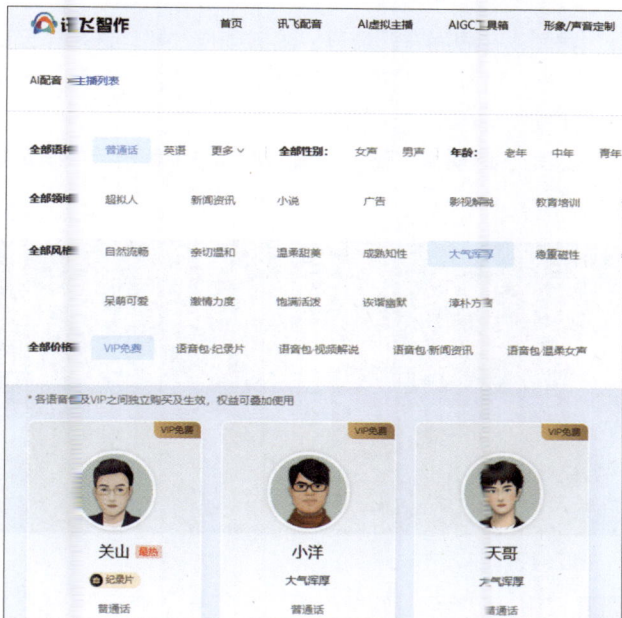

图7-44

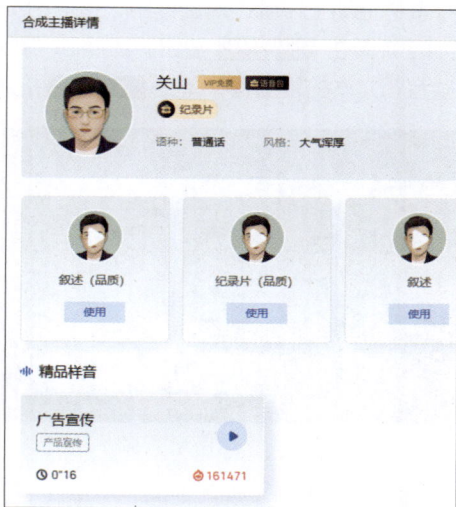

图7-45

　　试听主播声音后，如果对配音风格满意，可单击主播头像下方的 使用 按钮，进入配音操作界面，单击界面左侧的主播头像，在打开的对话框中还可以对主播的语速、语调、音量进行调整，使生成的音频更加符合需求。

　　返回配音操作界面，在文本框中输入文本，如图7-46所示，通过主播头像右侧的工具可以对输入的文本进行处理，包括纠正错别字、改写文本内容、翻译文本、纠正多音字发音、语句之间的换气和停顿等。

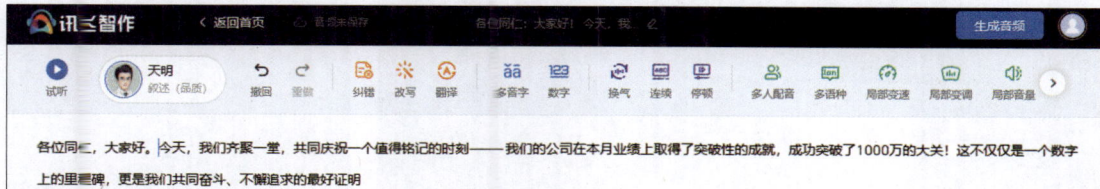

图7-46

　　单击 生成音频 按钮，打开"作品命名"对话框，设置相关参数后，单击 确认 按钮，打开"订单支付"对话框，单击 去下载 按钮进入个人中心页面，在页面中单击文件名称右侧的 ↓ 按钮，打开"新建下载任务"对话框，单击 下载 按钮便可将生成的音频保存到计算机中。

7.2.3　课堂案例1——使用喜马拉雅云剪辑处理带货音频

【案例背景】某博主录制了一段带货音频，准备应用在带货视频中。现需要处理该段音频，提升该音频的品质，以增强带货音频的试听效果，并且添加背景音乐渲染带货气氛。

微课7.1

【知识要点】使用喜马拉雅云剪辑的"AI快剪"功能快速处理音频；使用喜马拉雅云剪辑降噪音频、添加音效、淡化音频和进行智能配乐。

【素材位置】配套资源：素材文件\第7章\带货音频.mp3。

【效果位置】配套资源：效果文件\第7章\带货音频.mp3。

具体操作如下。

（1）进入喜马拉雅官方网站的"创作中心"界面，在界面左侧展开"内容创作"栏，选择"云剪辑"选项，进入"云剪辑"界面，单击 AI快剪 按钮，打开"AI快剪"对话框，将"带货音频.mp3"音频素材拖动上传到该对话框中，将自动美化处理音频。

（2）单击 下一步 按钮，切换到"智能问题识别"选项卡，在"音频文本"栏中单击选中有重复问题音频文本的复选框，单击 删除1个重复 按钮，如图7-47所示。

图7-47

（3）如果没有发现其他问题可单击 下一步 按钮，切换到"智能配乐"选项卡，试听"配乐"栏中智能推荐的配乐，若对此处效果不满意，可单击"配乐"栏后的 按钮将其删除。

（4）单击 高级剪辑 按钮，进入音频剪辑界面，选择人声音轨中的音频，单击"界面"顶部的 按钮，在打开的下拉列表中开启"音量降噪"和"音量均衡"功能，如图7-48所示。

（5）单击"界面"顶部的 按钮，在打开的下拉列表中设置淡入、淡出均为"2s"；在"原声"下拉列表中选择"柔和"选项；单击 按钮，打开"AI配乐"对话框，选择"全局配乐"选项，单击 添加智能配乐 按钮，如图7-49所示。

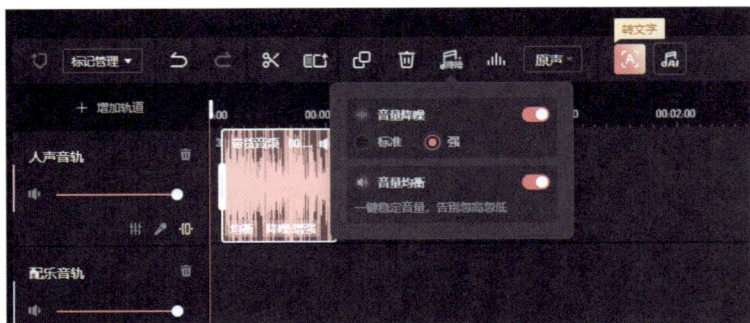

图7-48　　　　　　　　　　　　　　　　　图7-49

（6）此时会自动匹配配乐，试听并选择一个合适的音频，然后单击 确认 按钮，如图7-50所示。

（7）按空格键试听音频，无误后单击音频剪辑界面右上角的 导出 按钮，打开"合成音频文件"对话框，设置音频参数后单击 开始合成 按钮，如图7-51所示，等待合成完成后，单击 下载到本地 按钮下载音频。

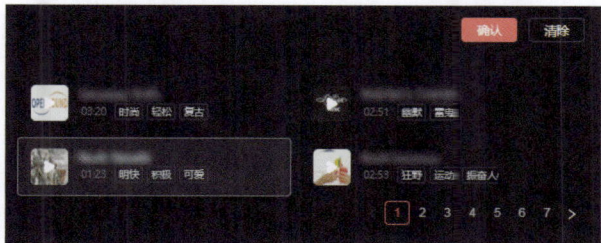 

图7-50　　　　　　　　　　　　　　　图7-51

7.2.4　课堂案例2——使用讯飞智作生成人物对话音频

【案例背景】使用AI技术为某儿童动画中的人物对话片段生成音频，要求男女角色的音色区分鲜明，具有活泼、可爱的特征，节奏自然流畅，内容清晰，带有背景音乐。

【知识要点】使用多人配音功能为不同人物使用不同音色的主播配音；使用背景音乐功能添加背景音乐，并保证人物对话音量大于背景音乐音量，使对话声音清晰。

微课7.2

【素材位置】配套资源：素材文件\第7章\人物对话.txt。

【效果位置】配套资源：效果文件\第7章\人物对话.wav。

具体操作如下。

（1）进入讯飞智作官网并登录账号，选择"讯飞配音"选项，进入配音操作界面。打开"人物对话.txt"素材文件，选择并复制全部文本，切换到配音操作界面，在文本框中粘贴文本，并删除文本框中的"女生""男生"文本，如图7-52所示。

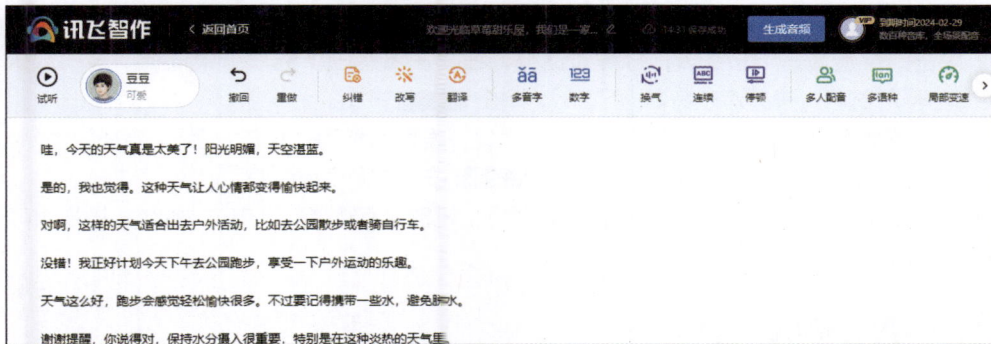

图7-52

（2）文本的第1段、第3段、第5段语句属于女生，先选中第1段文本，然后单击"多人配音"按钮 ，打开对话框，在"全部主播"选项卡的"性别"下拉列表中选择"女声"选项，在"年龄"下拉列表中选择"少儿"选项，在"风格"下拉列表中选择"呆萌可爱"选项，在"语种"下拉列表中选择"普通话"选项，此时筛选出3个主播。

（3）选择左侧的主播，单击右侧主播头像带有三角形图标的按钮试听该主播音色，发现音调较高，有些刺耳。再单击选择"小桃丸"主播进行试听，其音色更加可爱，设置图7-53所示的参数，再单击 使用 按钮，使用该主播进行配音。

图7-53

（4）被选中的第1段语句前将出现图7-54所示的效果，使用与步骤（2）类似的方法设置第3段、第5段语句。

（5）剩余的第2段、第4段、第6段语句属于男生，选择这些语句，按照与步骤（2）类似的方法进行筛选，筛选时在"性别"下拉列表中选择"男声"选项，其他选项不变。此时筛选出5个主播，全部试听后，选择吐字较为清晰、音色可爱的"宁宁"主播，如图7-55所示。设置主播语速为"70"，主播语调为"50"，音量增益为"5"，单击 使用 按钮。

图7-54

图7-55

（6）单击"背景音乐"按钮，打开对话框，在"在线音乐"选项卡中选择"轻松欢乐音乐6（Nature Walk）"选项，设置音乐音量为"20"，单击 使用 按钮。

（7）单击 生成高级 按钮，打开"作品命名"对话框，设置名称为"人物对话"，模式为"wav"，单击 确认 按钮，打开"订单支付"对话框，单击 去下载 按钮进入个人中心页面。

（8）单击 按钮，打开"新建下载任务"对话框，设置保存路径后，单击 下载 按钮便可将其下载到计算机中。

7.3 AI视频编辑

随着新媒体的蓬勃发展，AI视频工具在新媒体领域大放异彩，工具中的智能生成字幕、智能生成视频等功能推动着行业的持续创新与发展。

7.3.1 智能生成字幕

智能生成字幕是近年来随着人工智能技术的快速发展而逐渐兴起的一项创新应用，其核心在于利用语音识别技术，精准地将视频或音频中的语音内容自动转换为文字，并以字幕的形式显示在屏幕上。

剪映是一款专业且易上手的视频编辑工具，其操作便捷、功能齐全，内置的智能生成字幕功能更是大大简化了为视频添加字幕的过程，使得用户能轻松地为视频添加字幕。

具体操作方法为：首先下载并安装"剪映专业版"软件，然后打开该软件进入首页，如图7-56所示，在其中单击"开始创作"按钮 ⊞，进入视频编辑界面；在"媒体"选项卡中导入需要添加字幕的视频文件，并将其添加到时间轨道中，这样便于后续进行编辑和添加字幕；在界面顶部选择"文本"选项卡，如图7-57所示，然后选择"智能字幕"选项，在"识别字幕"功能选项中单击 开始识别 按钮，剪映就开始识别视频中的音频内容，并自动生成相应的字幕。

图7-56

图7-57

7.3.2 生成数字人播报视频

数字人播报是一种基于人工智能的语音合成技术，利用计算机技术模拟人类的发声和表情，为观众带来更加自然、真实的语音解说效果。腾讯智影是腾讯推出的一款云端智能视频编辑工具，不需要下载便可通过浏览器访问和使用。腾讯智影提供的数字人播报功能为用户提供了高效、真实的语音和视频播报体验，可以帮助用户更好地生成所需视频。

进入"腾讯智影"官方网站，在首页中选择"数字人播报"选项，进入数字人播报编辑界面，如图7-58所示。

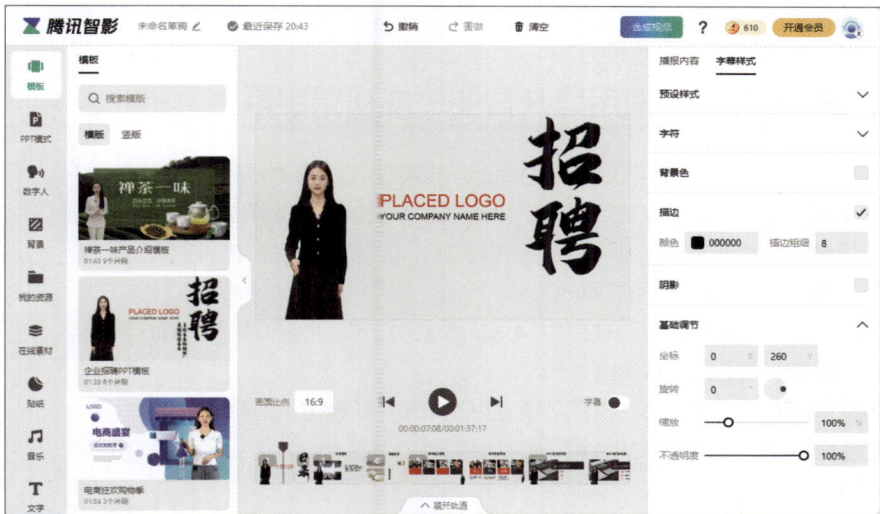
图7-58

在数字人播报编辑界面左侧可以选择合适的模板进行应用，并能够修改相应内容；也可以通过"背景""在线素材"等选项卡自定义设计播报界面，如更换背景，添加音乐、贴纸和文字等，以及修改播报内容和字幕样式。

　　如果对预置的数字人不满意，可以在界面左侧选择"数字人"选项卡，然后在"照片播报"选项卡中选择"照片主播"选项，目前默认提供 8 个预设的人像照片播报，如图 7-59 所示，也可以选择上传个人照片，使用个人照片作为主播，生成专属数字人形象；或者选择"AI 绘制主播"选项，在文本框中输入提示词，生成独一无二的虚拟主播形象，如图 7-60 所示。

　　另外，在"腾讯智影"官方网站的首页还有"数字人专区"选项卡，其中也包括丰富的数字人预置形象，如图 7-61 所示。

图 7-59

图 7-60

图 7-61

💡 小提示

　　作为一款智能视频编辑工具，腾讯智影还提供了丰富的视频编辑功能，可以再次编辑生成的数字人视频，以满足其他需求。具体操作方法为：在首页中选择"我的资源"选项卡，将鼠标指针移动到需要编辑的视频作品文件上，单击 ✂ 按钮进入视频剪辑界面，该界面提供了丰富的视频编辑工具，不仅可以对视频进行基础的剪辑操作，还可以添加在线素材、在线音频、数字人、贴纸、花字、字幕、转场、滤镜、特效等。

7.3.3　课堂案例1——使用剪映智能生成视频字幕

　　【案例背景】某果园的脐橙逐渐成熟，为保证脐橙能通过新媒体平台精准对接市场和顺利销售，该果园制作一个脐橙宣传视频，以招揽水果批发商前来采购。现需要根据宣传视频中的语音内容为其添加清晰、易识别的字幕，以更加直观地介绍脐橙的卖点，并为字幕添加动画效果，增加视频的趣味性。

效果预览

微课7.3

　　【知识要点】在"剪映专业版"软件中导入视频素材；识别视频中的字幕；修改字幕；为字幕添加动画；导出视频文件。

　　【素材位置】配套资源：素材文件\第7章\脐橙宣传视频素材.mp4。

　　【效果位置】配套资源：效果文件\第7章\脐橙宣传视频.mp4。

　　具体操作如下。

　　（1）打开"剪映专业版"软件，在首页中单击"开始创作"按钮 ⊞，进入视频编辑界面。将提供的"脐橙宣传视频素材.mp4"视频素材拖动上传到"媒体"选项卡中，然后将其拖动到界面下方的时间轴中，效果如图 7-62 所示。

图7-62

（2）在界面顶部选择"文本"选项卡，然后选择"智能字幕"选项，在"识别字幕"功能选项中单击 开始识别 按钮，稍等片刻，在时间轴中自动生成相应的字幕轨道，如图7-63所示。

图7-63

（3）移动时间指示器，直至能够在播放器中看到视频字幕，以便在后续调整字幕时能够实时观察效果。保持所有字幕的选中状态，在右侧"文本"面板的"基础"选项卡中设置字体类型、大小和预设样式，如图7-64所示。

（4）预设样式中文字的阴影颜色为粉色，与视频画面不适配，在"基础"选项卡中修改阴影颜色为"#000000"，如图7-65所示。

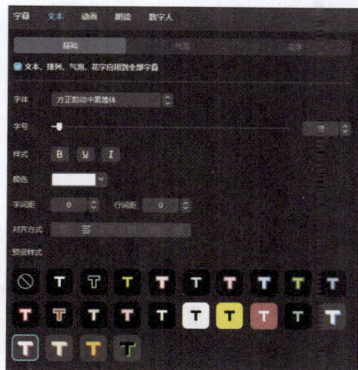

图7-64

图7-65

（5）选择第1个字幕，在右侧"动画"面板的"入场"选项卡中选择"向上滑动"选项，为该字幕添加入场动画，然后为其他字幕全部应用"字幕"选项卡的"上滑"动画。

（6）预览最终效果如图7-66所示，无误后单击界面右上角的 导出 按钮，打开"导出"对话框，选择文件的保存位置和名称，取消选中"字幕导出"复选框，再单击 导出 按钮将导出视频文件。

图7-66

7.3.4　课堂案例2——使用腾讯智影生成解说类短视频

【案例背景】为某动物园制作与企鹅相关的解说类短视频并发布到微信视频号中，为公众带来全新的视觉和听觉体验。要求视频中要添加数字人，数字人的表现需自然、流畅，视频内容要准确、易懂。

【知识要点】进入"腾讯智影"官方网站；导入所需素材；添加并编辑数字人；修改数字人播报的字幕；最后合成视频并导出为MP4格式的文件。

【素材位置】配套资源：素材文件\第7章\"企鹅素材"文件夹。

【效果位置】配套资源：效果文件\第7章\企鹅解说短视频.mp4。

具体操作如下。

（1）进入"腾讯智影"官方网站并登录账号，在首页的"智能小工具栏"中选择"数字人播报"选项，进入编辑界面，在界面左侧选择"我的资源"选项，单击 ▲本地上传 按钮，上传提供的音频、视频和图片素材。

效果预览

（2）在时间轴左上角选择画面比例为"9∶16"，然后单击上传的"企鹅视频.mp4"视频素材，在打开的对话框中单击 添加 按钮，将素材添加到轨道中。在界面左侧选择"数字人"选项，在打开的选项卡中选择数字人添加到轨道，并调整数字人至合适的大小和位置，效果如图7-67所示。

微课7.4

（3）在界面右侧单击"返回内容编辑"文字超链接，在"播报内容"选项卡中选择"导入文本"选项，打开"打开"对话框，选择"文案.txt"素材，单击 打开(O) 按钮，返回"播报内容"选项卡，单击 保存并生成播报 按钮，如图7-68所示。

（4）生成语音后，在界面右侧选择"字幕样式"选项卡，选择第2个预设样式，并设置字号为"15"，如图7-69所示。

（5）将播放指示器移动到视频最前方，依次将"我的资源"选项中上传的图片素材添加到轨道中，并调整至合适的位置和大小，如图7-70所示，然后把上传的音频素材添加到轨道中。

（6）选择视频素材，将鼠标指针移动到视频素材出点，然后向左拖动至数字人播报素材的结束位置。使用类似的方法向右拖动步骤（5）中添加的图片素材和音频素材，使这些素材的时长与数字人语音素材的时长一致。

（7）预览视频，发现背景音乐音量较大，选择背景音乐素材所在轨道，在右侧的"音频编辑"选项卡中设置音量为"10%"，淡入和淡出时间均为"2"。

图7-67

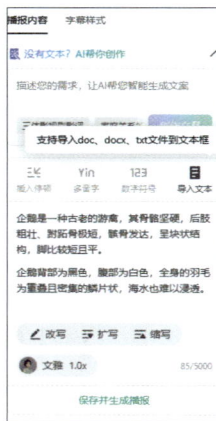

图7-68

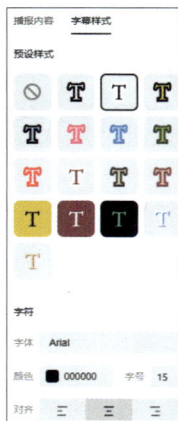

图7-69

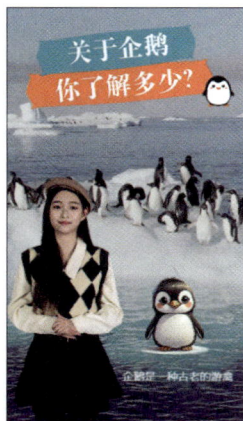

图7-70

（8）在视频编辑界面上方单击 合成视频 按钮，打开"合成设置"对话框，输入名称为"企鹅解说短视频"，然后单击 确定 按钮，等待合成完成后查看最终效果，如图7-71所示。

图7-71

（9）视频合成后将自动进入"我的资源"功能界面，将鼠标指针移动到合成作品上，单击 ± 按钮，可以将视频下载到当前计算机中。

7.4　综合实训——使用AI工具制作直播预告片

【实训背景】当今，直播已经成为个人和媒体机构与观众互动的重要渠道。无论是产品发布会、娱乐节目还是在线教育，直播都以其即时性、互动性和直观性等特点受到广泛欢迎。某租房平台即将举办一场年度大促活动的直播，为了吸引更多的用户关注并参与直播，平台决定尝试使用各种AI工具来制作直播预告片。要求在预告片中加入符合平台专业、权威形象的数字人角色，为用户带来全新的视觉和听觉体验。同时，还要在预告片中展现该平台的特点，以及本次直播活动的具体时间，提升平台的知名度。

效果预览

微课7.5

【实训目的】借助实训增进学生对各种AI工具的熟悉程度，增强学生在图像处理、音频制作和视频编辑方面的能力。

【素材位置】配套资源：素材文件\第7章\直播预告文本.txt。

【效果位置】配套资源：效果文件\第7章\"直播预告片效果"文件夹。

具体操作如下。

（1）进入"文心一格"官方网站的"AI创作"界面，在左侧的文本框中输入相关提示词，如"女生头像，现代，职场精英，戴眼镜，黑头发，五官精致，高清画质，超高清分辨率，自然真实"，然后单击 立即生成 按钮生成图像（如果生成的图像不符合要求可继续生成或者进行AI编辑），这里生成的图像效果如图7-72所示。

（2）将所选的图像作为参考图，进入"文心一格"的"AI编辑"界面，利用"图片扩展"功能将图像向下拓展，如图7-73所示，然后下载该图像。

（3）进入"美图设计室"官方网站，在主界面中间选择"智能抠图"选项进入操作界面，将下载的人物图像拖动到操作界面右侧的空白处，此时会自动进行抠图，效果如图7-74所示，然后下载该图像。

（4）进入"讯飞智作"官方网站，将"直播预告文本.txt"素材中的文字粘贴到文本框中，然后选择合适的主播。试听音频，确认无误后，导出名称为"主播语音"的MP3格式音频。

（5）进入"腾讯智影"官方网站首页，选择"数字人播报"选项，在编辑界面左侧选择"我的资源"选项，上传"主播语音.mp3"音频文件。在编辑界面左侧选择"模板"选项，然后选择"竖版"选项卡，在其中选择一个合适的租房模板，如图7-75所示，并将其应用到轨道中。

图 7-72　　　　　　　图 7-73　　　　　　　图 7-74　　　　　　　图 7-75

（6）选择界面中的数字人形象，按【Delete】键删除，在编辑界面左侧选择"数字人"选项，选择"照片播报"选项卡，单击 ⬆本地上传 按钮，然后上传抠图后的主播图像，上传成功后单击该图像将其应用到模板中，然后为其调整合适的位置和大小。

（7）选择模板的文字，然后在右侧的"样式编辑"选项卡中根据"直播预告文本.txt"素材中的文字内容进行适当修改。

（8）返回内容编辑后，在右侧的"播报内容"选项卡中单击 ⑩ 使用音频驱动播报 按钮，在左侧的"我的资源"选项卡中单击上传的音频，将其添加到轨道中。单击界面底部的"展开轨道"选项，调整所有文字轨道的时长与数字人语音素材的时长一致，在编辑界面顶部单击 合成视频 按钮合成视频，然后下载合成后的视频。

（9）打开"剪映专业版"软件，进入视频编辑界面，导入合成后的视频，并将其添加到界面下方的时间轴中。

（10）在界面顶部选择"文本"选项卡，然后选择"智能字幕"选项，在"识别字幕"功能选项中单击 开始识别 按钮。字幕识别成功后，修改字幕的大小和预设样式，并将字幕移动到画面底部，然后为所有字幕均添加"渐显"入场动画，预览最终效果，如图 7-76 所示。最后导出为 MP4 格式的视频文件。

图 7-76

思考与练习

1. 名词解释

　　AI绘画　　　智能生成字幕　　　数字人播报

2. 选择题

　　（1）【单选】文心一格的（　　）功能支持对生成的图片细节进行二次编辑，可用于图片修复和图片修改。

　　　　A. 图片变高清　　　　　　　　B. 图片拓展

　　　　C. 图片叠加　　　　　　　　　D. 涂抹编辑

　　（2）【单选】美图设计室中的"AI抠图"功能目前支持一次性上传（　　）张图片。

　　　　A. 10　　　　　　　　　　　　B. 20

　　　　C. 25　　　　　　　　　　　　D. 30

　　（3）【多选】使用喜马拉雅云剪辑工具的"AI快剪"功能时的操作流程主要有（　　）。

　　　　A. 音频美化　　　　　　　　　B. 智能问题识别

　　　　C. 语音转文字　　　　　　　　D. 智能配乐

　　（4）【多选】使用讯飞智作生成音频时，可以完成的操作有（　　）。

　　　　A. 纠正错别字　　　　　　　　B. 改写文本内容

　　　　C. 翻译文本　　　　　　　　　D. 纠正多音字发音

3. 思考题

　　（1）文心一格在AI创作方面有几种模式？每种模式分别适用于哪些场景？

　　（2）美图设计室中的"AI修图"功能主要包括哪些方面？

　　（3）如何使用喜马拉雅云剪辑工具去除音频文件中的噪声？

　　（4）如何使用剪映智能生成视频字幕？请简单描述操作步骤。

4. 实操题

　　（1）某公众号准备在元宵节到来之际写一篇与之相关的推文，现需要收集推文中要使用的配图素材，要求配图能够充分展现元宵节的主要习俗，表现节日氛围。在制作时，可以使用"文心一格"的AI创作功能来完成，如果对配图清晰度有更高的要求，则可继续使用"文心一格"的AI编辑功能或者美图设计室来处理配图（配套资源：效果文件\第7章\"元宵节推文配图"文件夹）。

效果预览

　　（2）使用讯飞智作根据提供的文字内容生成一个关于赏析名画《千里江山图》的语音解说音频，要求参考使用市场上纪录片中沉稳的配音音色，以传达出解说内容的专业性和权威性，同时音频的节奏流畅、语速适中、发音准确，可以将艺术气息浓厚的解说内容清晰地传达给受众（配套资源：素材文件\第7章\解说文本.txt、效果文件\第7章\真人解说音频.wav）。

　　（3）为某图书出版企业制作图书推荐视频，要求视频内容充实、结构清晰，能够在短时间内有效传达图书的信息和卖点。在制作时，可先使用讯飞智作生成MP3格式的音频文件，然后利用腾讯智影添加数字人形象，使视频更具互动性和趣味性，最后利用剪映为视频添加字幕（配套资源：素材文件\第7章\"图书推荐素材"文件夹、效果文件\第7章\图书推荐视频.mp4）。

效果预览

第 **8** 章

综合案例

学习目标

1. 掌握图像设计与制作的方法。
2. 掌握视频设计与制作的方法。
3. 掌握动画设计与制作的方法。
4. 掌握H5设计与制作的方法。

技能目标

1. 掌握使用Photoshop制作活动宣传图的方法。
2. 掌握使用Premiere制作活动预热短视频的方法。
3. 掌握使用Animate制作弹窗广告动画的方法。
4. 掌握使用H5制作邀请函的方法。

素养目标

1. 注重商业作品的品质和细节，精心把控每一环节，展现专业性。
2. 培养大局观和团队协作能力，积极探索多种技术的结合应用。

本章导读

　　本章将结合多个新媒体领域商业案例的实际应用，更加深入地介绍新媒体领域中图像、视频、动画和H5等案例设计和制作的方法，以帮助新媒体从业者进一步巩固所学知识，并熟练掌握各种软件的使用方法，积累实战经验。

引导案例

　　2024年，天猫精心策划了一场以"好运一条龙"为主题的年货节宣传活动，该活动在各大新媒体平台上广泛传播，得到了大批用户的关注。活动开始时，天猫在微博平台发布了"好运一条龙"预热视频（图8-1所示为视频部分截图），该视频采用了动画形式呈现，画面创意十足、生动有趣，极大地提高了用户对活动的期待和兴趣。此外，天猫还发布了一套结合九大城市的建筑特色和文化习俗的"一条龙"祝福海报（图8-2所示为海报部分截图）和视频（图8-3所示为视频部分截图），吸引了不少年轻网友在各大平台上主动打卡、晒图"一条龙"海报，使该活动迅速"破圈"，影响力超出预期。在活动期间，用户通过线上或线下扫码即可进入长图H5页面参与该活动，图8-4所示为H5页面部分截图。

图8-1

图8-2

图8-3

图8-4

点评： 天猫策划的"好运一条龙"年货节活动，通过丰富的视觉元素、有趣的视频内容、生动的动画展示和创新的H5互动形式，成功引起了广大用户的关注。该案例不仅传递了浓厚的年味和美好的祝福寓意，还提高了用户的参与热情和购买意愿，为天猫年货节活动带来了显著的营销效果。

> **🧑 素养提升**
>
> 在现代新媒体环境中，单一的视频、图像、动画或H5页面已难以满足全面、生动地展现活动内容的需求。因此，联合使用多种类型的作品展现活动内容成为一种常见的策略，这也对新媒体从业者提出了更高的要求。新媒体从业者不仅要掌握多元化的设计软件，还要能够将它们结合应用，以制作出融合音频、视频、图像、动画和H5等多种元素的多样化作品，还需要培养创新思维和提高审美能力，以及密切关注行业动态和用户需求等。

8.1 制作企业周年庆活动宣传图

8.1.1 案例背景

新瑞农产品有限公司（简称新瑞农产品）是一家专注于绿色、健康、高品质农产品生产与销售的企业。自公司成立以来，新瑞农产品始终秉持"质量为本，顾客至上"的经营理念，致力于为消费者提供新鲜、安全、营养的农产品。经过数年的努力，新瑞农产品已经在市场上树立了良好的品牌形象，并赢得了广大消费者的信赖与喜爱。为庆祝公司成立3周年，并进一步提升品牌影响力和市场竞争力，加强与消费者的互动交流，新瑞农产品决定举办一场盛大的线下周年庆典活动。为有效传播活动信息，吸引更多潜在消费者参与，新瑞农产品需要制作一张具有吸引力的周年庆典活动宣传图，通过新媒体平台进行广泛传播，以扩大周年庆典活动的影响力和覆盖范围。

8.1.2 案例要求

为更好地完成本例的"周年庆活动宣传图"，在制作时，需要遵循以下要求。

（1）尺寸要求为"1080像素×1920像素"，以便于在手机上查看。

（2）宣传图需明确传达"新瑞农产品3周年庆典"的主题，以红色为主色，金色作为辅助色，营造出热烈、喜庆的周年庆典氛围，吸引消费者的注意力。

（3）除了活动主题外，周年庆活动宣传图还需要准确地传达出本次活动的地址、时间、电话等基础信息，以及清晰明了地展示周年庆典活动的优惠信息，以吸引潜在消费者参与，同时让更多消费者了解新瑞农产品的品牌和产品，进一步提升品牌知名度。

（4）设计好的周年庆活动宣传图需要导出为JPG格式的图像，以便进行线上宣传和推广使用。

完成后的效果如图8-5所示。

图8-5

【素材位置】配套资源：素材文件\第8章\红色背景.jpg、素材文件\第8章\文字.png、素材文件\第8章\曲线.png。

【效果位置】配套资源：效果文件\第8章\周年活动宣传图.psd、效果文件\第8章\周年庆活动宣传图.jpg。

8.1.3 制作思路

（1）启动Photoshop，新建名称为"周年庆活动宣传图"，大小为"1080像素×1920像素"，分辨率为"72像素/英寸"，颜色模式为"RGB"的文件，然后依次置入"红色背景.jpg""曲线.png""文字.png"素材，调整文件的位置和大小，如图8-6所示。

微课8.1

（2）选择"文字"图层，按住【Ctrl】键不放并在"图层"面板中单击"文字"图层的缩略图，载入图像选区。选择"矩形选框工具" ⬚（或者任意一个可以选中选区的工具），将鼠标指针移动到图像编辑区中的"文字.png"素材上，然后适当向右移动选区，如图8-7所示。

（3）新建图层，然后填充选区颜色为'白色"，并将新建图层拖动到"文字"图层的下方，再取消选区。保持该图层的选中状态，在菜单栏中选择【图层】/【图层样式】/【斜面和浮雕】命令，打开"图层样式"对话框，设置样式为"枕状浮雕"，其他参数设置如图8-8所示。

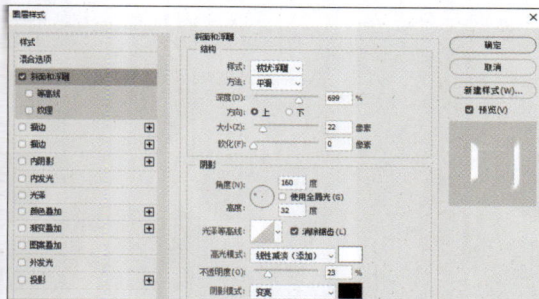

图8-6　　　　图8-7　　　　　　　　　　图8-8

（4）单击"光泽等高线"右侧的直方图，打开"等高线编辑器"对话框，在曲线上单击创建编辑点并拖动编辑点，编辑图8-9所示的曲线，然后单击 确定 按钮，返回"图层样式"对话框，得到曲线浮雕效果，单击 确定 按钮。

（5）新建"图层2"图层，选择"多边形套索工具" ⬙，在文字左侧绘制一个不规则选区，再为选区填充"#970e0e"的颜色，如图8-10所示。

（6）为"图层2"图层依次添加"投影""描边""外发光"图层样式，并设置不同的参数，单击 确定 按钮。

（7）复制"文字"图层，并将其移动到"图层"面板最顶层。在菜单栏中选择【滤镜】/【模糊】/【高斯模糊】命令，打开"高斯模糊"对话框，设置半径为"13"像素，如图8-11所示，单击 确定 按钮。

（8）载入"图层2"图层中的图像选区，选择"文字 拷贝"图层，单击"添加图层蒙版"按钮 ▣，如图8-12所示。

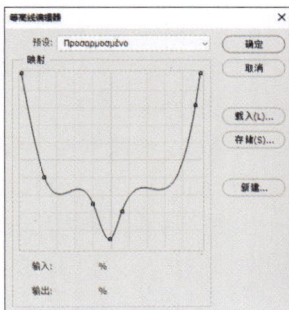

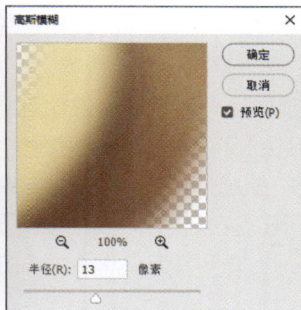
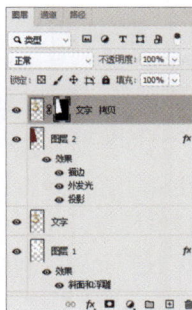

图8-9　　　　　图8-10　　　　　　图8-11　　　　　　图8-12

（9）复制"红色背景"图层，将其移动到"图层"面板最顶层，然后调整图像的大小、位置和旋转角度，并将"图层2"图层中的图层样式复制到该图层中，效果如图8-13所示。

（10）绘制一个填充颜色为"#ffffff"的矩形，并为该矩形添加"斜面和浮雕""描边""渐变叠加""投影"图层样式。复制该矩形，然后取消复制矩形的填充颜色，设置描边粗细为"7.2像素"，颜色为"#ffffff"，效果如图8-14所示。

（11）再次绘制一个填充颜色为"无"，描边颜色为"#ffffff"，宽度为"12像素"，半径为"48像素"的圆角矩形，然后在其中输入文字，并设置字体为"方正品尚准黑简体"，效果如图8-15所示。

（12）将圆角矩形和文字编组，并为该图层组添加"斜面和浮雕""描边""渐变叠加""投影"图层样式。选择"组1"图层组，按【Ctrl+J】组合键复制，在"组1 拷贝"图层组上单击鼠标右键，在弹出的快捷菜单中选择"清除图层样式"命令，然后将该图层组中的内容缩小并移至画面右下角，效果如图8-16所示。

| 图8-13 | 图8-14 | 图8-15 | 图8-16 |

（13）在画面下方绘制一个白色矩形，并在其中输入地址、电话等文字信息，设置文本颜色为"#a10606"。继续在画面两侧输入周年庆活动的文字内容，分别设置文本颜色为"#ffffff"和"#edda9b"。最后按【Ctrl+S】组合键保存文件，并导出为JPG格式。

8.2 制作周年庆活动预热短视频

8.2.1 案例背景

在新媒体时代，短视频作为一种直观、生动且易于传播的媒介形式，已成为企业宣传和推广的重要工具。特别是对于农产品企业而言，其利用短视频展示农产品的自然生长环境、健康属性、新鲜度等特点，更能引起消费者的关注。新瑞农产品作为一家专注于销售高品质农产品的企业，一直致力于为消费者提供健康、安全、营养的农产品。为庆祝公司成立3周年，并进一步提升品牌影响力和市场竞争力，新瑞农产品决定制作一个关于周年庆活动预热的短视频，发布到短视频平台，以吸引更多消费者参与。

8.2.2　案例要求

为更好地完成本例的"周年庆活动预热短视频"，在制作时，需要遵循以下要求。

（1）重点突出新瑞农产品周年庆活动的主题，确保观众能够清晰理解视频意图，同时激发观众的参与热情。

效果预览

（2）整个短视频内容需按照"开场画面→品牌介绍→产品展示→活动时间和地点展示→结束画面"的脚本顺序来制作，增强观众对品牌的认同感。

（3）精心剪辑和处理提供的视频素材，确保视频节奏紧凑、内容连贯、重点突出，视频画面清晰、色彩饱满，能够准确展示该品牌产品的特点和品质。

（4）添加字幕和特效，提高视频的观看体验和信息传递效率。

（5）选择适合视频主题的音效和配乐，增强视频的感染力和吸引力。

（6）视频时长控制在40s内，避免时长过长导致观众失去耐心。

完成后的效果如图8-17所示。

图8-17

【素材位置】配套资源：素材文件\第8章\"周年庆视频素材"文件夹。

【效果位置】配套资源：效果文件\第3章\周年庆活动预热短视频.prproj、效果文件\第8章\周年庆活动预热短视频.mp4。

8.2.3　制作思路

（1）启动Premiere，在主页中单击 新建项目 按钮，打开"导入"界面，设置项目名称为"周年庆活动预热短视频"，然后导入提供的所有视频素材和音频素材。

微课8.2

（2）在"项目"面板中选择"背景音乐.mp3"音频素材并将其拖动到"时间轴"面板中，基于该素材创建序列，然后单击A1轨道前的"切换轨道锁定"按钮 锁定该轨道，以防误操作。

（3）将"日出.mp4"视频素材拖动到V1轨道，删除该视频自带的原始音频，并调整其速度为"150%"，然后调整视频出点到00:00:05:21处。

（4）将"语音1.mp3"音频素材拖动到A2轨道，将"空境.mp4"视频素材拖动到V1轨道，并将该视频自带的音频调整到A3轨道，然后调整音视频的出点与语音1的出点一致，如图8-18所示。

（5）在"时间轴"面板中拖动A1音频轨道右侧和底部的滑块，放大轨道，便于观察音频波动，将时间指示器移动到00:00:08:08处，按空格键试听音频，当音频波动较大时按【M】键添加标记（只需添加10个标记），如图8-19所示。

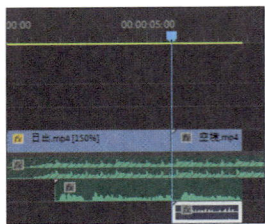

图8-18   图8-19

（6）在"项目"面板中调整"蓝莓.MOV"视频素材的速度为"500%"，并双击该素材，然后在"源"面板中调整该素材的入点为02:53:08:22，出点为02:53:08:46。将入点和出点之间的视频素材拖动到V1轨道，删除自带的音频。单击第1个标记，时间指示器将自动定位在该处，调整"蓝莓.MOV"视频的出点在时间指示器位置，在"效果控件"面板中调整该视频的缩放为"52%"。

（7）使用与步骤（6）类似的方法依次将其余8个水果视频素材和1个蔬菜视频素材调整到"时间轴"面板中的V1轨道，如图8-20所示。将步骤（6）和本步骤添加到V1轨道中的素材全部嵌套，设置嵌套序列的名称为"产品展示"。

（8）将"语音2.mp3""语音3.mp3"音频素材依次拖动到A2轨道，如图8-21所示。

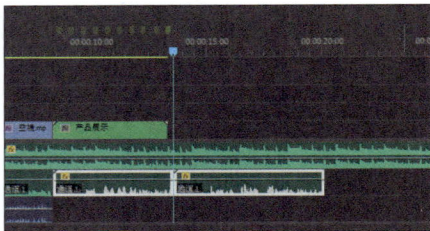

图8-20   图8-21

（9）将"检测.mov""设备.mov"视频素材依次拖动到V1轨道，调整"设备.mov"视频素材的出点，使其与A2轨道中最后一段音频的出点对齐，再将"语音4.mp3"音频素材拖动到A2轨道。

（10）将"地点.mp4"视频素材拖动到V1轨道，调整缩放为"150%"。在00:00:28:00位置按【Ctrl+K】组合键分割"地点.mp4"视频素材，然后删除第2段视频片段。

（11）在"项目"面板中调整"食物.mp4"视频素材的速度为"200%"，并双击该视频素材，然后在"源"面板中调整该视频素材的入点为01:28:46:13，出点为01:28:50:54，将入点和出点之间的视频素材拖动到V1轨道，并删除自带的音频。

（12）将"语音5.mp3"音频素材拖动到A2轨道，将"展示.mp4"视频素材拖动到V1轨道。调整"展示.mp4"视频素材的速度为"150%"，出点为00:00:37:21。

（13）将时间指示器移动到00:00:37:21处，取消A1轨道的锁定状态，选择A1轨道中的音频，在时间指示器位置按【Ctrl+K】组合键分割音频素材，然后删除第2段音频片段，为第1段音频出点添加"恒定功率"音频过渡效果。

（14）选择该轨道中的第1段音频，在"效果控件"面板中调整级别为"-13.4"，以降低背景音的音量，然后分别调整A2轨道中每段语音音频的音量为"5"，以增加人声音量。

（15）为V1轨道中第1段视频素材的入点添加"黑场过渡"视频过渡效果，为V1轨道中最后一段视频素材的出点添加"白场过渡"视频过渡效果，为"空境.mp4"视频素材添加"Lumetri颜色"效果，并在"效果控件"面板中调整参数，如图8-22所示。

（16）为"食物.mp4"视频素材添加"Brightness & Contrast"调色效果，并在"效果控件"面板中设置亮度为"40"，对比度为"25"。

（17）打开"文本"面板，在其中的"转录文本"选项卡中单击 **创建转录** 按钮，打开"创建转录文本"对话框，设置语言为"简体中文"，并在音频下方的下拉列表中选择"音频2"选项，单击 **转录** 按钮。

（18）转录完成后，单击"文本"面板上方的"创建说明性字幕"按钮 创建字幕，然后在"文本"面板中修改字幕中的错字，并调整字幕段落，如图8-23所示。

（19）在"时间轴"面板中选择C1轨道中的所有字幕，在"基本图形"面板的"编辑"选项卡中调整字幕的字体样式、大小和外观，如图8-24所示。

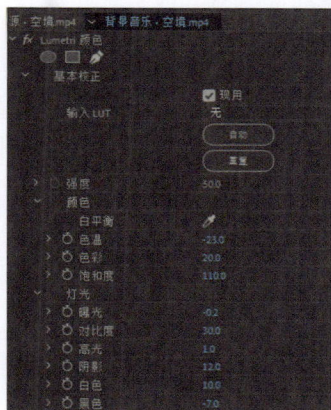
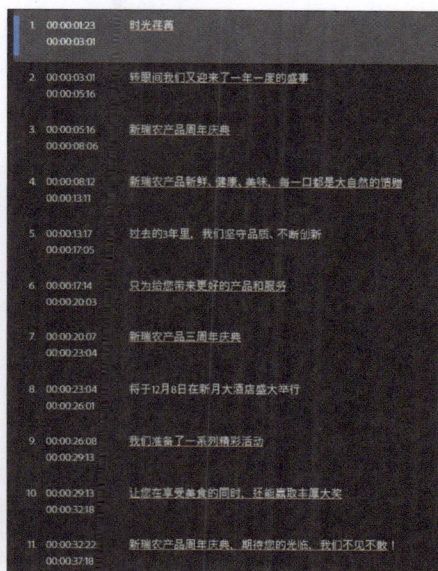
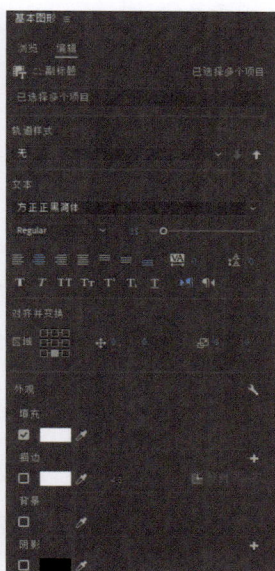

| 图8-22 | 图8-23 | 图8-24 |

（20）选择C1轨道中的第3段字幕，在"基本图形"面板中修改字体为"方正正大黑简体"，字号为"160"，单击选中"阴影"复选框，然后将该文字移动到画面中心，如图8-25所示。

（21）调整C1轨道中的最后一段字幕，效果如图8-26所示。

| 图8-25 | 图8-26 |

（22）将时间指示器移动到"产品序列"序列素材前（00:00:08:08处），输入文字"新鲜"，设置字体为"汉仪大黑简"，字号为"400"，并将文字居中对齐。

（23）在"效果控件"面板中展开"文本"栏，激活"源文本"关键帧，将时间指示器移动到00:00:10:04处，修改文字为"健康"；将时间指示器移动到00:00:11:05处，修改文字为"美味"，然后为V2轨道中的文字素材应用"快速模糊入点"和"快速模糊出点"视频预设效果。最后保存并打包项目文件，将其导出为MP4格式。

8.3 制作周年庆活动弹窗广告动画

8.3.1 案例背景

新瑞农产品作为业界知名的农产品销售企业，始终秉承"质量为本、顾客至上"的经营理念，为消费者带来优质的产品与服务。为庆祝公司成立3周年，新瑞农产品决定在官方网站及各大在线平台投放一款独特的周年庆活动弹窗动画，以此增强与用户的互动体验，提高品牌曝光度，并吸引更多用户参与周年庆活动。现已完成静态的弹窗广告内容，需要将其制作为动画形式，通过动态、有趣的视觉呈现，激发用户的参与热情，提升活动效果。

8.3.2 案例要求

为更好地完成本例的"周年庆活动弹窗广告动画"，在制作时，需要遵循以下要求。

（1）该广告的大小为"750像素×680像素"，动画的主题与周年庆活动紧密相关，能够清晰地传达出庆祝的氛围和活动的核心信息。

（2）确保弹窗动画能够在不同设备和平台上正常显示和播放，具有良好的适配性。

效果预览

（3）动画效果应流畅、自然，能够吸引用户的注意力并增强用户的体验感，避免使用过于复杂或烦琐的动画。

完成后的效果如图8-27所示。

图8-27

【素材位置】配套资源：素材文件\第8章\"弹窗广告素材"文件夹。

【效果位置】配套资源：效果文件\第8章\周年庆活动弹窗广告动画.swf、效果文件\第8章\周年庆活动弹窗广告动画.fla。

8.3.3 制作思路

（1）启动Animate，新建大小为750像素×680像素，帧速率为30帧/秒，平台类型为"ActionScript 3.0"的文件。

（2）在菜单栏中选择【导入】/【导入到舞台】命令，打开"导入"对话框，全选"弹窗广告素材"文件夹中的所有素材，单击 打开(O) 按钮，将其导入舞台。保持所有素材的

微课8.3

被选中状态，调整至合适的大小和位置。

（3）依次每隔10帧按【F6】键将空白关键帧转换为关键帧，直至第90帧，如图8-28所示。

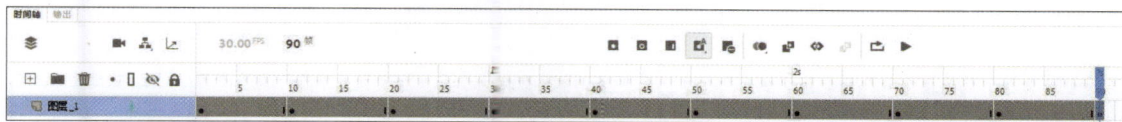

图8-28

（4）选择第1帧，然后依次删除舞台中的其他素材，保留第1张素材（0.png）；在第2帧中依次删除舞台中的其他素材，保留前两张素材（0.png、1.png）。使用类似的方法依次在后面的关键帧中删除和保留素材，使其形成逐帧动画。

（5）将其他素材全部导入"库"面板。新建图层，选择"图层_2"图层的第1帧，将"促销文字1.png"素材拖动到舞台的顶部，如图8-29所示。

（6）选择第20帧，按【F7】键将普通帧转换为空白关键帧，将"促销文字2.png"文字拖动到舞台中，调整该素材的位置和大小至与"促销文字1.png"素材一致，如图8-30所示。

（7）复制"图层_2"图层的第1帧，粘贴在"图层_2"图层的第40帧和第80帧，复制"图层_2"图层的第20帧，粘贴到"图层_2"图层的第30帧。

（8）新建图层，选择新图层的第1帧，将"钱币.png"素材拖动到舞台的顶部，复制后全选，如图8-31所示，然后将这些素材转换为相同名称的图形元件。

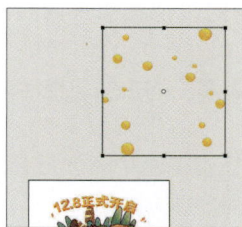

图8-29   图8-30   图8-31

（9）为"图层3"图层创建补间动画，将播放头依次停留在第30帧、第40帧、第50帧、第60帧，并拖动钱币元件，使其形成钱币下落状态。如图8-32所示。

（10）新建图层，然后选择该图层并添加传统运动引导层。选择引导层，选择"传统画笔工具"✐，在画面中绘制引导线，如图8-33所示。

（11）选择"图层4"图层，将"钱币2.png"素材拖动到舞台中，并吸附在引导线的起点位置，如图8-34所示。将该素材转换为图形元件，然后在第20帧将该图形元件吸附在引导线的终点位置，创建传统补间动画，即可完成一个引导动画。

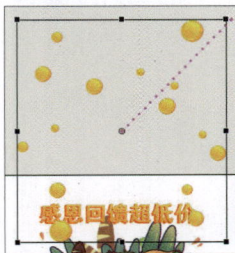

图8-32   图8-33   图8-34

（12）新建图层，修改名称为"按钮"。将"了解详情.png"素材添加到舞台下方并转换为图形元件，在第30帧插入关键帧，然后将该素材移动到红包处，并创建传统补间动画。选择所有图层的第

120帧，按【F5】键插入帧，延长动画时间。

（13）按【Ctrl + Enter】组合键预览动画，对效果满意后保存文件，设置文件名称为"周年庆活动弹窗广告动画"，再导出为同名的SWF格式文件。

8.4 制作周年庆活动邀请函H5

8.4.1 案例背景

H5邀请函具有设计灵活、易于传播和互动性强等优点，能够更好地展示公司的品牌形象和活动内容。因此在本次周年庆活动的筹备过程中，新瑞农产品决定采用H5邀请函的形式，邀请合作伙伴、客户、全体员工共同见证公司的成长与辉煌。

8.4.2 案例要求

为更好地完成本例的"周年庆活动邀请函H5"，在制作时，需要遵循以下要求。

（1）详细介绍周年庆活动的具体内容，包括活动时间、地点、主题、参与方式等，以及列出周年庆活动当天的日程安排。同时强调周年庆活动的亮点和特色，通过清晰的说明和引人入胜的文案，让受邀者更加了解和期待这次的周年庆活动。

效果预览

（2）H5邀请函的主题风格尽量采用红色和金色作为主色和辅助色，营造出热烈、积极、欢快的活动氛围。

（3）在H5邀请函中添加报名入口、公司的联系方式和地图指引，以方便受邀者在线报名参加活动，以及到达活动现场。

完成后的部分效果如图8-35所示。

图8-35

【素材位置】配套资源：素材文件\第8章\"邀请函素材"文件夹。

8.4.3 制作思路

（1）打开MAKA官网并登录账号，在首页搜索框中输入"H5邀请函"，在搜索结果页的"品类"栏中选择"翻页H5"选项，选择图8-36所示的模板。

（2）打开预览页面，根据提示预览效果，然后单击页面右侧的 立即编辑 按钮，打开编辑页面。

微课8.4

图8-36

（3）在编辑区中选择左上角的Logo并将其删除，然后修改其中的部分文字，效果如图8-37所示。

（4）打开第2页，选择画面中间的微信头像组件，在编辑区右侧设置头像样式为圆形，并设置动画为"简约"，如图8-38所示。

（5）继续修改第2页中的文字内容，如图8-39所示。

（6）删除第3页，打开新的第3页（原第4页），删除并移动其中的部分装饰素材，然后修改部分文字内容，效果如图8-40所示。

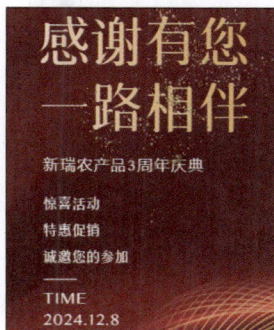 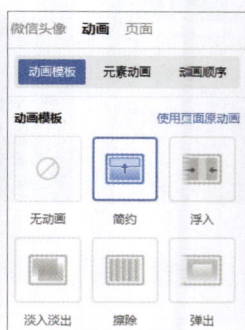 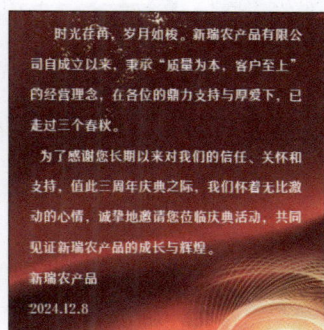 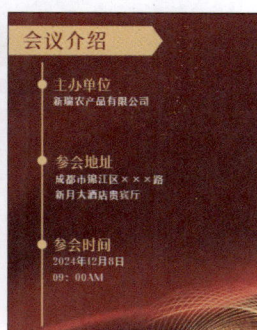

图8-37 图8-38 图8-39 图8-40

（7）打开第4页，修改其中的部分文字内容，如图8-41所示。

（8）删除第5页，打开新的第5页（原第6页），删除其中的图片。在编辑区左侧选择"素材"选项卡，在"几何图形"选项下方选择矩形图形，如图8-42所示。在编辑区中选择添加的矩形，在编辑区右侧单击"填充"选项后的色块，在打开的列表中选择"纯色"选项，在其中设置矩形填充颜色为"#FBCEAC"，如图8-43所示。

图 8-41

图 8-42

图 8-43

（9）在"几何图形"选项下方选择圆角矩形图形（第2个图形选项），并调整圆角矩形的填充颜色为"#E58137"，如图8-44所示。在编辑区中调整矩形和圆角矩形的大小和位置，并在其中输入文字，再通过复制与粘贴操作得到图8-45所示的画面。

（10）打开右侧的"上传"面板，单击 上传图片 按钮，打开"打开"对话框，选择"邀请函素材"文件夹中的所有图片，单击 打开(O) 按钮。上传成功后单击图片将其添加到编辑区，然后调整至合适的大小和位置，如图8-46所示。

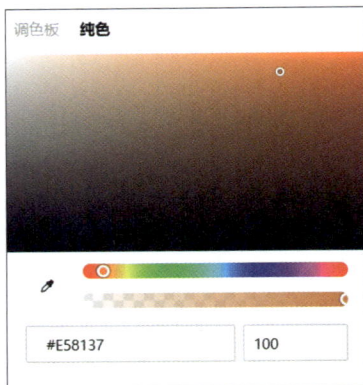

图 8-44

图 8-45

图 8-46

（11）打开第7页，选择编辑区中的地图，在编辑区右侧修改地址为活动地址，在地图下方修改地址和联系电话，并删除二维码素材。

（12）单击 预览/分享 按钮，在打开的页面中设置作品标题为"新瑞农产品周年庆邀请函"，然后发布H5。